国家出版基金项目
NATIONAL PUBLICATION FOUNDATION

"十四五"时期国家重点出版物出版专项规划项目

新时代地热能高效开发与利用研究丛书

总主编　庞忠和

地 热 发 电

Geothermal Power Generation

主　编　戴传山　李太禄

华东理工大学出版社
EAST CHINA UNIVERSITY OF SCIENCE AND TECHNOLOGY PRESS

·上海·

图书在版编目（CIP）数据

地热发电／戴传山,李太禄主编. —上海：华东
理工大学出版社,2023.11

（新时代地热能高效开发与利用研究丛书／庞忠和
总主编）

ISBN 978 - 7 - 5628 - 7026 - 5

Ⅰ.①地… Ⅱ.①戴… ②李… Ⅲ.①地热发电
Ⅳ.①TM616

中国国家版本馆 CIP 数据核字（2023）第 197492 号

内 容 提 要

本书以地热发电为中心,介绍了地热发电技术、地热发电系统、地热电站设备、地热防腐防垢、地热发电经济性分析和环境影响。全书共 8 章:地热发电现状;地热发电技术及系统;热力循环系统的仿真优化与工质替代;干热岩地热发电;复合热源地热发电系统;地热发电汽轮机与螺杆膨胀机;地热电站主要附属设备及防腐防垢技术;地热发电的经济性分析与环境评价。

本书可以作为高等学校能源动力类专业学生的选修教材,也可以作为能源行业有关技术人员的参考书。

项目统筹／	马夫娇
责任编辑／	赵子艳
责任校对／	陈婉毓
装帧设计／	周伟伟
出版发行／	华东理工大学出版社有限公司
	地址：上海市梅陇路 130 号,200237
	电话：021 - 64250306
	网址：www.ecustpress.cn
	邮箱：zongbianban@ecustpress.cn
印　　刷／	上海雅昌艺术印刷有限公司
开　　本／	710 mm×1000 mm　1/16
印　　张／	21
字　　数／	370 千字
版　　次／	2023 年 11 月第 1 版
印　　次／	2023 年 11 月第 1 次
定　　价／	238.00 元

新时代地热能高效开发与利用研究丛书编委会

地热发电
编委会

朱家玲   天津大学,教授

吕心力   天津大学,教授

刘明言   天津大学,教授

李太禄   河北工业大学,教授

李　君   天津大学,副教授

张　伟   天津大学,副教授

胡开永   天津商业大学,讲师

雷海燕   天津大学,副教授

戴义平   西安安通大学,教授

戴传山   天津大学,教授

余岳峰   上海交通大学,副教授

总序一

地热是地球的本土能源,它绿色、环保、可再生;同时地热能又是五大非碳基能源之一,对我国能源系统转型和"双碳"目标的实现具有举足轻重的作用,因此日益受到人们的重视。

据初步估算,我国浅层和中深层地热资源的开采资源量相当于 26 亿吨标准煤,在中东部沉积盆地中,中低温地下热水资源尤其丰富,适宜于直接的热利用。在可再生能源大家族里,与太阳能、风能、生物质能相比,地热能的能源利用效率最高,平均可达 73%,最具竞争性。

据有关部门统计,到 2020 年年底,我国地热清洁供暖面积已经达到 13.9 亿平方米,也就是说每个中国人平均享受地热清洁供暖面积约为 1 平方米。每年可替代标准煤 4100 万吨,减排二氧化碳 1.08 亿吨。近 20 年来,我国地热直接利用产业始终位居全球第一。

做出这样的业绩,是我国地热界几代人长期努力的结果。这里面有政策因素、体制机制因素,更重要的,就是有科技进步的因素。即将付印的"新时代地热能高效开发与利用研究丛书",正是反映了技术上的进步和发展水平。在举国上下努力推动地热能产业高质量发展、扩大其对于实现"双碳"目标做出更大贡献的时候,本丛书的出版正是顺应了这样的需求,可谓恰逢其时。

丛书编委会主要由高等学校和科研机构的专家组成,作者来自国内主要的地热研究代表性团队。各卷牵头的主编以"60后"领军专家为主体,代表了我国从事地热理论研究与生产实践的骨干群体,是地热能领域高水平的专家团队。丛书总主编庞忠和研究员是我国第二代地热学者的杰出代表,在国内外地热界享有广泛的影响力。

丛书的出版对于加强地热基础理论特别是实际应用研究具有重要意义。我向丛书各卷作者和编辑们表示感谢,并向广大读者推荐这套丛书,相信它会受到我国地热界的广泛认可与欢迎。

中国科学院院士

2022 年 3 月于北京

总序二

　　党的十八大以来，以习近平同志为核心的党中央高度重视地热能等清洁能源的发展，强调因地制宜开发利用地热能，加快发展有规模、有效益的地热能，为我国地热产业发展注入强大动力、开辟广阔前景。

　　在我国"双碳"目标引领下，大力发展地热产业，是支撑碳达峰碳中和、实现能源可持续发展的重要选择，是提高北方地区清洁取暖率、完成非化石能源利用目标的重要路径，对于调整能源结构、促进节能减排降碳、保障国家能源安全具有重要意义。当前，我国已明确将地热能作为可再生能源供暖的重要方式，加快营造有利于地热能开发利用的政策环境，可以预见我国地热能发展将迎来一个黄金时期。

　　我国是地热大国，地热能利用连续多年位居世界首位。伴随国民经济持续快速发展，中国石化逐步成长为中国地热行业的领军企业。早在 2006 年，中国石化就成立了地热专业公司，经过 10 多年努力，目前累计建成地热供暖能力 8000 万平方米、占全国中深层地热供暖面积的 30% 以上，每年可替代标准煤 185 万吨，减排二氧化碳 352 万吨。其中在雄安新区打造的全国首个地热供暖"无烟城"，得到了国家和地方的充分肯定，地热清洁供暖"雄县模式"被国际可再生能源机构（IRENA）列入全球推广项目名录。

　　我国地热产业的健康发展，得益于党中央、国务院的正确领导，得益于产学研的密切协作。中国科学院地质与地球物理研究所地热资源研究中心、中国地球物理学会地热专业委员会主任庞忠和同志,多年深耕地热领域,专业造诣精深,领衔编写的"新时代地热能高效开发与利用研究丛书",是我国首次出版的地热能系列丛书。丛书作者都是来自国内主要的地热科研教学及生产单位的地热专家,展示了我国地热理论研究与生产实践的水平。丛书站在地热全产业链的宏大视角,系统阐述地热产业技术及实际应用场景,涵盖地热资源勘查评价、热储及地面利用技术、地热项目管理等多个方面,内容翔实、论证深刻、案例丰富,集合了国内外近 10 年来地热产业创新技术的最新成果,其出版必将进一步促进我国地热应用基础研究和关键技术进步,推动地热产业高质量发展。

特别需要指出的是,该丛书在我国首次举办的素有"地热界奥林匹克大会"之称的世界地热大会 WGC2023 召开前夕出版,也是给大会献上的一份厚礼。

中国工程院院士

2022 年 3 月 24 日于北京

丛书前言

20 世纪 90 年代初,地源热泵技术进入我国,浅层地热能的开发利用逐步兴起,地热能产业发展开始呈现资源多元化的特点。到 2000 年,我国地热能直接利用总量首次超过冰岛,上升到世界第一的位置。至此,中国在 21 世纪之初就已成为名副其实的地热大国。

2014 年,以河北雄县为代表的中深层碳酸盐岩热储开发利用取得了实质性进展。地热能清洁供暖逐步替代了燃煤供暖,服务全县城 10 万人口,供暖面积达 450 万平方米,热装机容量达 200 MW 以上。中国地热能产业在 2020 年实现了中深层地热能的规模化开发利用,走进了一个新阶段。到 2020 年年末,我国地热清洁供暖面积已达 13.9 亿平方米,占全球总量的 40%,排名世界第一。这相当于中国人均拥有一平方米的地热能清洁供暖,体量很大。

2020 年,我国向世界承诺,要逐渐实现能源转型,力争在 2060 年之前实现碳中和的目标。为此,大力发展低碳清洁稳定的地热能,以及水电、核电、太阳能和风能等非碳基能源,是能源产业发展的必然选择。中国地热能开发利用进入了一个高质量、规模化快速发展的新时代。

"新时代地热能高效开发与利用研究丛书"正是在这样的大背景下应时应需地出笼的。编写这套丛书的初衷,是面向地热能开发利用产业发展,给从事地热能勘查、开发和利用实际工作的工程技术人员和项目管理人员写的。丛书基于三横四纵的知识矩阵进行布局：在横向上包括了浅层地热能、中深层地热能和深层地热能；在纵向上，从地热勘查技术，到开采技术，再到利用技术，最后到项目管理。丛书内容实现了资源类型全覆盖和全产业链条不间断。地热尾水回灌、热储示踪、数值模拟技术，钻井、井筒换热、热储工程等新技术，以及换热器、水泵、热泵和发电机组的技术，丛书都有涉足。丛书由 10 卷构成，在重视逻辑性的同时，兼顾各卷的独立性。在第一卷介绍地热能的基本能源属性和我国地热能形成分布、开采条件等基本特点之后，后面各卷基本上是按照地热能勘查、开采和利用技术以及项目管理策略这样的知识阵列展开的。丛书体系力求完整全面、内容力求系统深入、技术力求新颖适用、表述力求通俗易懂。

在本丛书即将付梓之际，国家对"十四五"期间地热能的发展纲领已经明确，2023 年第七届世界地热大会即将在北京召开，中国地热能产业正在大步迈向新的发展阶段，其必将推动中国从地热大国走向地热强国。如果本丛书的出版能够为我国新时代的地热能产业高质量发展以及国家能源转型、应对气候变化和建设生态文明战略目标的实现做出微薄贡献，编者就深感欣慰了。

丛书总主编对丛书体系的构建、知识框架的设计、各卷主题和核心内容的确定，发挥了影响和引导作用，但是，具体学术与技术内容则留给了各卷的主编自主掌握。因此，本丛书的作者对书中内容文责自负。

丛书的策划和实施，得益于顾问组和广大业界前辈们的热情鼓励与大力支持，特别是众多的同行专家学者们的积极参与。丛书获得国家出版基金的资助，华东理工大学出版社的领导和编辑们付出了艰辛的努力，笔者在此一并致谢！

2022 年 5 月 12 日于北京

前　言

　　地热能是一种以热能形式实现能量传输与转换的可再生能源,其主要利用方式为地热发电和地热直接利用。地热发电的主要优点有安全稳定,负载系数高;相对清洁,污染少。基于地热发电的诸多优点,地热发电事业理应得到较大的发展和普及,遗憾的是自20世纪70年代中东石油危机后的第一次地热发电开发热潮以来,再未出现令人振奋的大规模开发利用。但这并不意味着地热发电没有与其他可再生能源发电的竞争潜力,在全球性能源紧缺、人们环保意识的日益加强、石油和天然气价格波动巨大及其流通安全性越来越不确定的国际环境背景下,地热资源的开发利用越来越受到青睐和重视。在我国能源行业绿色低碳转型和生态文明建设的双重推动下,地热资源科学合理地开发利用将有助于我国经济社会高质量发展和碳达峰、碳中和宏伟目标的顺利实现。

　　地热发电需要高温地热资源,地热发电流体的温度也直接影响电站的经济性。我国地热资源以中低温地热资源为主,其范围会随着深层地热开挖钻井技术的进步得以扩大。实际上与风能、太阳能等其他可再生能源的研发投入相比,我国在地热方面的研发投入可谓雷声大雨点小,这也是到目前为止我国地热未能发展壮大的主要原因之一。当然除了政府管理、扶持政策因素的影响外,市场经济、技术层面也是主要影响因素。据统计即使包括地热供热、洗浴等利用方式,传统水热型地热资源的折合标准煤总量也远低于浅层地源热泵利用形式折合的标准煤总量。而我国陆区地下 3~10 km 范围内的干热岩资源总量折合为 856 万亿吨标准煤,因此,取热不取水增强型深层地热开发技术具有巨大的应用潜力,该技术的研发对包括地热发电在内的开发利用意义重大。

我国地热发电始于 20 世纪 70 年代,相继在广东丰顺、河北怀来、广东邓屋、辽宁熊岳、湖南灰汤、江西遂川、广西象州、山东招远等地建成了地热试验电站。2018 年,西藏羊易地热电站工程 1 期 16 MW 发电机组顺利通过 72 h 满负荷试运行,标志着世界上海拔最高、我国单机容量最大的地热发电机组顺利投产发电。地热电站的年平均运行时间可达 7 000 h 以上,远高于太阳能和风力发电,西藏羊易地热电站 2021 年运行时间超过 8 700 h。地热电站的初投资和发电成本一般也低于其他发电方式,而且地热电站的建设周期较短。然而,由于地质条件的差异,不同地热田的地热流体热力学参数条件相差较大。因此,地热电站的优化设计应是考虑地热资源条件、发电循环系统形式、发电机组装机容量、运行参数调节控制等不同方面的综合结果,地热电站应采取个性化设计方式。

本书以地热发电为中心,介绍了地热发电技术、地热发电系统、地热电站设备、地热防腐防垢、地热发电经济性分析和环境影响。全书共 8 章:地热发电现状;地热发电技术及系统;热力循环系统的仿真优化与工质替代;干热岩地热发电;复合热源地热发电系统;地热发电汽轮机与螺杆膨胀机;地热电站主要附属设备及防腐防垢技术;地热发电的经济性分析与环境评价。本书可以作为高等学校能源动力类专业学生的选修教材,也可以作为能源行业有关技术人员的参考书。

本书由天津大学朱家玲教授策划,由天津大学戴传山教授和河北工业大学李太禄教授主编,第 1 章由雷海燕和李君编写,第 2 章由吕心力、李太禄、胡开永、张伟和余岳峰编写,第 3 章由李太禄和胡开永编写,第 4 章由吕心力编写,第 5 章由朱家玲和李太禄编写,第 6 章由戴义平和余岳峰编写,第 7 章由张伟和刘明言编写,第 8 章由戴传山编写。在本书的编写过程中得到了天津大学地热中心研究团队其他老师及多位研究生的帮助,在此表示感谢。

本书涉及面广,编者水平有限,疏漏和不当之处,敬请使用本书的专家学者批评指正。

戴传山　李太禄

2023 年 2 月

目　录

第 1 章

地热发电现状

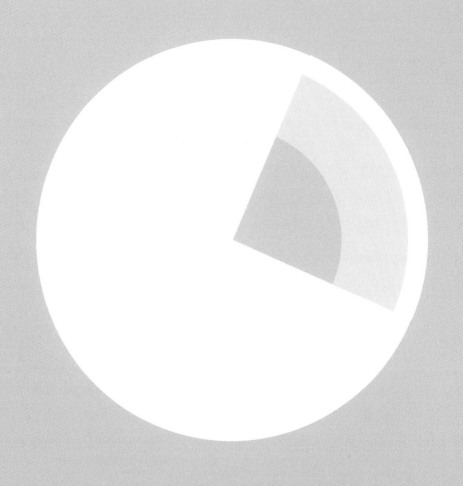

1.1 地热发电技术

地热能利用分为地热直接利用（geothermal direct use）和地热发电（geothermal power generation）两种形式。

（1）地热直接利用是指除热电能量转换之外的地热利用，主要用于区域供暖、温室种植、温泉理疗、水产养殖、农田灌溉、土壤加温等方面。目前世界范围内地热直接利用的规模与增长速度远大于地热发电。

（2）地热发电是以地下热水和蒸汽为动力源的一种发电技术。其基本原理为先将地下热能转变为机械能，再将机械能转变为电能。地热发电起源于意大利，至今已有百年历史。世界上很多国家，如冰岛、新西兰、菲律宾、美国、日本、意大利等国均建有相当规模的地热电站。其中美国的盖瑟尔斯（Geysers）地热电站位于加利福尼亚州旧金山以北约 121 km 的索诺马地区，是世界上最大的地热装置。我国 150 ℃ 以上的高温温泉区有近百处，集中分布在藏南、滇西和川西地区。本书重点阐述地热发电技术。

地层中的水经过地壳内部热能加热后，经地热井流动至地面后推动汽轮机旋转发电，其原理与火力发电原理相同。但火力发电中推动汽轮机的工质流体靠燃烧重油或煤炭来升温，消耗常规能源且易污染环境；而地热发电是利用地球内部的热能推动汽轮机发电。若高温蒸汽为过热干蒸汽，则可直接进入汽轮机；若为温度较高的液态水，则可经过闪蒸使其压力骤降，汽化后进入汽轮机发电；若同时含有水蒸气和热水，则须通过汽水分离装置分离出水蒸气推动汽轮机做功，凝结水可经过进一步综合利用后处理排放。

根据地下热储的不同形式，地热发电系统可分为蒸汽型地热发电系统、热水型地热发电系统、地压型地热发电系统、干热岩型地热发电系统和岩浆型地热发电系统等。

（1）蒸汽型地热发电系统：蒸汽型地热发电系统是指地下热储以蒸汽为主的对流系统，蒸汽主要为 200~240 ℃ 的干蒸汽，掺杂少量其他气体。

（2）热水型地热发电系统：热水型地热发电系统是指地下热储以热水为主的对流系统，包括喷出地面的热水和湿蒸汽，是目前利用最多的地热发电形式。热水型地热发电系统可分为高温（大于 150 ℃）热水型地热发电系统、中温（90~150 ℃）热水型地热发电系统和低温(小于 90 ℃)热水型地热发电系统。

（3）地压型地热发电系统：地压型地热发电系统是指封闭在地下的高温高压热水体，其溶有大量碳氢化合物。

（4）干热岩型地热发电系统：干热岩型地热发电系统是指地下普遍存在的没有水和蒸汽的热岩石，需靠人工压裂创造裂缝等技术，使得低温水吸收岩石热量后至地面发电。由于对地层依赖性大，该系统具有很大的不稳定性。

（5）岩浆型地热发电系统：岩浆型地热发电系统是指在地下以熔融或半熔融状态存在的岩浆，一般埋藏较深，埋藏较浅的区域多为火山地区。

1.1.1 蒸汽型地热发电系统

蒸汽型地热发电系统主要分为背压式汽轮机发电系统和凝汽式汽轮机发电系统。

（1）背压式汽轮机发电系统

背压式汽轮机发电系统的原理是利用地热蒸汽驱动汽轮机运转产生电能，如图1－1所示。背压式汽轮机发电系统技术成熟、运行安全可靠，是地热发电的主要形式。西藏羊八井地热电站采用的就是这种形式。其原理是干蒸汽自生产井引出后，在汽水分离器中分离出固体杂质，干蒸汽进入汽轮机做功，驱动发电机发电，做功后的蒸汽可直接排入大气，也可用于工业生产中的加热过程。背压式汽轮机发电系统多用于蒸汽中不凝结性气体含量高的工况，或用于热电联供系统。

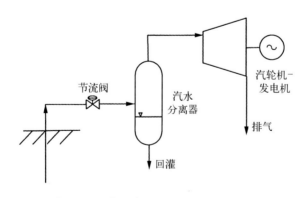

图1－1 背压式汽轮机发电系统原理图

（2）凝汽式汽轮机发电系统

为提高机组的发电效率,可采用另一种蒸汽型地热发电系统,即凝汽式汽轮机发电系统,如图 1-2 所示。该系统配有冷凝器,汽轮机排气可通过冷凝器内的循环冷却水降温。冷凝器采用抽气方式维持较低的蒸汽在汽轮机中的膨胀压力,提高发电效率。

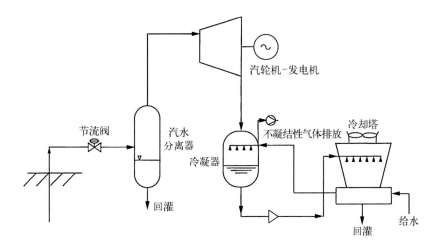

图 1-2　凝汽式汽轮机发电系统原理图

1.1.2　热水型地热发电系统

热水型地热发电系统是目前地热发电的主要方式,主要有闪蒸地热发电系统和中间介质法地热发电系统。

（1）闪蒸地热发电系统

闪蒸地热发电系统也称扩容式地热发电系统,它是将来自地热井口的地热水或汽水混合物,先送至闪蒸器中进行降压闪蒸(或称扩容)使其产生部分蒸汽,再引入汽轮机做功发电。闪蒸地热发电系统又可以分为单级闪蒸地热发电系统和多级闪蒸地热发电系统。图 1-3 为单级闪蒸地热发电系统。与单级闪蒸地热发电系统不同,多级闪蒸地热发电系统中的地热水先进入一级闪蒸器,产生的蒸汽进入汽轮机高压缸,从一级闪蒸器出来的热水进入二级闪蒸器,之后二次闪蒸的蒸汽进入汽轮机做功。图 1-4 为多级闪蒸地热发电系统。

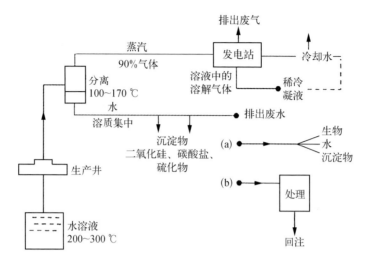

图 1-3 单级闪蒸地热发电系统

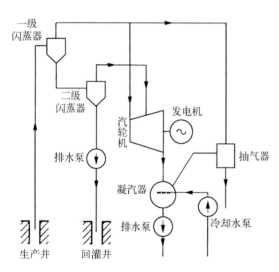

图 1-4 多级闪蒸地热发电系统

闪蒸地热发电系统的循环效率略低于干蒸汽发电技术,一级闪蒸系统的循环效率为 12%~15%,二级闪蒸系统的循环效率为 15%~20%。采用闪蒸地热发电系统的地热电站设备简单,可采用混合式热交换器。但设备尺寸大,易腐蚀结垢,热效率低。由于是直接以地热水蒸气为工质,因而对地热水的温度、矿化度及不凝结性气体含量等要求较高。

目前,闪蒸发电技术已在地热发电领域得到广泛应用,尤其是应用于中高温地热田。西藏羊八井地热电站的 3~9 号机组主要采用闪蒸发电技术。日本的八丁原地热电站,是世界上首次采用二次闪蒸的、日本最大的地热电站。八丁原地热电站通过采用二次蒸汽充分利用热能,可提高电站出力 18% 左右。

(2)中间介质法地热发电系统

中间介质法地热发电系统主要用于中低温地热发电,其特点是地热水与发电系统不直接接触,而是将其中的热量传给某种低沸点介质(如丁烷、氟利昂等)。当低沸点介质汽化为蒸气时,就可推动汽轮机发电。由于这种发电方式由地热水系统和低沸点介质系统组成,因而也被称为双循环地热发电系统,系统原理如图1-5所示。双循环地热发电系统常用介质除了可燃工质(如氯乙烷、正丁烷、异丁烷)之外,还有氟利昂-11和氟利昂-12等。双循环地热发电系统主要有两种循环形式,即有机朗肯循环(organic Rankine cycle,ORC)和卡琳娜循环(Kalina cycle)。

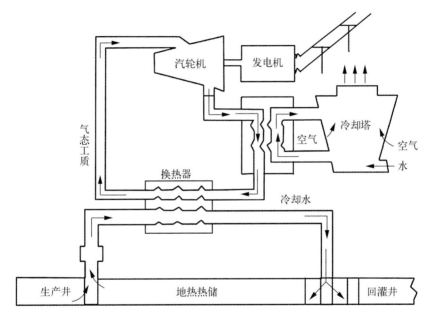

图1-5　双循环地热发电系统原理图

① 有机朗肯循环(ORC)

有机朗肯循环利用的地热热源温度范围为85~170 ℃。最常用的工质是异丁烷、异戊烷或两者的混合物,工质沸点较低。一般来说,以异丁烷为工质的系统比以异戊烷为工质的系统效率高。混合工质组成可根据地热流体特性调整,其系统效率高于纯工质。表1-1列出了一些ORC中主要工质的临界温度和临界压力。

ORC发电系统工质加热过程与热源温度变化过程的配合程度较好,换热过程的不可逆㶲损失小,系统循环效率一般高于同热源温度下的水蒸气系统。图1-6为ORC发电系统示意图。

表 1-1 ORC 中主要工质的临界温度和临界压力

工　质	临界温度/℃	临界压力/bar①
异戊烷	187.2	33.70
异丁烷	134.7	36.40
n-戊烷	196.5	33.64
n-丁烷	152.0	37.96

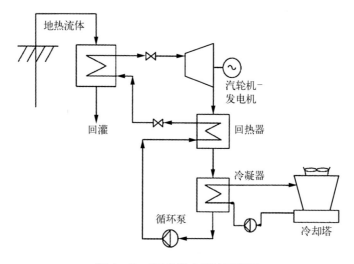

图 1-6 ORC 发电系统示意图

② 卡琳娜循环

Kalina 循环是在传统的 ORC 基础上改进的,其发电系统示意图如图 1-7 所示。Kalina 循环以氨水混合物为工质,氨水在蒸发器中被地热流体加热,经分离器分离为饱和氨水蒸气及饱和氨水液体。分离出的饱和氨水蒸气通过汽轮机做功发电,饱和氨水液体通过高温回热器冷却和节流阀减压后,与汽轮机出口的氨水蒸气混合,重新形成与循环起始浓度相同的氨水气液两相混合物,再经循环泵加压和回热器加热后,形成高温高压的氨水,重新开始循环。Kalina 循环能够更充分地利用地热水的热量,降低发电的热水消耗率,但其系统结构复杂,投资和运行费用较高。

――――――――――――

① 1 bar = 10^5 Pa。

理论分析认为 Kalina 循环比纯工质 ORC 性能高出 15%～50%。但在实际运行中，Kalina 循环并未表现出非常高的性能。

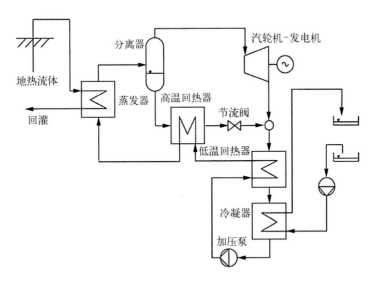

图 1-7　Kalina 循环发电系统示意图

1.1.3　干热岩型地热发电系统

干热岩是内部不存在流体或仅有少量地下流体的高温岩体,温度范围一般为 150～650 ℃。这种岩体的成分变化很大,绝大部分为中生代以来的中酸性侵入岩,但也可以是中新生代的变质岩,甚至是厚度较大的块状沉积岩。增强型地热系统(enhanced geothermal system, EGS)是利用干热岩发电的地热系统,即通过人工压裂的方法使高温岩石形成裂隙,注入井将低温水输入至地下,低温水通过裂缝吸收岩石热量后,在临界状态下以高温水、汽的形式通过生产井至地面发电。干热岩发电是近年来地热发电领域的研究热点,干热岩型地热发电系

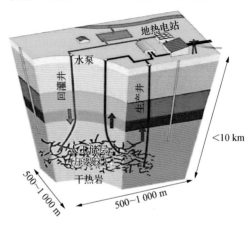

图 1-8　干热岩型地热发电系统示意图

统示意图如图 1-8 所示。相关数据显示,中国大陆 3~10 km 深处干热岩资源基数相当于 860 万亿吨标准煤,若能开采出 2%,相当于 2016 年全国一次性能耗总量(43.6 亿吨标准煤)的 3 900 多倍。

20 世纪 70 年代美国率先开展了对 EGS 相关技术的研究,其他国家(德国、法国、瑞士、英国、澳大利亚及日本等)也相继投入可观的人力和物力。中国 EGS 研发起步较晚,在资源分布、储层温度等级、配套钻探技术、人工压裂、环境地质评价等系统化研究方面才刚刚开始。掌握 EGS 安全、稳定及可持续的运行条件和热能产出的优化控制技术,形成干热岩勘查开发和利用的工程化技术体系,建立兆瓦级开发利用示范工程是中国今后 EGS 的研发方向。

1.1.4 岩浆型地热发电系统

岩浆型地热发电系统是利用高温岩浆将水加热成蒸汽发电的系统。在当前的技术经济条件下直接开发利用岩浆型地热资源十分困难。首先须探明熔融岩浆体所在位置、埋藏深度及其形态和规模;其次须研发能直接放入炽热的熔融岩浆体中的抗高温、抗高压和耐腐蚀的换热器材料。

冰岛深钻项目(Iceland deep drilling project, IDDP)是目前世界上岩浆型地热发电的代表。此项目由冰岛国家能源局(Orkustofnun, OS)和冰岛四家领先能源公司(Hitaveita Sudurnesja, Landsvirkjun, Orkuveita Reykjavíkur, Mannvit)于 2000 年承建,旨在通过深层钻探获取高温下的超临界地热流体,大幅增加可用的地热能。2003 年完成的项目可行性研究结果表明,若 IDDP 井的蒸汽流量与冰岛一般的地热井相当,则在 450℃、23~26 MPa 条件下,IDDP 井发电量有望达到 50 MW·h,相当于传统地热井(5 MW·h)的十倍。2009 年,在冰岛克拉布拉(Krafla)地热田开始钻探 IDDP-1井,预计深度为 4 500 m,但钻探至 2 100 m 处遇到岩浆而停止,测井发现,当压力为140 bar 时,此井可产生 452℃的过热蒸汽,这是当时世界上最热的地热井。2013 年,在冰岛西南部的雷克雅内斯(Reykjanes)地热田又钻探了另一口深井 IDDP-2 井,预计发电量达 100 MW·h。此井于 2016 年 8 月开钻,历经 167 天,至 2017 年 1 月完井,最终井深为 4 659 m,温度为 427℃,流体压力为 340 bar。岩心测试表明井底岩石具有渗透性,井底流体处于超临界状态。这是目前世界上最深的地热井。IDDP 示意图如图 1-9 所示。

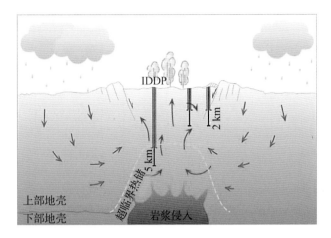

图 1‑9　IDDP 示意图

1.2　地热发电现状

2010—2025 年,全球地热发电装机容量发展趋势如图 1‑10 所示。

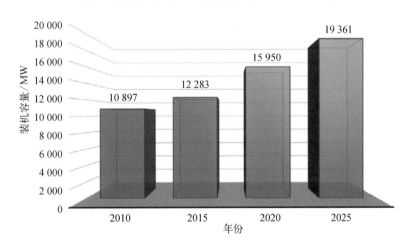

图 1‑10　全球地热发电装机容量发展趋势图(2010—2025 年)

2020 年地热发电装机容量前十位的国家如表 1‑2 所示。

各国地热发电采用的不同发电系统的数量如图 1‑11 所示,不同发电系统对应的装机容量和发电量占比如图 1‑12 所示。

表 1-2 2020 年地热发电装机容量前十位的国家

排名	国　家	装机容量/MW	排名	国　家	装机容量/MW
1	美　国	3 700	6	墨西哥	1 105
2	印度尼西亚	2 289	7	新西兰	1 064
3	菲律宾	1 918	8	意大利	916
4	土耳其	1 549	9	冰　岛	755
5	肯尼亚	1 193	10	日　本	550

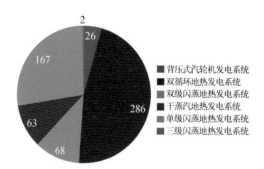

图 1-11 不同发电系统的数量(个)

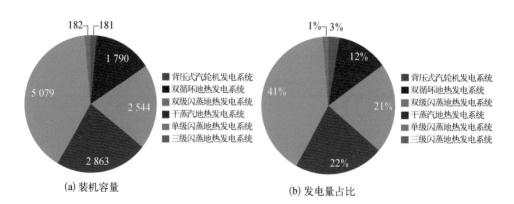

(a) 装机容量　　　　　　　　　　　　(b) 发电量占比

图 1-12 不同发电系统对应的装机容量（MW）和发电量占比

表 1-3 总结了各大洲不同地热发电系统的装机容量。

表 1-3 各大洲不同地热发电系统的装机容量（MW）

洲 名	背压式汽轮机发电系统	双循环地热发电系统	双级闪蒸地热发电系统	干蒸汽地热发电系统	单级闪蒸地热发电系统	三级闪蒸地热发电系统	总 计
非洲	48	11	—	—	543	—	602
亚洲	—	236	525	484	2 514	—	3 759
欧洲	—	268	273	795	796	—	2 132
拉丁美洲	90	135	510	—	908	—	1 643
北美洲	—	873	881	1 584	60	50	3 448
大洋洲	44	266	356	—	259	132	1 057
总 计	182	1 789	2 545	2 863	5 080	182	12 641

1.2.1 世界各国地热发电现状

近年来,世界地热发电市场保持每年 4%~5% 的稳定增长,至 2020 年,全球地热发电总装机容量达到 15.95 GW。据估计,全球地热发电总装机容量在 2030 年和 2050 年将分别达到 51 GW 和 150 GW。目前主要的地热发电国家为美国、新西兰、冰岛、意大利、菲律宾、印度尼西亚、墨西哥、萨尔瓦多、肯尼亚等国家。美国、冰岛、意大利、新西兰是传统的地热发电强国,地热发电规模较大,增量平缓。印度尼西亚、菲律宾、肯尼亚及土耳其是新兴地热发电国家,地热发电有很大的增长空间。2010—2025 年全球地热发电总装机容量变化百分比见图 1-13。

世界主要国家地热发电概况如下。

（1）美洲地热发电状况

美洲地热发电市场以美国、墨西哥和尼加拉瓜为主。

① 美国

美国地热发电一直稳居世界第一。2019 年,美国地热发电总装机容量达 3 700 MW。2015—2019 年美国并未开发新的地热田,而是结合其他可再生能源发电对

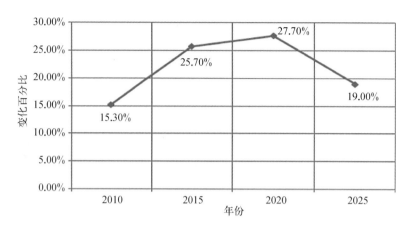

图 1‑13 2010—2025 年全球地热发电总装机容量变化百分比

现有地热电站进行了整合。美国地热电站主要集中在加利福尼亚州（2 683 MW）和内华达州（795 MW），其中加利福尼亚州地热发电规模最大，有 Geysers 和帝王谷（Imperial Valley）两个主要区域，该州大约 4.4% 的电量来自地热发电。此外，阿拉斯加州、夏威夷州、爱达荷州、新墨西哥州、俄勒冈州和犹他州也有一定数量的地热发电厂。相关数据显示，2018 年美国地热发电总装机容量为 3 806 MW，计划到 2023 年至少增加发电量 111 MW·h。目前美国地热发电约占所有可再生能源发电的 2%，约占全国总发电量的 0.4%。

② 墨西哥

墨西哥是拉丁美洲国家中第一个利用地热能的国家。墨西哥境内有 25 座活火山，地热潜力巨大。研究表明，一座活火山产生的地热发电潜力约为 1 GW。墨西哥地热电站分布在五个地热田：塞罗普列托（Cerro Prieto）地热田（720 MW）、洛斯胡梅罗斯（Los Humeros）地热田（119.8 MW）、洛斯阿苏弗勒斯（Los Azufres）地热田（270.5 MW）、Domo de San Pedro 地热田（35.5 MW）和拉斯特勒斯维尔格内斯（Las Tres Virgenes）地热田（10 MW）。2019 年，五个地热田的总装机容量为 1 005.8 MW，供电网电量为 947.8 MW（5 375 GW·h/a）。总装机容量比 2015 年下降了 1.1%，但由于某些新型机组的效率更高，并网发电量增加了 13%。目前墨西哥的可再生能源发电份额为 3%，计划到 2024 年，可再生能源发电比例将达到 35%。

③ 尼加拉瓜

尼加拉瓜对地热的研究始于 20 世纪 60 年代，据估算该国地热发电潜力约为 1 100 MW。但截至目前只有极少数部分被开采,约占全国用电量的 10%。该国共有 5 处地热田,但只有两个有地热电站,分别为莫莫通博(Momotombo)地热电站(77 MW)和圣哈辛托蒂萨特(San Jacinto-Tizate)地热电站(82 MW)。尼加拉瓜对北部和中部地区进行了地质勘查,尽管取得了一些进展,但由于种种原因延缓了工作的进一步开展,世界银行资金援助计划也相应被推迟。

④ 加拿大

加拿大西部处于太平洋板块和美洲板块的边界,位于环太平洋地热带,地下蕴藏着丰富的地热资源。加拿大地质调查局测算数据显示,加拿大的地热能储量超过现有电力消耗总量的 100 万倍,仅西部和北部地区浅层的高温岩层地热能,就可满足加拿大全国的电力需求。2011 年,加拿大在西部和北部的高品位地热资源分布区开发了几个小型地热发电项目,还准备试验先进地热发电系统。2017 年,加拿大国家能源委员会的报告指出,在加拿大西海岸可实现大规模地热发电,北部地区也正在考虑热电联产的地热项目。2019 年,加拿大深层地球能源生产公司(DEEP Earth Energy Production Corporation)牵头在萨斯喀彻温省东南部投建一个 5 MW 的地热发电厂,政府提供了 2 560 万美元的资金支持,发电量可供 5 000 户家庭使用,同时可减少相当于每年 7 400 辆汽车的尾气排放。

⑤ 智利

智利位于环太平洋地震带和环太平洋地热带,境内火山地震频繁。根据智利国家档案馆提供的资料,智利拥有全球最长的火山链,是太平洋火山的起源地之一,全世界 25% 的火山都集中在智利。全国境内有 500 座火山,其中 123 座为活火山。但由于长期缺乏产业投资激励机制,智利在地热开发方面仍处于摸索阶段。早在 1907 年,智利就在北部的地热谷开始了地热勘探,钻探了第一口勘探测试井。1960 年,智利政府筹集资金并制定了详细的地热勘探开发计划,但公众认为此举会影响环境和旅游收入而反对,致使地热勘探开发计划搁浅。2008 年,在地热谷附近发生了地热勘探钻井的井喷事件,使得地热勘探开发计划再次被搁置。但由于智利能源状况日益紧张,智利政府加速了智利的地热勘探进程,在全国范围内设置了 66 处地热勘探点,并计划至 2030 年,地热发电总装机容量达到 599 MW,2030—2050 年,新增地热发电装机容量 1 487 MW。

⑥ 哥斯达黎加

哥斯达黎加位于中美地峡,地处环太平洋地热带。国土面积只有 5 万平方千米,境内却有十几座火山,地热资源丰富。1994 年,哥斯达黎加第一套地热发电机组投入商业应用,装机容量为 55 MW。1995 年,哥斯达黎加地热发电总装机容量为 60 MW,占全国总装机容量的 6%;年地热发电量为 447 MW·h,占全国总发电量的 9%。2000年,全国地热发电总装机容量达 170 MW,占全国总装机容量的 10%,全年地热发电量占全国总发电量的 14.6%。2013 年 10 月,哥斯达黎加政府通过新的电力法案,鼓励国家电力公司和企业尽可能利用本国的廉价资源提高电力产量,同时也注重引进外资开发地热能源,2013 年 11 月,日本国际合作署为哥斯达黎加电力公司提供了 5.6 亿美元贷款,用于开发哥斯达黎加的地热资源,投资重点在瓜纳卡斯特省的地热发电项目,装机容量为 55 MW。目前,该国地热发电总装机容量为 207 MW,电网并网969 GW·h/a。哥斯达黎加计划到 2025 年新增安装 262 MW 的容量,并将每年向电网输送 1 559 GW·h。

⑦ 萨尔瓦多

萨尔瓦多地处环太平洋地热带,地热资源十分丰富。20 世纪 70 年代以来,地热发电一直是萨尔瓦多重要的电力来源之一。1975 年,萨尔瓦多兴建了第一座活火山发电站——阿乌雅查班发电站。贝热林地热电站是萨尔瓦多最大的地热电站之一,装机容量为 30 MW,发电量相当于首都圣萨尔瓦多市总能源消耗的 3%。21 世纪以来,萨尔瓦多地热发电量居全球地热发电国家前十名,到 2010 年,萨尔瓦多的地热发电量达到了 3.73 亿千瓦时,而地热发电总装机容量达到 95 MW,占萨尔瓦多国内发电总量的 25%。2015 年,该国地热发电总装机容量为 204 MW,占该国总电能需求的 24% 左右,年地热发电量为 1 442 GW·h。积极开发地热资源,并努力提高地热能利用的市场份额,是萨尔瓦多在新能源开发计划中的重要举措。目前,萨尔瓦多正积极引进外资和国外的先进技术,加快本国地热资源开发利用。英荷"罗雅·达奇舍"石油公司目前在萨尔瓦多组建地热财团,计划进行干热岩的开发。

(2) 非洲地热发电概况

非洲地热资源主要分布在东非大裂谷地带,在肯尼亚、埃塞俄比亚和坦桑尼亚等国。而乌干达、卢旺达、吉布提、赞比亚等国也都有兴趣开发本国地热资源,但目前由于勘探不足,潜在装机容量较难估计。

① 埃塞俄比亚

埃塞俄比亚位于地热活跃的东非大裂谷地带,地热发电资源较好。埃塞俄比亚自 1969 年开始对超过 15 万平方千米的埃塞大裂谷进行勘探,预计有 16 口地热井可用于发电,总装机容量为 5 000 MW。埃塞俄比亚主要有两个地热田:阿鲁托朗加诺(Aluto Langano)地热田和 Tendaho 地热田。1998 年,在 Aluto Langano 地热田安装了 7.3 MW 的试验性地热电站。埃塞俄比亚政府计划引入私营电力供应商投资,大力发展包括地热电力在内的清洁能源。2018 年,埃塞俄比亚签署了一项协议,计划投资 40 亿美元,在首都亚的斯亚贝巴以南的活火山大裂谷中建造两座地热电站,分别命名为 Corbetti 和图鲁莫耶(Tulu Moye)地热电站,总装机容量可达 1 000 MW。埃塞俄比亚政府规划 2037 年的地热发电总装机容量达到 5 000 MW。

② 肯尼亚

肯尼亚地热发电资源丰富,地热发电潜力巨大。肯尼亚地热发电生产始于 1981 年,第一座地热电站在奥尔卡里亚地热田投入使用,装机容量为 15 MW。2015—2019 年,肯尼亚地热发电增长速率居世界第一。2019 年,肯尼亚地热发电总装机容量为 865 MW,占全国总装机容量的 29%,还有 188 MW 在建和 140 MW 的已投资地热发电项目。肯尼亚政府计划将地热能打造成肯尼亚最大的清洁能源,至 2030 年地热发电总装机容量将增至 5 000 MW 以上。

(3) 亚洲地热发电现状

① 印度尼西亚

印度尼西亚位于环太平洋地热带,地壳活动强烈,是一个火山之国,全国共有火山 400 多座,其中活火山有 100 多座。印度尼西亚地热资源约占全球地热总量的 40%,是世界上地热发电潜力最大的国家。据统计,该国地热资源能够提供大约 2.8×10^4 MW·h 的发电量,相当于 120 亿桶石油的发电量。尽管地热资源丰富,目前印度尼西亚仅有 7 个地热田,不到 1 200 MW 的地热资源得到开发,分布在爪哇岛、北苏门答腊省和北苏拉威西省。在已查明的地热资源中,约 1.4×10^7 kW 处于苏门答腊岛,9×10^4 kW 在爪哇岛和巴厘岛,2×10^4 kW 在苏拉威西岛。2014 年,印度尼西亚拟在萨鲁拉(Sarulla)地区建设一座全球最大的地热电站,该电站计划投资总额为 16 亿美元,装机容量为 330 MW。日本东芝公司与萨鲁拉的 SOL 国际联营企业合作,将为此地热电站项目提供 3 套 60 GW 的地热汽轮机和发电机。自 2015 年至 2018 年,印度尼西亚地热发电总装机容量从 465 MW 增至 1 948.5 MW,至 2019 年 12 月,总装机容量达到 2 138.5 MW。印度尼西亚政府大力推广地热资源的开发和利用,计划在 2025 年将地热发电量提升到 7 000 MW·h,占国家总发电量的 5%。

② 日本

作为一个火山之国,日本地热资源储量达 2.347×10^7 kW,高居全球第三,仅次于美国和印度尼西亚。如能加以充分利用,地热发电可满足日本全国七分之一以上的电力需求。但遗憾的是,多年来日本地热发电的发展步伐极为缓慢。日本从20世纪60年代就开始开发地热资源。1966年在岩手县建立了全国第一座地热电站,发电功率为23.5 MW。1973年"石油危机"使日本的电价在一年内几乎翻了一番。为改变过于依赖石油的状况,日本政府开始支持建设地热电站。20世纪70年代先后建成了4座地热电站,发电能力为1.2×10^5 kW。此后,在20世纪80年代和90年代又增加了3.4×10^5 kW的地热发电能力。但进入21世纪以来,仅新增5×10^4 kW。目前日本地热发电能力只有5.3×10^5 kW,地热发电量仅占全国总发电量的0.3%。日本地热发电发展缓慢的原因在于政府对土壤挖掘有严格规定,地热探测耗时较长。此外,日本大约80%的地热资源位于国家公园或其他受保护的区域,开发时不仅需遵守相关法律,还需根据具体规模对地热电站进行环境评估。2011年福岛核事故之后,日本诸多核电站相继停运,又开始大力发展地热发电。2012年,鉴于日本电力供应紧张,环境省放宽了在国家公园开发地热的限制,新政策出台后,出光兴业、国际石油开发帝石、三菱综合材料等9家能源公司积极响应,计划在福岛县建设日本最大规模的地热电站,总投资1 000亿日元。2019年,建设了两座较大的地热电站,装机容量分别为46.2 MW和53.7 MW。2020年日本地热发电总装机容量为550 MW,年产能为2 409 GW·h,净发电功率约为275 MW。

③ 菲律宾

菲律宾位于欧亚板块与太平洋板块交界地带,接近印度洋板块,处于环太平洋地震带。此处地壳运动活跃,板块碰撞使得火山、地震频发,岩浆容易沿岩层裂隙喷出地表,因此菲律宾地热资源十分丰富。菲律宾群岛上有200多座火山,其中活火山有21座。菲律宾的地热资源储量预计约有6×10^6 kW,相当于20.9亿桶原油标准能源。菲律宾地热资源的开发潜力约为4 024 MW,为世界第三大地热发电国,仅次于美国和印度尼西亚。

早在1977年,第一次世界石油危机爆发后,菲律宾就已经开始充分利用本国的地热资源进行地热发电。1995年,菲律宾地热发电得到进一步发展,总装机容量达到1.227×10^6 kW。1998年,菲律宾引进外资与技术,日本的住友商事株式会社与富士电机株式会社合作开发菲律宾地热资源,共同建设了Malitbog地热电站,这是菲律宾规模最大的地热电站。2008年,菲律宾地热发电总装机容量达到2 000 MW。目前全国有7个正在运行的地热田,总装机容量为1 918 MW,每年为电网提供1 770 GW·h

的能源,约占国家电力需求的 11%。

④ 土耳其

土耳其位于阿尔卑斯-喜马拉雅山火山带,境内多火山,地热资源丰富。该国也十分重视地热的利用。2014 年数据显示,该国地热资源利用率不到 10%,仍具有巨大的开发潜力。土耳其地热资源温度较高,地热井深在 1 200~4 200 m,井口流体温度最高可达 200 ℃。土耳其地热协会专家认为,如果土耳其的地热资源得到合理有效的开发,相当于 93 亿美元的石油,或 300 亿立方米的天然气。早在 20 世纪 60 年代,土耳其就已经在地热温泉资源丰富的代尼兹利开始进行地热发电。迄今为止,土耳其在高温地热资源丰富的西部,已建起 6 座地热发电设备。据 2010 年国际地热协会土耳其国家地热报告显示,根据热流值测算,土耳其 3 km 以内的地热资源潜力约为 $2.85×10^{23}$ J,全国已探明的热点超过 270 处,拥有超过 227 个具有经济规模的地热田、2 000 处温度在 20~287 ℃的温泉和矿泉水资源,主要富集于安纳托利亚北部断层区和中东部火山区附近的大型地堑带。土耳其政府制定了鼓励可再生能源发电的相关法案和管理条例,加之融资支持和勘探总局的大量工作投入,使得地热发电在土耳其具有良好的发展环境。2014 年,土耳其地热发电输出功率达到 $1×10^{5}$ kW,并不断筹建新地热电站,计划在 2023 年将地热发电总装机容量提升到 $6×10^{5}$ kW。截至 2019年 6 月,土耳其共兴建 56 个发电厂,当前总装机容量为 1 549 MW,每年为电网提供8 168 GW·h。土耳其大力扶持新能源产业,计划在 2023 年将新能源的发电比例提高到 20%,因此土耳其政府对地热发电在电价和设备上给予补贴。目前土耳其已跻身世界地热发电超过 1 GW 的前四个国家行列,可以预见未来土耳其地热发电前景广阔。

(4) 欧洲地热发电现状

目前,欧洲地热发电主要分布在冰岛、意大利等国家。

① 冰岛

冰岛有"冰火之国"之称,特殊的地质构造以及极北的地理位置赋予了冰岛无穷的可再生能源。冰岛地处北美洲板块和欧亚板块中间的大西洋中脊上,火山活动异常活跃,地热资源十分丰富,几世纪以来地热能一直是冰岛的基础能源。目前地热能提供了冰岛能源的 62%,地热发电总装机容量为 663 MW。冰岛主要的地热电站有奈斯亚威里尔(Nesjavellir)电站(120 MW)、Reykjanes 电站(100 MW)、Hellisheiði 电站(303 MW)、Krafla 电站(60 MW),以及斯瓦辛基(Svartsengi)电站(76.4 MW)、Theistareykir电站(90 MW)和Fludir电站(0.6 MW)。此外,冰岛深钻项目(IDDP)是目前世界上唯一的岩浆型地热发电系统,其中IDDP-2井深4 659 m,井底温度达427 ℃,地热水处于超临界状态。世界能源委员会预测,IDDP一旦成功推广,地热能将可为世界解决8%的电力供应。

② 意大利

意大利位于欧亚板块和非洲板块的交界处,多火山多地震,处于红海-亚丁湾-东非裂谷地热带,境内有14座火山,其中3座是活火山,基本分布于地中海沿岸火山带附近的海岸和岛屿上。意大利的地热能储量为$3.27×10^7$ kW,略低于美国、日本、印度尼西亚等地热大国。

1904年,意大利在托斯卡纳的拉德瑞罗(Larderello)建设了世界上第一座干蒸汽地热电站。该电站所在的地热田也是世界著名的干蒸汽地热田之一,它由八个地热区组成,区内地热井深1 800 m,出水温度为245 ℃;井深至4 092 m时,井底温度可达400 ℃。2018年,意大利地热发电总装机容量为915.5 MW,但地热发电仅占国家电力需求的2.1%。

意大利政府大力支持地热开发。2014年年底,意大利国家电力公司投资1 500万欧元,在托斯卡纳地区建设全球首座将生物质能与地热能结合进行发电的电厂。这座新能源发电厂拟使用生物质能,将150 ℃的地热蒸汽加热到380 ℃引入汽轮机发电。其中生物质能电厂装机容量为5 GW,地热发电厂装机容量为13 GW,预计投产后年发电量将达到37 GW·h,可减少17 000 t的碳排放量。

③ 法国

法国煤炭等矿产资源贫瘠,开采成本高,全部依赖于进口。法国电力来源主要为核能,核发电量占全国总发电量的75%,利用率居全球第一。但受日本福岛核事故的影响,从2012年起,法国开始大幅度减少核能在能源结构中的比例,并将能源重点放在其他新能源的开发利用上。除风能、太阳能、水能、生物质能和城市固体垃圾等可再生能源的开发外,法国也加大力度开展地热能的勘查及开采。法国的阿尔萨斯地区、巴黎地区、阿基坦地区均拥有丰富的地热资源。

20世纪80年代,法国政府开始重视地热资源的勘查和利用,积极探索地热开发尖端技术,建立EGS试验电站等。但后期受限于资金与技术问题,很多地热设备被迫关闭,地热开发利用也相对发展缓慢。2015年的数据显示,法国地热发电总装机容量仅为16.5 MW。尽管地热发电量在法国全国总发电量中的占比微乎其微,但其上升空间仍然很大。

④ 德国

德国可开发利用的地热资源大都埋藏在地下 3 000~4 000 m 处。据德国地热协会估算,若这些地热资源能够被充分利用,可满足德国 1 万年的电力和取暖所需。2004 年,德国地热资源利用量接近其一次能源总供应量的 0.4%,同时德国政府也在不断地完善地热资源开发利用的相关法规,推出针对地热发电的补贴政策,并为地热资源利用提供税收及技术上的优惠政策。2007 年 11 月,兰道(Landau)地热电站在莱茵地区投建,装机容量为 2.5 MW,可满足 6 000 户居民的用电需求,发电余热还可满足 1 000 户的居民供暖。2008 年 2 月,德国波茨坦地学研究中心在慕尼黑的多恩哈尔钻探了 4 400 m 的地热井,出水温度达到 140 ℃。2010 年,德国在绍尔拉赫市、雷德斯塔德、施派尔等几个地区投资 40 亿欧元,兴建了 150 个地热发电设施项目,其中最大装机容量为 10 MW。2015 年以来,德国新建了 4 座地热电站,总装机容量为 19.7 MW。

⑤ 俄罗斯

俄罗斯远东地区地热资源丰富,堪察加半岛和千岛群岛潜力最大,预计发电能力可达 2 000 MW。俄罗斯地热开发始于 20 世纪 60 年代,兴建的第一座地热电站是装机容量为 5 MW 的帕乌塞特斯克地热电站。位于俄罗斯北部的堪察加半岛有 9 个浅层地热区,可提供 2 GW 以上的电力和热能。长期以来,俄罗斯致力于大型火电和核电的开发,忽略了地热能的开发利用。直到 1998 年才开始在堪察加半岛开发地热能,由当地政府部门、堪察加电力股份公司、俄罗斯国家电网及科学股份公司联合成立了地热股份公司,兴建了 12 MW 的上穆特诺夫斯克地热电站,并于 1999 年投入工业实验性运作。2000 年,俄罗斯又新建了 50 MW 的穆特诺夫斯克地热电站。该电站发电量占堪察加半岛全部电力的 30%。现今堪察加半岛拥有 4 座地热电站,总装机容量约为 80 MW。此外,俄罗斯启动了国后岛(南千岛群岛之一)上利用门捷列夫火山蒸汽进行发电的地热电站,该电站每年能减少 4 000 多吨柴油或 7 000~10 000 t 煤炭消耗。俄罗斯还计划在择捉岛(南千岛群岛之一)兴建一座 30 MW 的地热电站。2015—2019 年俄罗斯未新建地热电站,当前地热发电总装机容量约为 82 MW。

⑥ 瑞士

瑞士政府鼓励投资开发地热资源,圣加伦、苏黎世、日内瓦等市和地区政府纷纷出台开发地热资源的计划。截至 2010 年,瑞士共有 5 座地热电站。以圣加伦市建于 2010 年 11 月的地热电站为例,地热井深 4 000 m,出水温度为 150～170 ℃,压力较高,采用水热法发电,年发电量为 6×10^6～8×10^6 kW·h。此外,此地热电站还满足了圣加伦市 4.4 万栋建筑、7 万多户居民的生活用电和供暖需求。目前瑞士政府正在大力开发地热资源,并将地热资源与其他能源,如水能等可再生能源等进行综合利用,争取使地热发电提升到总发电量的 3%～4%。圣加伦市还计划在近几年实现能源的无碳化,将地热资源比例提升到 50%,而苏黎世市也拟订地热发电计划,并在公立医院使用地热电能,日内瓦市计划进一步提升地热发电比例。

瑞士的地热资源探索之路并非一帆风顺,因为当地居民担忧地热能开采不当有可能引发地震。2006 年 12 月,巴塞尔市地热电站就曾利用地下 5 km 处的地热能发电,引发了一场里氏 3.4 级的地震,波及附近建筑。巴塞尔地质能量公司为此赔付了大约 900 万瑞士法郎。此外,由于瑞士基本上没有活火山,而阿尔卑斯山脉地理结构又十分复杂,一般若要寻找到足够温度的地热水都须钻探至地表以下 5 km 之深,地热源勘探困难。2010 年,苏黎世市就曾花费 2 000 万瑞士法郎对当地进行地热发电的资源勘探,经过 75 天的勘探,却发现热源温度远低于预期值。

⑦ 英国

英国地热资源缺乏,开发利用不多。40 年前,被称为"地热之父"的专家托尼·巴特切罗(Tony Batschror)曾致力于开发英格兰西南部的康沃尔郡地热资源。他认为英国康沃尔郡拥有最优越的地热资源,是英国地热能开发的最佳地区。2018 年,两个耗资 1 800 万英镑的干热岩发电项目在康沃尔郡开建,或将成为英国地热工业的开端。项目计划钻探两口深度分别为 4.5 km 和 2.4 km 的地热井,这是英国有史以来最深的钻孔,计划为当地 3 000 户家庭供电和供暖。项目承包方为英国地热工程有限公司(GEL),总经理劳瑞安表示,这是英国地热能行业的一个"伟大"时刻,地热电站装机容量将达 3 MW,未来英国地热发电总装机容量可达 10～12 MW。他认为英国尚未开发的地热资源足够满足英国 20% 的电力和热能需求。

(5)大洋洲地热发电现状

① 澳大利亚

澳大利亚干热岩分布广泛,其南部的平均大地热流为 (92 ± 10) mW/m²,是全球平均数的两倍。澳大利亚大部分地区是沉积岩盆地,具有丰富的地热资源。

澳大利亚的地热发电开发较早。1986 年在南澳大利亚的 Mulka 养牛场,建设了一个 20 kW 的试验地热电站。1999 年 4 月,澳大利亚开始投资干热岩项目,在马瑟尔布鲁克(Muswellbrook)地区进行地热钻探,分四个阶段进行干热岩地热发电开发。1991—1992年,又在伯兹维尔(Birdsville)和昆士兰(Queensland)建设了150 kW的地热电站。2008年起,政府开始加大对干热岩地热的开发力度。2015年,澳大利亚总装机容量为1.1 MW。目前,所有2015年之前的地热发电项目均已废弃,包括在库珀盆地试验多年的干热岩发电项目。全国运行时间最长的地热电站位于伯兹维尔,装机容量为120 kW,也于2018年停止运行,被太阳能光伏发电取而代之。

② 新西兰

新西兰地处太平洋板块西南缘与印度洋板块的缝合线上,其东部的太平洋板块俯冲到北岛的地壳下,因此在陶波湖至怀特岛一线形成东北方向的陶波火山带,新西兰主要的活火山和地热田均位于此带。陶波火山带分布一系列高温地热田,已经开发的有怀拉基、卡韦劳、布罗德兰兹、罗托卡瓦、奥哈基、莫凯等地热田。

新西兰的地热发电多集中在怀拉基和布罗德兰兹两个地热田。该地区高温地热资源丰富,井中喷出的蒸汽含80%的水分,地热流体平均温度为260 ℃,最高可达300 ℃以上。怀拉基地热电站位于地热田东部,是世界上第一座利用湿蒸汽发电的地热电站,1958年建成以来已成功运行50多年,装机容量约为180 MW,年发电量达1 505 GW·h。布罗德兰兹地热电站于1979年建造,装机容量为120~150 MW。2007年11月底,新西兰Contact能源公司宣布在陶波(Taupo)新建约20 MW的地热发电设施,可供近2万户家庭用电。当前新西兰地热发电的总装机容量为1 032 MW,年地热发电量为7 474 GW·h。新西兰75%的电力来自可再生能源,其中地热发电量占18%左右。

1.2.2 我国地热发电现状

我国地热资源总量约占全球的7.9%,可采储量相当于4 626.5亿吨标准煤。高温地热资源(热储温度不低于150 ℃)主要分布在藏南、滇西、川西及台湾地区。环太平洋地热带通过台湾地区,高温温泉达90处以上;地中海-喜马拉雅地热带通过西藏南部和云南、四川西部。西藏高温热田主要集中在羊八井裂谷带,其中藏南西部、东部及中部约有108个高温热田,构成中国高温热田最富集的地带;云南是全国发现温泉最多的省,20多处高温热田主要分布在怒江以西的腾冲-瑞丽地区;川西8个高温地热区分布在藏滇高温地热带。我国150 ℃以上的高温温泉区有近百处,是开发利用高温地热资源最有远景的地区。目前我国尚有大量地热能可用,尤其是西部地区的地热资源亟待开发。

我国地热发电研究工作始于 20 世纪 60 年代末期。1970 年 5 月首次在广东丰顺建成第一座设计容量为 86 kW 的扩容法地热发电试验装置,热水温度为 92 ℃,厂用电率(指地热电站自身耗电量与电站总发电量的比值)为 56%。随后在河北后郝窑、广东邓屋、湖南灰汤、江西温汤、广西象州、山东招远等地建立了地热试验电站,总装机容量为 1.55 MW,后来多个电站相继停止运行,见表 1-4。目前西藏羊易有 16 MW 的项目上马,四川康定建造了一个 400 kW 的测试发电装置,云南德宏兴建了 2 MW 的电厂。至 2019 年,国内地热发电总装机容量为 34.89 MW(包括西藏羊八井 25.2 MW 的电厂)。

表 1-4　20 世纪 70 年代我国中低温地热试验电站

省区	电站地点	装机容量/kW	发电方式	始运行年份	热水温度/℃	现状
广东	丰顺邓屋	86	闪蒸	1970	92	退役
		200	双工质(异丁烷)	1977	—	停运
		300	闪蒸	1982	—	运行
河北	怀来后郝窑	200	双工质(氯乙烷、正丁烷)	1971	87	停运
江西	宜春温汤	50	双工质(氯乙烷)	1971	67	停运
广西	象州热水村	200	闪蒸	1974	79	停运
湖南	宁乡灰汤	300	闪蒸	1975	98	退役
山东	招远汤东泉	200	闪蒸	1976	98	停运

"十二五"期间,我国在西藏羊易、华北油田、青海省共和县、天津等地,陆续试验了一批地热发电机组。2017 年,原国土资源部及国家能源局共同颁布的《地热能开发利用"十三五"规划》提出,"十三五"时期,在新增地热能供暖(制冷)面积 11 亿平方米的同时,新增地热发电装机容量 500 MW。当前我国地热发电总装机容量虽达 46.68 MW,但与"十三五"提出的目标相比还有不小差距。2018 年 10 月,西藏羊易地热电站工程 1 期 16 MW 发电机组顺利通过 72 h 满负荷试运行,标志着目前世界上海

拔最高、国内单机容量最大的地热发电机组顺利投产发电。

1.3　我国地热发电工程

我国最著名的地热电站位于西藏羊八井,此处有规模宏大的喷泉、温泉、热泉、沸泉、热水湖等,地热田面积达 17.1 km²,是我国目前已探明的最大高温地热湿蒸汽田。羊八井地热田水温在 47 ℃ 左右,是我国开发的第一个湿蒸汽田,也是世界上海拔最高的地热电站。过去这里只是一片绿草如茵的牧场,从地下汩汩冒出的热水奔流不息。1975 年,西藏第三地质大队用岩心钻在此钻探了我国第一口湿蒸汽井,1976 年我国第一台兆瓦级地热发电机组在这里成功发电。这是当今世界唯一利用中温浅层热储资源进行工业性发电的电厂,羊八井地热电站也是西藏电网的骨干电源之一,年发电量在拉萨电网中占 45%。

1.3.1　羊八井地热田发电概况

羊八井地热田地处拉萨市西北约 90 km,北部有规模较大的硫黄矿、瓷土矿,南部有草炭矿和拉曲河,青藏公路和中尼公路横穿地热田东部、北部,交通方便。地热田盆地东西长约 20 km,南北宽约 5 km,海拔约 4 300 m。目前羊八井地热发电的地热流体主要取自地热田浅层热储,分布在地热田南区,储层最大厚度为 350 m。地热田北区热储埋深约为 170 m,揭露厚度为 50~300 m。北区热储上无盖层,地热水具有自由液面,而南区热储上有厚度不一的黏土层为盖层,起到保护储层温度和防止地表水下渗干扰的作用。

(1) 1 号机组 1 000 kW 试验情况

羊八井地热电站分南、北两站。南站 1 号机组由西南电力设计院有限公司(以下简称西南电力设计院)设计,采用单级闪蒸地热发电系统,最早设计容量为1 000 kW,于 1977 年 10 月试运行成功。目前 1 号机组最大稳定出力为 800 kW。未达到设计出力的主要原因是地热井投产后,井下结垢导致地热水流量减小。后经现场反复试验摸索,于 1978 年试制成功机械空心通井器,消除地热井结垢问题后,机组出力一直稳定在 1 000 kW,热效率约为 3.5%,厂用电率为 16%。

(2) 3 号机组 3 000 kW 试验情况

1979 年国家投建羊八井 3 号 3 000 kW 机组,仍由西南电力设计院设计,采用双级扩容法热力系统,系统热效率较单级扩容法提高 20%,但系统结构复杂,投资大,适用于中温(90~160 ℃)地热田发电。1981—1982 年,两台 3 000 kW 电站机组在羊八井顺利投产,满负荷向拉萨稳定输电,每吨地热水可发 10 kW·h 电,发电厂热效率可达 6% 以上。1984 年后,西南电力设计院相继完成了羊八井地热电站三期、四期、五期扩建工程的设计任务,机组单机容量均达 3 000 kW。现羊八井地热电站已有 9 台机组,装机容量为 25.18 MW,已累计发电 30 亿度①左右。

1.3.2 其他地热电站

(1)广东丰顺邓屋扩容式地热电站

广东丰顺邓屋扩容式地热电站是我国首座地热试验电站。电站仅一口开采井,井深 81 m,井口出水温度为 92 ℃,自流量为 62 t/h,无回灌井。1970 年 12 月,丰顺邓屋地热电站第一台 86 kW 闪蒸汽轮机发电试验机组试验发电成功。1978 年,建成了第二台以异丁烷为中间介质的双流循环试验机组。但由于该机组汽轮机采用200 kW低压船用废旧汽轮机改装,叶片喷嘴设计不能适应新工质的特性,效率极低,在炎热夏天出力只有 100 kW 左右,很少投入使用。1982 年 12 月该机组被再次改造,采用降压扩容法发电,设计功率为 300 kW。该电站一直运行至 2004 年后由于机器老化和故障而暂停使用。2009 年,该电站重新采用降压扩容法发电,设计功率为300 kW,上网电量约为 100 万度。

(2)湖南宁乡灰汤镇扩容式地热电站

湖南宁乡灰汤镇扩容式地热电站建于 1975 年。地热井口水温平均为88~90 ℃,采用热水单级扩容法,装设一台 300 kW 的凝汽式汽轮机发电机组,运行期间主要为周围居民提供日常用电。1975 年 10 月至 1986 年 6 月累计运行 18 400 h,发电量为433.42 万度。尽管灰汤电站成功实施了地热尾水回灌,但由于热水资源量仍逐年减少,最终因经济压力被迫关停,设备也随即拆除。

(3)华北油田伴生示范地热电站

华北油田是中国首批进行开发利用地热能的油田之一。华北油田伴生示范地热电站是于 2006 年 9 月开始建设的中国第一台(世界第二台)400 kW 油田中低温伴生

① 1 度=1 千瓦时。

的示范性地热电站,于 2011 年 5 月完成。这是国内第一座油田中低温地热电站,采用双循环螺杆膨胀动力发电技术。区内有 10 口地热井,包括 4 口回灌井;开采总流量为 250 m³/h,回灌量为 83.3 m³/h。电站 2 台 400 kW 的发电机组运行,在满负荷下预计年发电能力为 2.7×10⁶ kW·h。虽然发电效益不高,但留北深部潜山中低温地热发电有效利用了废弃油气井,同时为防止高矿化度的地热水进入蒸发器腐蚀设备,采用了中间介质法地热发电系统,是我国油田梯级利用地热资源的首创案例。

1.4　目前我国地热发电亟待解决的技术难题

1.4.1　汽-水两相流介质的输送

因我国多为中低温地热田,自井口引出后的流体绝大部分是地热水(约占 96%),同时含有少部分地热蒸汽(约占 4%)。要最大限度地利用地热水中的水和蒸汽热能发电,需要解决好汽-水两相流介质输送中的流动稳定、压力损失和结垢问题。

1.4.2　地热田的腐蚀

地热流体中都含有一定数量的 H_2S、CO_2 等酸性气体和氯离子,而 H_2S 是主要的腐蚀介质。这些酸性气体遇到水和空气中的氧时腐蚀作用会加剧。地热电站腐蚀严重的部位集中于负压系统,如汽轮机排气管、冷凝器和射水泵及管路,其次是汽封片、冷油器、阀门等。腐蚀速度最快的是射水泵叶轮、轴套和密封圈。

目前采取的主要措施如下。

(1) 在系统主要部件上涂防腐涂料,如环氧树脂或 RTF 涂料。

(2) 采用不锈钢材质的设备及部件,如不锈钢射水泵、阀门、管道。

(3) 提高射水系统中水的 pH。pH 由 5 提高到 6,使其接近中性。

1.4.3　地热田的环境污染

与燃煤发电相比较,地热发电较为清洁。但严格地讲,地热水和蒸汽中是含有有害成分的,如羊八井地热田的地热水中 H_2S 含量为 $3\sim6$ mg/L, SiO_2 含量为 $100\sim250$ mg/L, CO_2 含量为 $5\sim10$ mg/L,硼酸含量为 77.6 mg/L,每天要用上万吨地热水发电,其有害成分总量较大。可以通过地热尾水回灌减少对地表及河水的污染,同时保持地热田地下水位及延长地热田开采年限。但自然回灌存在堵塞问题,加压回灌技术复杂,且成本高,至今未大范围推广使用。

1.4.4　地热田的结垢

以羊八井地热电站 $1\,000$ kW 机组为例,自 1977 年 10 月投产以后,地热井结垢问题日趋严重,电站管道设备也发生结垢现象。主要原因在于:地热水在地下一直处于稳定的饱和状态,一旦温度、压力发生变化,就会析出 $CaCO_3$(结垢成分),产生沉淀、结垢。针对这些问题,电站多次组织国内外专家在现场反复试验、摸索,研究试制专用的机械空心通井器,对自喷地热井采用机械空心通井器定期、轮流通井除垢(一天一次),通井时减负荷、不停机、连续发电;对不自喷的地热井采用深井泵升压引喷,使地热水不发生汽化,以达到阻垢效果;对地热水、气输送母管系统,在井口加设药泵,加入水质稳定剂或用化学试剂清洗;更换结垢严重的管道设备。

我国地热资源开发利用起步较晚,虽取得了一定的成就,但同时也存在一些亟须解决的技术难题。相信随着地热水输送、防腐防垢、回灌等问题的逐步解决,地热发电的前景会更好。

参考文献

[1] 孙克勤,钟秦.火电厂烟气脱硝技术及工程应用[M].北京:化学工业出版社,2007.
[2] 李时宇.地热发电技术简介及某地热项目评估[J].电站系统工程,2016,32(2):75-79.
[3] 姚兴佳,刘国喜,朱家玲,等.可再生能源及其发电技术[M].北京:科学出版社,2010.
[4] 郑克棪,潘小平,马凤景,等.地热利用技术[M].北京:中国电力出版社,2018.
[5] 黄素逸,龙妍,林一歆.新能源发电技术[M].北京:中国电力出版社,2017.
[6] 刘时彬.地热资源及其开发利用和保护[M].北京:化学工业出版社,2005.
[7] 郭明晶,成金华,丁洁,等.中国地热资源开发利用的技术、经济与环境评价[M].武汉:中国地质大学出版社,2016.
[8] 葛鹏超.生命的能源——地热能[M].北京:北京工业大学出版社,2015.
[9] 多吉,王贵玲,郑克棪.中国地热资源开发利用战略研究[M].北京:科学出版社,2017.

[10] 周大吉.地热发电简述[J].电力勘测设计,2003(3):1-6.

[11] 王永真,杨柳,张超,等.中国地热发电发展现状与面临的挑战[J].国际石油经济,2019,27(1):95-100.

[12] 袁清,刘金侠.常规地热能开发技术应用与实践[M].北京:中国石化出版社,2015.

[13] 卫万顺,李宁波,冉伟彦,等.中国浅层地温能资源[M].北京:中国大地出版社,2010.

[14] 中国科学院,中国工程院,美国国家科学院,等.可再生能源发电:中美两国面临的机遇和挑战[M].北京:科学出版社,2012.

[15] 吴烨,卢予北,李义连,等.浅层地热能开发的地质环境问题及关键技术研究[M].武汉:中国地质大学出版社,2015.

[16] Ronald DiPippo.地热发电厂原理、应用、案例研究和环境影响[M].马永生,刘鹏程,李瑞霞,等译.3 版.北京:中国石化出版社,2016.

[17] 蔡义汉.地热直接利用[M].天津:天津大学出版社,2004.

[18] Bertani R. Geothermal power generation in the world 2010 – 2014 update report [J]. Geothermics, 2016, 60, 31–43.

[19] Friðleifsson G Ó, Pálsson B, Albertsson A L, et al. IDDP–1 Drilled Into Magma-World's First Magma-EGS System Created[C]. Melbourne: Proceedings World Geothermal Congress 2015, 2015.

[20] 美国 ABC.美研制将二氧化碳作为工质流促进地热变电,提高发电量近 10 倍[J].能源与环境,2018(2):95.

第 2 章
地热发电技术及系统

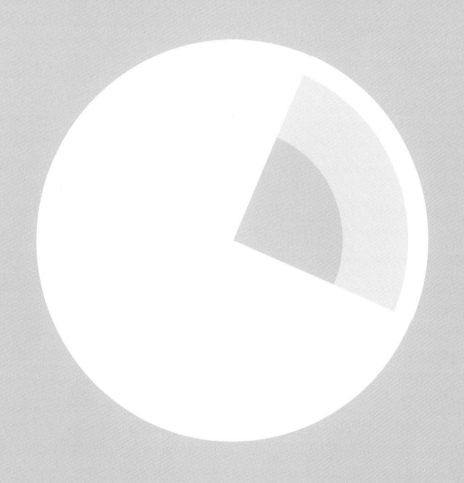

2.1 湿蒸汽地热发电系统

2.1.1 湿蒸汽地热资源及其特点

湿蒸汽地热发电采用来自水热系统(hydrothermal system)的地热资源。要使湿蒸汽地热发电经济可行,水热系统通常需要具备以下五个特征。

(1) 热储(热源)应足够大。如果热储规模太小,地热流体温度会随时间明显下降,地热发电系统将不能确保电站在设计工况下长期稳定运行,导致整个发电工程的技术经济性变差。

(2) 热储渗透性好。渗透率高是水热系统的关键。如果储层中没有足够的渗透率,流体流动不畅,则无法顺利地将热储中的热量输运出去。

(3) 系统含水充足。如果系统不能提供足够的流体,热储内就缺乏足够的传热介质,同样会导致无法将热储中的热量有效地输运到地面用于发电。

(4) 具有非渗透岩石盖层。如果没有非渗透岩石盖层,地热流体会逃逸到浅层或地表附近,导致热储中的压力下降过快,将影响地热发电系统的可持续运行。

(5) 有可靠的补给系统。水热系统需要有一个可靠的地热水补给系统,如果没有充足的水量通过天然系统或回灌井回流到热储层,地热生产井的流量会逐渐减少甚至会耗尽,导致电厂在长期运行中出现问题。

尽管在20世纪初意大利的拉德瑞罗地热电站已经首先在世界上实现了商业化运行,但由于该电站采用的是干蒸汽发电技术,不能直接用于湿蒸汽地热发电。因此,需要开发出一套适用于湿蒸汽地热发电的全新技术。

水热系统的一个突出的特点是有占地面积相当大的地热流体采集、分离及输运系统。新西兰怀拉基地热田(Wairakei geothermal field)上地热电站庞大的蒸汽及汽-水两相流管道系统如图2-1所示。数十千米的管道系统将地热蒸汽或汽-水混合物送至怀拉基地热电站,由于管网庞大,投资费用高,汽-水采集、分离及管道系统的优化设计及运行也是水热系统应用中的一项关键技术。

新西兰怀拉基地热电站是于1958年建成的、世界首个利用湿蒸汽实现地热发电的商业化电站,其很多关键技术随后被不同国家采用,鉴于此本书就其具有普遍性的相关技术及特点做简要概述。

图2-1　新西兰怀拉基地热田

怀拉基地热田汽-水采集、分离及输运系统的设计及建设始于1956年,此处也成为当时地热发电等相关技术研发和集成的试验基地。其主要技术特点概况如下:在汽水分离器位置的选择上,既采用了各自井口分离(wellhead separation),又采用了集中式汽-水分离的方式;在汽-水分离装置方面,研发出了高效实用的地热流体立式旋风分离器(vertical cyclone separator);在井口能-流参数测量中,采用了带压分离及大气分离相结合的两相流流量及焓值测量方法。另外,在怀拉基地热田开发的早期,由拉塞尔·詹姆斯(Russel James)发明的詹姆斯端压法(James lip pressure method)也被成功地应用于汽-水两相流焓值的测量中。与干蒸汽地热田相比,湿蒸汽地热田涉及两相流的测量、分离和输运问题,地面系统相对复杂,因此,在输运管道的设计上,分别对单相蒸汽管道和汽-水两相流管道的输运方式进行了尝试和比较,获得了大直径长距离汽-水两相流管道内流动的大量现场测试的数据,为后期新西兰乃至其他国家水热型地热田输运管道的优化设计提供了非常有用的工程数据和资料。

2.1.2　单级闪蒸地热发电系统

单级闪蒸(single flash,SF)地热发电系统是湿蒸汽发电循环中最简单的发电方

式,图 2-2 为单级闪蒸地热发电系统的简化示意图。除地热生产井和注入井(回灌
井)之外,热力系统主要由气液分离器(闪蒸器)、汽轮机、冷凝器、冷却塔和循环水泵
等组成。图 2-3 为单级闪蒸地热发电系统热力过程温-熵($T-s$)图,状态点 1~5
及 5s 代表了主要热力状态,也用作热力过程参数描述的下角标。

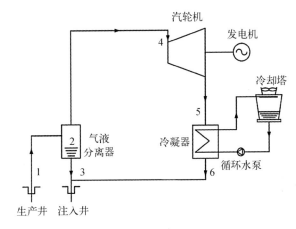

图 2-2　单级闪蒸地热发电系统的简化示意图

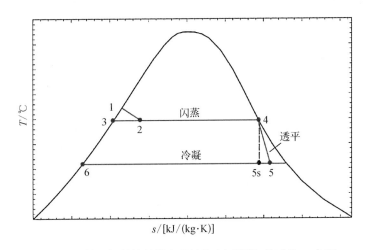

图 2-3　单级闪蒸地热发电系统热力过程温-熵($T-s$)图

　　图 2-3 中状态点 1 为地热生产井井口状态,这里假定为液态。若忽略散热损失
及动能和势能的变化,闪蒸过程(过程 1→2)可认为是地热流体焓值不变的过程,因
此有

$$h_1 = h_2 \tag{2-1}$$

式中，h_1 和 h_2 分别为状态点 1 和状态点 2 的比焓值（以下简称焓值）。

气液分离器中的压力 (p_2) 需要通过热力学优化确定，通常以单位质量地热流体净发电功率最大为目标函数。若优化得出 p_2 比 p_1 小 Δp_{1f}，则气液分离器中的压力可表述为

$$p_2 = p_1 - \Delta p_{1f} \tag{2-2}$$

地热流体从状态点 1（液态）经历压降 Δp_{1f} 到达状态点 2（分离器中的气液两相状态），对应的蒸汽干度 (x_2) 可由下式确定。

$$x_2 = \frac{h_2 - h_3}{h_4 - h_3} \tag{2-3}$$

式中，h_2（状态点 2 的焓值）可以从式（2-1）得知；h_3 和 h_4 分别为气液分离压力 (p_2) 下的饱和水及饱和蒸汽焓值。饱和水（状态点 3）的质量流量 (m_3) 和饱和蒸汽（状态点 4）的质量流量 (m_4) 可分别计算如下。

$$m_3 = (1 - x_2)m_1 \tag{2-4}$$

$$m_4 = x_2 m_1 \tag{2-5}$$

式中，m_1 为状态点 1（地热井口）的质量流量。

单级闪蒸地热发电系统的透平效率 $\eta_{t,sf}$ 可计算如下。

$$\eta_{t,sf} = \frac{h_4 - h_5}{h_4 - h_{5s}} \tag{2-6}$$

式中，过程 4→5s 表示理想（等熵）情况下流体在汽轮机内膨胀做功的热力过程；过程 4→5 表示流体在汽轮机内实际膨胀做功的热力过程（不可逆过程）；h_{5s} 为理想等熵膨胀做功情况下汽轮机出口处流体的焓值；h_5 为实际膨胀做功情况下汽轮机出口处流体的焓值。

单级闪蒸地热发电系统的汽轮机输出功率 $(W_{t,sf})$、发电功率 $(W_{g,sf})$ 及净发电功率 $(W_{net,sf})$ 可分别计算如下。

$$W_{t,sf} = m_4(h_4 - h_5) \tag{2-7}$$

$$W_{g,sf} = \eta_g \eta_m W_{t,sf} \tag{2-8}$$

$$W_{\text{net, sf}} = W_{\text{g, sf}} - W_{\text{p, cw, sf}} - W_{\text{fan, sf}} \tag{2-9}$$

式中，η_{g} 和 η_{m} 分别为发电机效率和机械效率；$W_{\text{p, cw, sf}}$ 和 $W_{\text{fan, sf}}$ 分别为单级闪蒸地热发电系统中的冷却水泵功耗和冷却风扇功耗。

2.1.3　双级闪蒸地热发电系统

双级闪蒸(double flash，DF)地热发电系统的简化示意图如图 2-4 所示，双级闪蒸地热发电系统是在单级闪蒸地热发电系统的基础上再增加一级闪蒸构成的。将流出气液分离器的地热水(状态点 3)再次闪蒸利用，可以增加发电量，进而提高发电效率。第一级气液分离及汽轮机做功过程与上一节中描述的单级闪蒸地热发电系统的相应过程完全一样，不再重述。这里仅就第二级闪蒸及相关的热力过程进行描述。

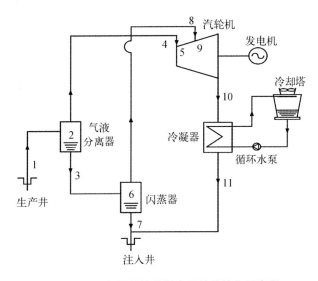

图 2-4　双级闪蒸地热发电系统的简化示意图

图中 1~11 为状态点

图 2-5 为双级闪蒸地热发电系统热力过程温-熵($T-s$)图，状态点 3~11 及 10s 代表了主要热力状态，也用作热力过程参数描述的下角标。

与第一级闪蒸过程的假定一样，这里认为第二级闪蒸过程(过程 3→6)中地热流体的焓值也没有变化，即

$$h_3 = h_6 \tag{2-10}$$

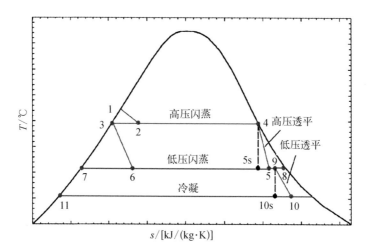

图 2-5　双级闪蒸地热发电系统热力过程温-熵（T-s）图

同样,二级闪蒸压力(p_6)需要通过热力学优化确定。若优化得出 p_6 比 p_2 小 Δp_{2f},则闪蒸器中的压力可表述为

$$p_6 = p_2 - \Delta p_{2f} \tag{2-11}$$

第二级闪蒸过程中地热流体从状态点 3(液态)经压降 Δp_{2f} 后到达状态点 6(闪蒸器中的气液两相状态),对应的蒸汽干度 x_6 可由下式确定。

$$x_6 = \frac{h_6 - h_7}{h_8 - h_7} \tag{2-12}$$

分离后的蒸汽质量流量 m_8 为

$$m_8 = x_6 m_3 \tag{2-13}$$

图 2-5 中热力过程(4→5)表示高压蒸汽(第一级闪蒸得到的蒸汽,质量流量为 m_4)在汽轮机高压缸中的膨胀做功过程。热力过程(9→10)表示低压蒸汽在汽轮机低压缸中的膨胀做功过程,进入汽轮机低压缸的质量流量由两部分组成:一部分是来自高压缸的排气(状态点 5,质量流量为 $m_5 = m_4$),另一部分是第二级闪蒸得到的蒸汽(状态点 8,质量流量为 m_8)。其中状态点 9 表示两股流体混合后的状态。上述过程相应的质量守恒和能量守恒如下。

$$m_9 = m_5 + m_8 \tag{2-14}$$

$$m_9 h_9 = m_5 h_5 + m_8 h_8 \qquad (2-15)$$

$$W_{t,\,dou,\,h} = m_4 (h_4 - h_5) \qquad (2-16)$$

$$\eta_{t,\,dou,\,l} = \frac{h_9 - h_{10}}{h_9 - h_{10s}} \qquad (2-17)$$

$$W_{t,\,dou,\,l} = m_9 (h_9 - h_{10}) \qquad (2-18)$$

式中，m 和 h 分别代表下角标对应状态点的质量流量和焓值；$W_{t,\,dou,\,h}$ 和 $W_{t,\,dou,\,l}$ 分别为汽轮机高压缸及低压缸输出功率；$\eta_{t,\,dou,\,l}$ 为汽轮机低压缸效率。

双级闪蒸地热发电系统汽轮机输出功率 $W_{t,\,dou}$、发电功率 $W_{g,\,dou}$、净发电功率 $W_{net,\,dou}$ 可分别计算如下：

$$W_{t,\,dou} = W_{t,\,dou,\,h} + W_{t,\,dou,\,l} \qquad (2-19)$$

$$W_{g,\,dou} = \eta_g \eta_m W_{t,\,dou} \qquad (2-20)$$

$$W_{net,\,dou} = W_{g,\,dou} - W_{p,\,cw,\,dou} - W_{fan,\,dou} \qquad (2-21)$$

式中，$W_{p,\,cw,\,dou}$ 和 $W_{fan,\,dou}$ 分别是双级闪蒸地热发电系统中的冷却水泵功耗和冷却风扇功耗。

2.2　干蒸汽地热发电系统

2.2.1　干蒸汽地热资源及其特点

干蒸汽热储的存在条件比较复杂，因此比较罕见。首先，热源不能太深（通常不深于 5 km），以利于将水加热使其达到沸点。储层上方还必须有足够的渗透率，从而使蒸汽能够逸流到地表。储层各部分应该由大小不一的裂隙相连，使流体在储层内的循环成为可能。热储与其围岩之间的渗透率必须足够小，避免低温水进入热储。此外，地层的最上层还必须是无渗透盖层。由于干蒸汽热储需要满足以上条件才能存在，因此目前勘查到的干蒸汽地热田并不多。

干蒸汽地热电站通常比闪蒸蒸汽型地热电站简单且投资少。目前世界上只有两个主要的干蒸汽地热田，分别位于意大利的拉德瑞罗和美国加利福尼亚州的盖瑟尔斯（Geysers）。尽管从全球来看，干蒸汽地热田的数量不多，但总装机数量不少，意大利和美国分别有 26 台及 34 台干蒸汽机组在运行,平均额定功率约为 40 MW。

世界上第一个商业运行的地热电站采用的是干蒸汽地热发电技术。其历史可以追溯到 1904 年,当时皮耶罗·吉诺里·康蒂王子(Prince Piero Ginori Conti)使用了意大利托斯卡纳地区拉德瑞罗的天然地热蒸汽使一台微型蒸汽机运行发电。由于地热流体是干蒸汽,因此用于进行热功转换的动力装置相对简单。虽然康蒂王子的干蒸汽地热发电装置当时只能提供五个灯泡照明的电量,但无疑是迈向地热发电商业应用的重要一步。

2.2.2　干蒸汽地热发电系统

干蒸汽地热发电系统简化示意图如图 2-6 所示。可以看出热力系统主要组成与湿蒸汽单级闪蒸地热发电系统类似,只是用微粒去除器替代了气液分离器。干蒸汽地热发电系统热力过程温-熵($T-s$)图见图 2-7。

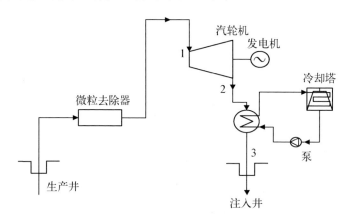

图 2-6　干蒸汽地热发电系统简化示意图
图中 1~3 为状态点

图 2-6 中,来自生产井的蒸汽经过微粒去除器后通过蒸汽管道进入汽轮机做功,状态点 1 是蒸汽进入汽轮机前的热力状态,这里假设为饱和蒸汽,位于饱和气态线上(图 2-7)。若进入汽轮机前为过热蒸汽,则状态点 1 应在目前位置的右侧(位于过热蒸汽区)。以下就汽轮机进口(状态点 1)为饱和蒸汽的情况对干蒸汽地热发电的热力过程进行描述。

过程 1→2s 表示理想(等熵)情况下蒸汽在汽轮机内膨胀做功的热力过程;过程 1→2 表示蒸汽在汽轮机内实际膨胀做功的热力过程(不可逆过程);h_{2s} 为蒸汽理想

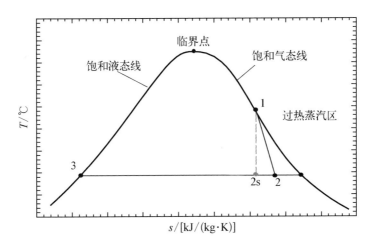

图 2-7　干蒸汽地热发电系统热力过程温-熵
（$T-s$）图（汽轮机进口为饱和蒸汽）

等熵膨胀做功情况下汽轮机出口处流体的焓值；h_2 为实际膨胀做功情况下汽轮机出口处流体的焓值。

干蒸汽地热发电系统的透平效率 $\eta_{t,ds}$ 计算如下。

$$\eta_{t,ds} = \frac{h_1 - h_2}{h_1 - h_{2s}} \tag{2-22}$$

式中，h_1 为汽轮机进口（状态点 1）处的焓值。

与单级闪蒸地热发电系统类似，干蒸汽地热发电系统汽轮机输出功率 $W_{t,ds}$、发电功率 $W_{g,ds}$、净发电功率 $W_{net,ds}$ 可分别计算如下。

$$W_{t,ds} = m_1(h_1 - h_2) \tag{2-23}$$

$$W_{g,ds} = \eta_g \eta_m W_{t,ds} \tag{2-24}$$

$$W_{net,ds} = W_{g,ds} - W_{p,cw,ds} - W_{fan,ds} \tag{2-25}$$

式中，η_g 和 η_m 分别为发电机效率和机械效率；$W_{p,cw,ds}$ 和 $W_{fan,ds}$ 分别为干蒸汽地热发电系统中的冷却水泵功耗和冷却风扇功耗。

2.2.3　最佳井口压力的确定

干蒸汽地热发电的井口压力 p 需要通过热力学优化确定。图 2-8 是干蒸汽地热井口压力与地热井口蒸汽质量流量关系示意图，图中横坐标为地热井口压力，纵坐标为地热井口蒸汽质量流量 m_1。p_{sd} 为地热井口阀门完全关闭时的井口压力(此时对应的地热井口蒸汽质量流量为 0),p_{cd} 为地热井口压力减小到与汽轮机排气压力相同时的对应值(此时地热井口蒸汽质量流量已经达到最大值),$m_{1,max}$ 是地热井口压力降到足够小的时候对应的地热井口最大蒸汽质量流量。

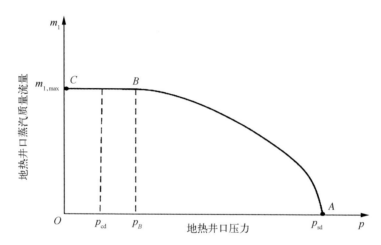

图 2-8 干蒸汽地热井口压力与地热井口蒸汽质量流量关系示意图

地热井的流量可通过进口阀门来调节,即通过节流阀来控制井口的压力从而控制其流量。井口阀门全关时对应的流量为 0(图 2-8 中的 A 点),此时地热井口压力最大(为 p_{sd});随着地热井口压力减小,地热井口蒸汽质量流量逐渐增加(图 2-8 中的 AB 段)。

通常地热井口蒸汽质量流量是地热井口压力的函数,随地热井口压力的减小而增加。图 2-8 中 AB 段可以近似为一个椭圆方程,当地热井口压力减小到一定值(p_B)时(对应图 2-8 中的 B 点),地热井口蒸汽质量流量会达到最大值 $m_{1,max}$,继续减小地热井口压力,地热井口蒸汽质量流量将保持不变(一直为最大值 $m_{1,max}$)。图 2-8 中 AB 段的流量-压力关系可近似地由以下椭圆方程确定。

$$\left(\frac{m_1}{m_{1,max}}\right)^2 + \left(\frac{p}{p_{sd}}\right)^2 = 1 \tag{2-26}$$

式中,地热井口蒸汽质量流量 m_1 可以进一步由下式表述。

$$m_1 = m_{1,max}\sqrt{1 - (p/p_{sd})^2} \tag{2-27}$$

在实际工程中,图 2-8 中 AB 段的流量-压力关系一般采用井口测试的方法获得。通常将测试数据绘制成流量-压力关系图,在此基础上对数据进行拟合得到相关曲线。井口流量-压力关系曲线在地热发电的优化设计中非常有用。

干蒸汽地热发电系统汽轮机输出功率 $W_{t,ds}$ 由式(2-23)确定,是 m_1 及 $(h_1 - h_2)$ 的乘积。从式(2-27)可知 m_1 是地热井口压力 p 的函数,地热井口压力越小, m_1 越大。但这并不意味着地热井口压力越小越好,因为地热井口压力太小会导致蒸汽在汽轮机内的有效焓降 $(h_1 - h_2)$ 变小。地热井口压力小到一定值时会使 m_1 和 $(h_1 - h_2)$ 的乘积变小,使汽轮机输出功率 $W_{t,ds}$ 变小。以下是两种极端的情况:

(1)地热井口压力最大时, $p = p_{sd}$, $m_1 = 0$,因此 $W_{t,ds} = 0$。

(2)地热井口压力小到等于汽轮机排气压力 p_{cd} 时,尽管此时地热井口蒸汽质量流量达到最大值 $(m_1 = m_{1,max})$,但由于汽轮机进口压力等于出口压力,导致汽轮机内不可能有焓降 $(h_1 - h_2 = 0)$,因此 $W_{t,ds} = 0$。

由此可见,地热井口压力在 p_{cd} 和 p_{sd} 之间存在着一个最佳值,此最佳地热井口压力对应汽轮机的最大输出功率。

常见的确定最佳地热井口压力的方法是通过数值求解。图2-9是采用数值求解的示意图,图中横坐标为地热井口压力 p,纵坐标为干蒸汽地热发电系统汽轮机输出功率 $W_{t,ds}$。通过计算可以看到地热井口压力过高或过低都会导致汽轮机输出功率减小。在某一个中间压力下,汽轮机输出功率到达最大值 $W_{t,ds,max}$,此时对应的地热井口压力即最佳地热井口压力 p_{opt}。

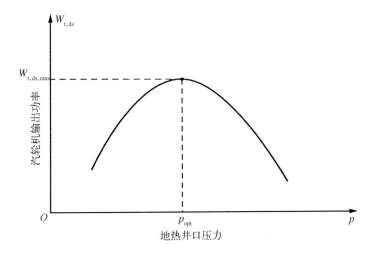

图2-9　数值求解确定最佳地热井口压力示意图

在很多情况下,计算出的汽轮机输出功率曲线顶部比较平坦。这说明地热井口压力偏离最佳地热井口压力 p_{opt} 不大时对汽轮机输出功率的影响并不明显。在实际运行中,地热井口压力往往会在一定范围内波动,但只要偏离最佳地热井口压力 p_{opt} 不大,便可认为是在最佳工况下运行。

2.3　双循环地热发电系统

2.3.1　有机朗肯循环原理

1. 有机朗肯循环

有机朗肯循环发电系统(以下简称 ORC 系统)的流程图如图 2-10 所示,系统由五个主要部件组成:蒸发器、汽轮机、发电机、冷凝器及工质泵。循环流程为高温高压的气态工质由蒸发器进入汽轮机膨胀做功推动发电机发电,发电后的乏汽进入冷凝器,在冷凝器中被冷凝为液态工质,后由工质泵加压进入蒸发器,在蒸发器中被地热水加热为高温高压的气态工质,开始下一个循环。

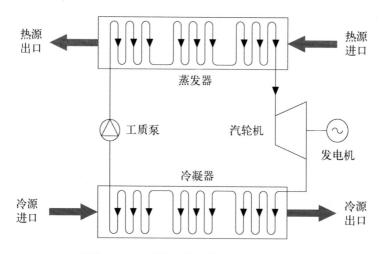

图 2-10　有机朗肯循环发电系统的流程图

图 2-11 为 ORC 系统的 $T-s$ 图。

2. 回热有机朗肯循环

图 2-12 和图 2-13 分别为回热有机朗肯循环(regenerative organic Rankine cycle,

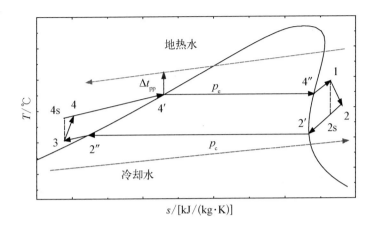

图 2-11　ORC 系统的 T-s 图

RORC)发电系统(以下简称 RORC 系统)流程图和 T-s 图,与 ORC 系统不同的是,RORC 系统增加了一台回热器,冷凝器出口具有一定过冷度的液态工质回收了一部分做功乏汽的显热,降低了冷凝器负荷,从而降低了冷却水泵及冷却塔的风机的功耗。此外,工质在汽轮机进口处的焓值升高,降低了蒸发器中的不可逆损失。

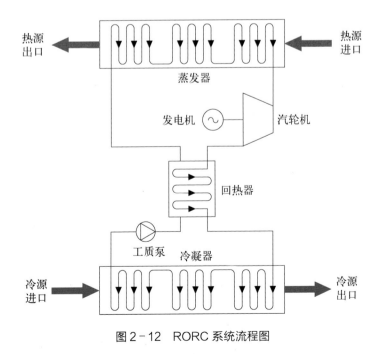

图 2-12　RORC 系统流程图

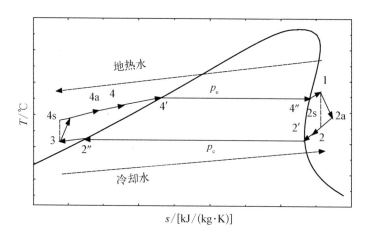

图 2-13 RORC 系统 T-s 图

RORC 系统包括蒸发器、汽轮机、发电机、回热器、冷凝器及工质泵,流程为高温高压的气态工质由蒸发器进入汽轮机膨胀做功,推动发电机发电,发电后的乏汽进入冷凝器,在冷凝器中被冷凝为液态工质,后由工质泵加压经回热器进入蒸发器,在蒸发器中被地热水加热为高温高压的气态工质,开始下一个循环。

3. 并联式多级蒸发回热有机朗肯循环

图 2-14 和图 2-15 分别为并联式多级蒸发回热有机朗肯循环(parallel multi-evaporator regenerative organic Rankine cycle, PMRORC)发电系统(以下简称 PMRORC

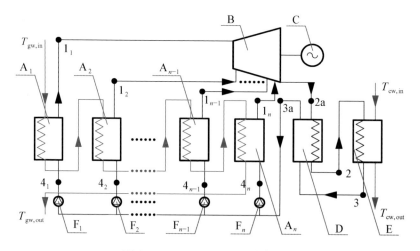

图 2-14 PMRORC 系统流程图

A—蒸发器;B—汽轮机;C—发电机;D—回热器;E—冷凝器;F—工质泵

系统)流程图和 $T\text{-}s$ 图。其特点是工质侧各级蒸发器/工质泵并联产生不同压力和温度的蒸汽,与设置单一蒸发器的 ORC 系统相比,在热源进出口相同的情况下,该系统可以弥补常规 ORC 系统中蒸发器不可逆损失较大的缺点,从而达到提高发电效率的目的。

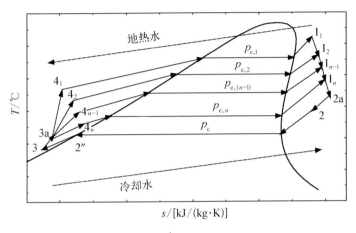

图 2-15　PMRORC 系统 $T\text{-}s$ 图

PMRORC 系统包括蒸发器、汽轮机、发电机、回热器、冷凝器及工质泵,系统具体流程为 n 个蒸发器(A_1、A_2、$\cdots$、A_n)热源侧依次串联相接,热源流体自第一个蒸发器(A_1)进入,然后从最末端的蒸发器(A_n)热源侧排出回灌;n 个蒸发器的工质侧对应接于汽轮机(B)的 n 个进口,汽轮机驱动发电机(C)发电。汽轮机出口依次串接回热器(D)和冷凝器(E),做功后的工质进入回热器和冷凝器后再次进入回热器的另一侧,与做功后汽轮机排出的乏汽进行换热。从回热器流出的工质并联进入 n 个工质泵(F_1、F_2、$\cdots$、F_n),n 个工质泵对应接于 n 个蒸发器的工质侧。冷凝器的冷源侧接至冷却水循环系统。PMRORC 系统适用于热源进出口的焓值差较大的情况,且热源流体在第一个蒸发器的进口温度与冷凝器冷却水进口温度之差大于 50 ℃。考虑到系统实际运行的可行性,一般 n 不大于 4。

4. 串联式多级蒸发回热有机朗肯循环

图 2-16 和图 2-17 分别为串联式多级蒸发回热有机朗肯循环(series multi-evaporator regenerative organic Rankine cycle, SMRORC)发电系统(以下简称 SMRORC 系统)流程图和 $T\text{-}s$ 图,与 PMRORC 系统不同,SMRORC 系统中各级蒸发器/工质泵

为串联。与 PMRORC 系统类似,SMRORC 系统也可以弥补 ORC 系统蒸发器不可逆损
失较大的缺点。

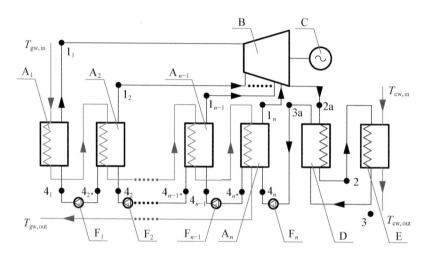

图 2-16 SMRORC 系统流程图

A—蒸发器;B—汽轮机;C—发电机;D—回热器;E—冷凝器;F—工质泵

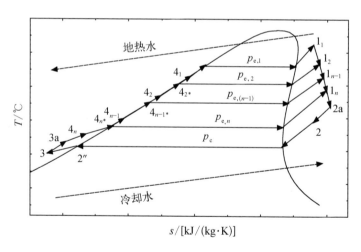

图 2-17 SMRORC 系统 T-s 图

SMRORC 系统组成与 PMRORC 系统相同,具体流程为 n 个蒸发器(A_1、A_2、…、
A_n)热源侧依次串联相接,热源流体自第一个蒸发器(A_1)进入,然后从最末端的蒸发
器(A_n)热源侧排出回灌;除第一个蒸发器(A_1)工质侧设有上出口外,其他蒸发器的
工质侧均设有上下两个出口,n 个蒸发器上出口对应接于汽轮机(B)的 n 个进口,汽

轮机驱动发电机(C)发电,汽轮机出口依次串接回热器(D)和冷凝器(E),做功后的工质进入回热器和冷凝器后再次进入回热器的另一侧,与做功后汽轮机排出的乏汽进行换热,每个蒸发器均接有各自的工质泵,从回热器流出的工质经最末端工质泵(F_n)进入最末端蒸发器(A_n)工质侧进口;最末端蒸发器(A_n)工质侧下出口经工质泵(F_{n-1})接至蒸发器(A_{n-1})工质侧进口;蒸发器(A_{n-1})工质侧下出口经相应的工质泵接至相应蒸发器工质侧进口······最后蒸发器(A_2)工质侧下出口经工质泵(F_1)接至蒸发器(A_1)工质侧进口,由此构成多级蒸发器与工质泵串接的工质闭路循环。冷凝器的冷源侧接至冷却水循环系统。SMRORC 系统适用于热源进出口的焓值差较大的情况,且热源流体在第一个蒸发器的进口温度与冷凝器冷却水进口温度之差大于 50 ℃,一般 n 不大于 4。

与 PMRORC 系统相比,SMRORC 系统热力计算中的汽轮机和冷凝器的数学方程式完全相同,但是蒸发器和工质泵的数学方程式不同,具体如下。

（1）蒸发器

$$Q_e = m_{gw}(h_{gw, in} - h_{gw, out}) = \sum_{i=1}^{n} m_{wf, i}(h_{1i} - h_{4i'}) \tag{2-28}$$

$$\Delta s_e = \sum_{i=1}^{n} m_{wf, i}(s_{1i} - s_{4i'}) - m_{gw}(s_{gw, in} - s_{gw, out}) \tag{2-29}$$

$$
\begin{aligned}
I_e &= \Delta Ex_{gw} - \sum_{i=1}^{n} \Delta Ex_{wf, i} + W_{p, gw} \\
&= (Ex_{gw, in} - Ex_{gw, out}) - \sum_{i=1}^{n}(Ex_{wf, 1i} - Ex_{wf, 4i'}) + W_{p, gw} \\
&= T_0 \Delta s_e + W_{p, gw}
\end{aligned}
\tag{2-30}
$$

（2）工质泵

$$
\begin{aligned}
W_p &= \sum_{i=1}^{n} m_{wf, i}(p_{e, i} - p_c)/(\eta_p \rho_{wf}) \\
&= \sum_{i=1}^{n-1} m_{wf, i}(h_{4i'} - h_{4(i+1)''}) + m_{wf, n}(h_{4n'} - h_3)
\end{aligned}
\tag{2-31}
$$

$$\Delta s_p = \sum_{i=1}^{n-1} m_{wf, i}(s_{4i'} - s_{4(i+1)''}) + m_{wf, n}(s_{4n'} - s_3) \tag{2-32}$$

$$I_p = W_p - \left[\sum_{i=1}^{n-1} \left(Ex_{wf,\,4i'} - Ex_{wf,\,4(i+1)''} \right) + \left(Ex_{wf,\,4n'} - Ex_{wf,\,3} \right) \right] \qquad (2-33)$$

$$= - T_0 \Delta s_p$$

5. 并联式双级蒸发回热有机朗肯循环

为了分析并联式多级蒸发回热有机朗肯循环的发电性能,并考虑到中低温地热的温度水平,设置两台蒸发器,即 $n=2$,从而形成并联式双级蒸发回热有机朗肯循环(parallel double-evaporator regenerative organic Rankine cycle, PDRORC),其回热器效率为 0.6。在系统冷源和热源不发生变化时,PDRORC 系统性能受到地热水中间温度[地热水在高压级蒸发器出口(或者低压级蒸发器进口)的温度] $t_{gw,\,mid}$、高压级蒸发温度 $t_{e,\,high}$ 及低压级蒸发温度 $t_{e,\,low}$ 的影响。

如图 2-18 所示,与 RORC 系统相比,随着 $t_{gw,\,mid}$ 的升高,系统的净发电功率(W_{net})比值、热效率(η_{th})比值、㶲效率(η_{ex})比值及㶲损失率(G_{loss})比值都从大于 1 逐渐降低到小于 1,而系统的熵产率(S_g)比值则由小于 1 逐渐升高到大于 1,这意味着 PDRORC 系统存在一个临界地热水中间温度 $t_{gw,\,mid,\,cri}$,使得以下关系成立。

(1)当 $t_{gw,\,mid} < t_{gw,\,mid,\,cri}$ 时,PDRORC 系统对应的净发电功率、热效率、㶲效率及㶲损失率等要大于 RORC 系统对应的这四个参数值,即 $W_{net,\,PDRORC}/W_{net,\,RORC} > 1$,$\eta_{th,\,PDRORC}/\eta_{th,\,RORC} > 1$,$\eta_{ex,\,PDRORC}/\eta_{ex,\,RORC} > 1$,$G_{loss,\,PDRORC}/G_{loss,\,RORC} > 1$;而 PDRORC 系统对应的熵产率要小于 RORC 系统对应的熵产率,即 $S_{g,\,PDRORC}/S_{g,\,RORC} < 1$。这说明 PDRORC 系统的发电性能要好于 RORC 系统的发电性能。

(2)当 $t_{gw,\,mid} > t_{gw,\,mid,\,cri}$ 时,PDRORC 系统对应的净发电功率、热效率、㶲效率及㶲损失率等要小于 RORC 系统对应的这四个参数值,即 $W_{net,\,PDRORC}/W_{net,\,RORC} < 1$,$\eta_{th,\,PDRORC}/\eta_{th,\,RORC} < 1$,$\eta_{ex,\,PDRORC}/\eta_{ex,\,RORC} < 1$,$G_{loss,\,PDRORC}/G_{loss,\,RORC} < 1$;而 PDRORC 系统对应的熵产率要大于 RORC 系统对应的熵产率,即 $S_{g,\,PDRORC}/S_{g,\,RORC} > 1$。这说明 RORC 系统的发电性能要好于 PDRORC 系统的发电性能。

(3)当 $t_{gw,\,mid} = t_{gw,\,mid,\,cri}$ 时,PDRORC 系统对应的净发电功率、热效率、㶲效率、㶲损失率及熵产率等于 RORC 系统对应的这五个参数值,即 $W_{net,\,PDRORC}/W_{net,\,RORC} = 1$,$\eta_{th,\,PDRORC}/\eta_{th,\,RORC} = 1$,$\eta_{ex,\,PDRORC}/\eta_{ex,\,RORC} = 1$,$G_{loss,\,PDRORC}/G_{loss,\,RORC} = 1$,$S_{g,\,PDRORC}/S_{g,\,RORC} = 1$,这说明 RORC 系统的发电性能与 PDRORC 系统的发电性能相当。

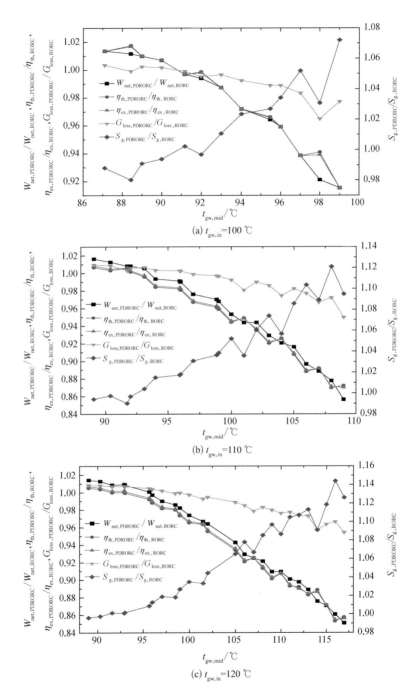

(a) $t_{gw,in}=100\ ℃$

(b) $t_{gw,in}=110\ ℃$

(c) $t_{gw,in}=120\ ℃$

图 2-18　PDRORC 系统在单位质量流量地热水时对应的净发电功率比值、热效率
比值、㶲效率比值、㶲损失率比值和熵产率比值随地热水中间温度的变化

如图 2 - 18 所示,随着 $t_{gw,mid}$ 的升高,高压级蒸发器可利用的热量减小,而工质汽化显热增加,高压级对应的发电功率逐渐降低,而低压级对应的发电功率逐渐增大,系统的净发电功率降低,故 $t_{gw,mid}$ 与系统的净发电功率成反比。以地热水温度为 110 ℃ 时为例,在 t_e = 88 ℃ 时,RORC 系统净发电功率最大为 9.38 kW;在 $t_{gw,mid}$ = 89 ℃、$t_{e,high}$ = 91 ℃ 时,PDRORC 系统高压级对应的输出功率高达 9.97 kW,而 $t_{e,low}$ = 81 ℃ 时 PDRORC 系统低压级对应的输出功率仅为 1.47 kW,此时 PDRORC 系统所对应的净发电功率比值 1.016;而 $t_{gw,mid}$ = 119 ℃、$t_{e,high}$ = 104 ℃ 时,PDRORC 系统高压级对应的输出功率仅为 0.56 kW,在 $t_{e,low}$ = 88 ℃ 时,PDRORC 系统低压级对应的输出功率为 9.26 kW,此时 PDRORC 系统对应的净发电功率比值为 0.856,净发电功率比值介于 0.856 和 1.016 之间。

由于系统的热效率、㶲效率及㶲损失率均与净发电功率之间存在正比关系,而熵产率与净发电功率之间存在反比关系,对于这四个参数随地热水中间温度的变化不再做详细分析。在地热水温度为 100 ℃、110 ℃ 和 120 ℃ 时,R245fa 所对应的系统的净发电功率比值分别为 1.014、1.016 和 1.014。

需要特别指出的是,在相同的地热水温度下,随着 $t_{gw,mid}$ 的升高,PDRORC 系统的净发电功率比值持续逐渐降低,而热效率比值、㶲效率比值和㶲损失率比值虽然整体上呈现降低的趋势,但是热效率比值和㶲效率比值却出现了突然增大的异常点,而㶲损失率比值却出现了突然降低的异常点;与上述三个参数类似,系统的熵产率比值虽然整体上呈现升高的趋势,但是出现了突然降低的异常点。热效率比值、㶲效率比值、㶲损失率比值和熵产率比值在相同的 $t_{gw,mid}$ 时同时出现突变的异常点。其原因是,一方面随着 $t_{gw,mid}$ 的升高,$t_{e,high}$ 和 $t_{e,low}$ 呈现出阶梯状的增长趋势,由于高压级对应的净发电功率逐渐降低,系统性能受高压级影响越来越小;另一方面,$t_{e,low}$ 的突然升高使得地热水出口温度稍高于 85 ℃,而突变点的前一个点和后一个点所对应的地热水出口温度则均为 85 ℃。

如图 2 - 18 所示,将突变点和突变点前面一点进行对比,虽然突变点对应的净发电功率低于前一点,但是突变点对应的地热水出口温度却高于前一点,综合来说,此时地热水出口温度对热效率比值、㶲效率比值、㶲损失率比值和熵产率比值影响更大,因此突变点对应的热效率比值和㶲效率比值大于前一点,而突变点对应的㶲损失率比值和熵产率比值则小于前一点。将突变点和后一点进行对比,突变点对应的净发电功率和地热水出口温度均高于后一点,故突变点对应的热效率比值和㶲效率比值大于后一点,而突变点对应的㶲损失率比值和熵产率比值小于后一点。

需要特别指出的是,$t_{e,low}$ 突然阶梯式升高,引起地热水出口温度稍高于 85 ℃,从而引起 PDRORC 系统参数的突变。与 RORC 系统不同,PDRORC 系统的㶲损失率和熵产率与净发电功率之间整体上按照正比和反比关系变化,但并不十分严格。从图 2-18 可以发现,PDRORC 系统的㶲损失率最大值和熵产率最小值大部分仍然与净发电功率最大值对应,但是也有一小部分与净发电功率最大值所对应的最近的突变点对应。因此,PDRORC 系统的㶲损失率最大值和熵产率最小值对应于最大净发电功率点或与之最近的突变点。

如图 2-19 所示,随着地热水中间温度的升高,高压级地热水进出口温差减小,而地热水平均温度却升高,两者的综合影响使高压级输出功率减小;此外,低压级地热水进出口温差及地热水平均温度均升高,使得低压级输出功率增大,而 PDRORC 系统的净发电功率降低,当地热水中间温度 $t_{gw,mid}$ > 最佳地热水中间温度 $t_{gw,mid,opt}$ 时,以牺牲高压级的做功能力为代价去换取低压级的做功能力,从热力学角度出发,这种做法得不偿失。

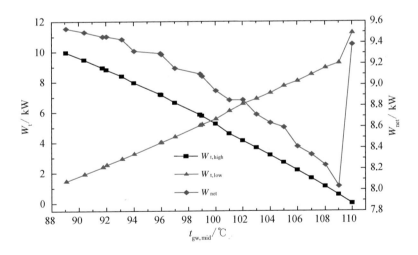

图 2-19　单位质量流量、110 ℃地热水温度时 PDRORC 系统高、低压级蒸发器对应的发电功率及系统净发电功率随地热水中间温度的变化

PDRORC 系统性能受到地热水中间温度 $t_{gw,mid}$ 和临界地热水中间温度 $t_{gw,mid,cri}$ 的影响,这是由于 $t_{gw,mid}$ 间接决定了 $t_{e,high}$ 和 $t_{e,low}$。$t_{gw,mid}$ 合理与否决定了 PDRORC 系统是优于还是劣于 RORC 系统。在地热水温度为 100 ℃、110 ℃和 120 ℃时,R245fa 所

对应的 $t_{gw,mid,opt}$ 分别为 87 ℃、89 ℃和 89 ℃，而 $t_{gw,mid,cri}$ 分别为 90 ℃、93 ℃和 93 ℃。
当 $t_{gw,mid,opt} < t_{gw,mid} < t_{gw,mid,cri}$ 时，PDRORC 系统才优于 RORC 系统。单位质量流
量、110 ℃地热水温度时 PDRORC 系统地热水出口温度随地热水中间温度的变化如
图 2-20 所示。

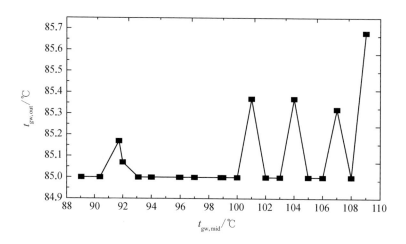

图 2-20　单位质量流量、110 ℃地热水温度时 PDRORC 系统
地热水出口温度随地热水中间温度的变化

2.3.2　回热有机朗肯循环发电性能

运用热力学第一定律、热力学第二定律及㶲理论，对回热有机朗肯循环系统发电
性能进行分析和对比，为了简化分析，做以下假设。① 系统各个部件稳态运行。
② 工质在汽轮机进口和冷凝器出口分别为过热蒸汽和过冷液体。③ 忽略工质动能
和势能的变化。④ 忽略管道中的热损失和阻力损失，系统只有两个压力 p_e 和 p_c。
⑤ 工质在补汽式汽轮机低压级进口处的参数与高压级进口工质膨胀到低压级时的
参数完全相同，因此补汽式汽轮机中工质混合过程无能量损失。

1. 发电性能数学方程式

在冷热源参数和部件效率等固定的前提条件下，改变系统蒸发温度（蒸发压力）
和窄点温差等，计算系统的净发电功率、热效率、㶲效率、熵产率、㶲耗散率和㶲损失
率等参数。由图 2-12 和图 2-13，运用热力学第一、二定律对系统各部件进行分析，

具体的数学方程式如下。

（1）蒸发器

$$Q_e = m_{gw}(h_{gw, in} - h_{gw, out}) = m_{wf}(h_1 - h_2) \qquad (2-34)$$

$$\Delta s_e = m_{wf}(s_1 - s_4) - m_{gw}(s_{gw, in} - s_{gw, out}) \qquad (2-35)$$

$$\begin{aligned} I_e &= \Delta Ex_{gw} - \Delta Ex_{wf} + W_{p, gw} \\ &= (Ex_{gw, in} - Ex_{gw, out}) - (Ex_{wf, 1} - Ex_{wf, 4}) + W_{p, gw} \\ &= T_0 \Delta s_e + W_{p, gw} \end{aligned} \qquad (2-36)$$

式中,下标 e、gw、wf 和 p 分别代表蒸发器、地热水、工质和泵;I 为烟损失。

（2）汽轮机

$$\eta_t = (h_1 - h_{2a})/(h_1 - h_{2s}) \qquad (2-37)$$

$$W_t = m_{wf}(h_1 - h_{2s})\eta_t = m_{wf}(h_1 - h_{2a}) \qquad (2-38)$$

$$\Delta s_t = m_{wf}(s_{2a} - s_1) \qquad (2-39)$$

$$I_t = (Ex_{wf, 1} - Ex_{wf, 2}) - W_t = T_0 \Delta s_t \qquad (2-40)$$

式中,W 为功率;η 为效率;下标 t 和 s 分别代表汽轮机和等熵过程,2a 为汽轮机出口。

（3）回热器

$$\eta_{reg} = \frac{t_4 - t_{4a}}{t_{2a} - t_{4a}} \qquad (2-41)$$

式中,η_{reg} 为回热器效率;下标 4a 为工质泵出口。

$$h_{2a} - h_2 = h_4 - h_{4a} \qquad (2-42)$$

$$\Delta s_{reg} = m_{wf}[(s_2 - s_{2a}) + (s_4 - s_{4a})] \qquad (2-43)$$

$$I_{reg} = (Ex_{wf, 2a} - Ex_{wf, 2}) - (Ex_{wf, 4} - Ex_{wf, 4a}) \qquad (2-44)$$

（4）冷凝器

$$Q_c = m_{wf}(h_2 - h_3) = m_{cw}(h_{cw, out} - h_{cw, in}) \qquad (2-45)$$

$$\Delta s_c = m_{cw}(s_3 - s_2) - m_{cw}(s_{cw, in} - s_{cw, out}) \qquad (2-46)$$

$$I_c = \Delta Ex_{wf} - \Delta Ex_{cw} + W_{p, cw}$$
$$= (Ex_{wf, 2} - Ex_{wf, 3}) - (Ex_{cw, out} - Ex_{cw, in}) + W_{p, cw} \qquad (2-47)$$
$$= T_0 \Delta s_c + W_{p, cw}$$

式中,下标 c 和 cw 分别代表冷凝器和冷却水。

(5) 工质泵

$$W_p = m_{wf}(p_e - p_c)/(\eta_p \rho_{wf}) \qquad (2-48)$$

$$\Delta s_p = m_{wf}(s_{4a} - s_3) \qquad (2-49)$$

$$I_p = W_p - (Ex_{wf, 4} - Ex_{wf, 3}) = - T_0 \Delta s_p \qquad (2-50)$$

式中,p 为压力;下标 p 代表泵。

(6) 热水泵

$$W_{p, gw} = m_{gw} p_{gw}/(\eta_{p, gw} \rho_{gw}) \qquad (2-51)$$

(7) 冷却水泵

$$W_{p, cw} = m_{cw} p_{cw}/(\eta_{p, cw} \rho_{cw}) \qquad (2-52)$$

(8) 净发电功率

$$W_{net} = \eta_m \eta_g W_t - W_p - W_{p, cw} - W_{p, gw} \qquad (2-53)$$

式中,W_{net} 为净发电功率;η_m 和 η_g 分别为机械效率和发电机效率。

(9) 热效率

$$\eta_{th} = W_{net}/Q_e \qquad (2-54)$$

(10) 㶲效率

$$\eta_{ex} = \frac{W_{net}}{Ex_{gw, in} - Ex_{gw, out}} \qquad (2-55)$$

(11) 系统的熵产率

$$S_g = \Delta S_p + \Delta S_t + m_{cw}(s_0 - s_{cw, out}) + \frac{m_{cw}(T_{cw, out} - T_0)}{T_0}$$
$$\qquad\qquad\qquad (2-56)$$
$$= m_{gw}(s_{gw, out} - s_{gw, in}) + m_{cw}(s_0 - s_{cw, out}) + \frac{m_{cw}(T_{cw, out} - T_0)}{T_0}$$

运用㶲理论对系统各部件进行分析,如图 2 - 12 所示,工质从地热水中吸收的热量为 Q_e,工质向冷却水释放的热量为 Q_c,工质泵功耗为 W_p,汽轮机输出功率为 W_t,热水泵功耗为 $W_{p, gw}$ 和冷却水泵功耗为 $W_{p, cw}$,由热力学第一定律可知,系统在一个循环过程中满足以下方程:

$$W_{p, gw} + W_p + W_{p, cw} + Q_e = W_t + Q_c \tag{2-57}$$

由式(2-53)可知

$$
\begin{aligned}
W_{net} &= \eta_m \eta_g W_t - W_p - W_{p, cw} - W_{p, gw} \\
&= \eta_m \eta_g (W_{p, gw} + W_p + W_{p, cw} + Q_e - Q_c) - (W_{p, gw} + W_p + W_{p, cw}) \\
&= \eta_m \eta_g (Q_e - Q_c) + (\eta_m \eta_g - 1)(W_{p, gw} + W_p + W_{p, cw})
\end{aligned} \tag{2-58}
$$

根据热力学第一定律,排向环境的热流率为

$$Q_0 = C_{gw}(T_{gw, in} - T_{gw, out}) + C_{cw}(T_{cw, in} - T_0) - W_{net} \tag{2-59}$$

(12) 㶲损失率

$$
\begin{aligned}
G_{loss} &= \frac{1}{2} C_{gw}(T_{gw, in}^2 - T_{gw, out}^2) + \frac{1}{2} C_{cw}(T_{cw, in}^2 - T_0^2) - Q_0 T_0 \\
&= \frac{1}{2} C_{gw}(T_{gw, in}^2 - T_{gw, out}^2 - 2T_{gw, in}T_0 + 2T_{gw, out}T_0) + \\
&\quad \frac{1}{2} C_{cw}(T_{cw, in} - T_0)^2 + T_0 W_{net}
\end{aligned} \tag{2-60}
$$

(13) 㶲耗散率

$$
\begin{aligned}
G_{dis} &= \left[\frac{1}{2} C_{gw}(T_{gw, in}^2 - T_{gw, out}^2) + \frac{1}{2} m_{wf} c_{wf, 1, 4-4'}(T_4^2 - T_{4'}^2) - Q_{e2} T_{4'} + \right. \\
&\quad \left. \frac{1}{2} m_{wf} c_{wf, g, 4''-1}(T_{4''}^2 - T_1^2) \right] + \frac{1}{2} m_{wf} \left[c_{g, 2a-2}(T_{2a}^2 - T_2^2) - c_{1, 4a-4}(T_4^2 - T_{4a}^2) \right] + \\
&\quad \left[\frac{1}{2} C_{cw}(T_{cw, in}^2 - T_{cw, out}^2) + \frac{1}{2} m_{wf} c_{wf, g, 2-2'}(T_2^2 - T_{2'}^2) + Q_{c2} T_{2'} + \right. \\
&\quad \left. \frac{1}{2} m_{wf} c_{wf, 1, 2''-3}(T_{2''}^2 - T_3^2) \right] + \left[\frac{1}{2} C_{cw}(T_{cw, out}^2 - T_0^2) - C_{cw}(T_{cw, out} - T_0)T_0 \right]
\end{aligned} \tag{2-61}
$$

2. 发电功率与蒸发温度之间的变化规律

如图 2－21 和图 2－22 所示，随着蒸发温度的升高，系统的净发电功率 W_{net} 先增大后减小，中间存在最大值。由式（2－53）可知，W_{net} 受到汽轮机输出功率 W_t、工质泵功耗 W_p、热水泵功耗 $W_{p,gw}$、冷却水泵功耗 $W_{p,cw}$、机械效率 η_m 和发电机效率 η_g 的影响。η_m 和 η_g 通常较高，两者可以近似认为是常数；而 W_p、$W_{p,gw}$ 和 $W_{p,cw}$ 比 W_t 小很多，因此可以近似认为 W_{net} 和 W_t 与蒸发温度之间具有相同的变化规律。

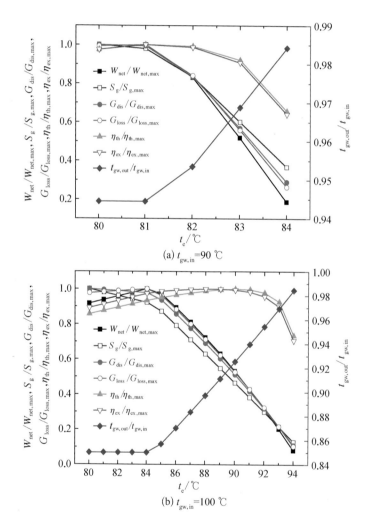

图 2－21 单位质量流量地热水对应的净发电功率、熵产率、㶲耗散率、㶲损失率、热效率、㶲效率和地热水出口温度随蒸发温度的变化

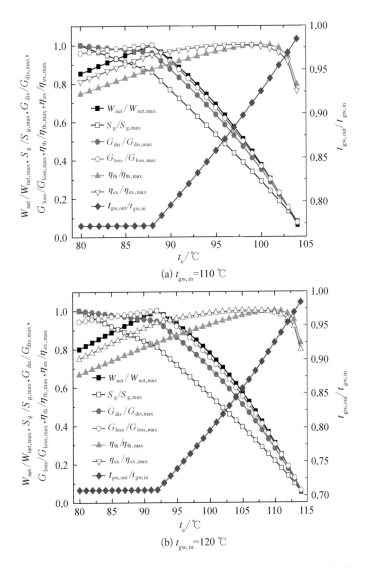

图 2-22　单位质量流量地热水对应的净发电功率、熵产率、㶲耗散率、㶲
损失率、热效率、㶲效率和地热水出口温度随蒸发温度的变化

如图 2-22 所示,在相同的地热水进口温度条件下,随着蒸发温度的升高,净发电功率、㶲损失率、热效率和㶲效率四个参数呈现出先增大后减小、中间存在最大值的变化规律;熵产率和㶲耗散率则随着蒸发温度的升高单调递减;地热水出口温度则呈现出先恒定不变后逐渐升高的变化趋势。

由式(2-38)可知,W_t 是工质汽轮机进出口的焓值差与工质质量流量的乘积,随着蒸发温度的升高,汽轮机进出口的焓值差呈现出线性增加的趋势,而工质的质量流量则持续减小,存在一个蒸发温度转折点 $t_{e,\,tp}$,使得工质质量流量在 $t_e < t_{e,\,tp}$ 和 $t_e > t_{e,\,tp}$ 范围内的变化率近似恒定,$t_e < t_{e,\,tp}$ 范围内的变化率明显低于 $t_e > t_{e,\,tp}$ 范围内的变化率。工质质量流量呈现出以下两种变化规律。

(1)当 $t_e < t_{e,\,tp}$ 时,由于蒸发温度较低,工质质量流量取决于热源提供的热量,具体如下式所示:

$$m_{wf} = \frac{m_{gw} c_{gw} \left(t_{gw,\,in} - t_{gw,\,out} \right)}{h_{e,\,out} - h_{e,\,in}} \tag{2-62}$$

(2)当 $t_e > t_{e,\,tp}$ 时,由于蒸发温度较高,工质质量流量取决于热源提供的使工质由液相变为气态甚至过热的那部分热量,具体如下式所示:

$$m_{wf} = \frac{m_{gw} c_{gw} \left(t_{gw,\,in} - t_e - \Delta t_{pp} \right)}{h_{e,\,out} - h_{x=0}} \tag{2-63}$$

式中,$h_{x=0}$ 为工质达到蒸发温度相变起始时的焓值;$h_{e,\,out}$ 为工质在蒸发器出口达到饱和状态或者过热状态时对应的焓值。

(3)当 $t_e = t_{e,\,tp}$ 时,按照式(2-62)和式(2-63)计算得到的工质质量流量相同。此时,工质质量流量与汽轮机进出口焓值差均相对较大,所对应的汽轮机的输出功率 W_t 最大,因此 $t_{e,\,tp}$ 就是最佳的蒸发温度 $t_{e,\,opt}$,即 $t_{e,\,opt} = t_{e,\,tp}$。

如图2-23所示,对于相同的冷热源,RORC系统的净发电功率明显高于ORC系统,净发电功率差值的具体变化规律如下。

(1)当 $t_e < t_{e,\,opt}$ 时,随着蒸发温度的升高,净发电功率差值逐渐升高,这是由于在这个范围内,地热水的进出口温度固定不变,设置回热器使得工质在蒸发器进口的焓值升高,RORC系统中蒸发器的不可逆损失要小于ORC系统中蒸发器的不可逆损失,因此,RORC系统的净发电功率高于ORC系统的净发电功率,随着蒸发温度的升高,净发电功率差值升高。

(2)当 $t_e > t_{e,\,opt}$ 时,随着蒸发温度的升高,地热水的出口温度升高,工质质量流量急剧减小,而此时RORC系统的地热水出口温度稍高于ORC系统的地热水出口温度,使得RORC系统的净发电功率高于ORC系统的净发电功率。另一方面,RORC系统中蒸发器进口的焓值较ORC系统中蒸发器进口的焓值高。随着蒸发温度的升高,RORC系统中蒸发器的不可逆损失与ORC系统中蒸发器的不可逆损失的差值逐渐缩

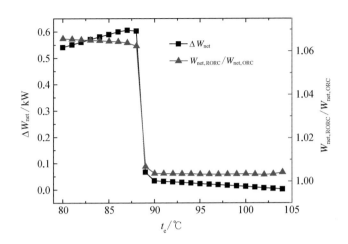

图 2-23 单位质量流量、110 ℃地热水对应的净发
电功率差值及其比值随蒸发温度的变化

小,回热器提高系统性能的幅度则逐渐减弱,这就使得 $t_e > t_{e,\ opt}$ 时,净发电功率差值
降低。

(3)当 $t_e = t_{e,\ opt}$ 时,净发电功率差值达到最大。当 $t_e = (t_{e,\ opt} + 1)$ ℃ 时,净发电功
率差值却急剧降低,这是由于 $t_e = t_{e,\ opt}$ 时,地热水的出口温度刚好为 85 ℃,$t_e =$
$(t_{e,\ opt} + 1)$ ℃ 时,地热水的出口温度开始高于 85 ℃。$t_e = (t_{e,\ opt} + 1)$ ℃ 时,系统的净发
电功率受地热水出口温度升高的影响最大,此后,$t_e > t_{e,\ opt}$ 时,系统的净发电功率受
地热水出口温度升高的影响缓慢降低,对应的净发电功率差值也缓慢降低。

净发电功率比值与净发电功率差值变化规律相似,净发电功率比值大于1,这是
由于净发电功率比值依赖于净发电功率差值的缘故。在地热水温度分别为
90 ℃、100 ℃、110 ℃ 和 120 ℃ 时,净发电功率比值最大值分别达到了 1.075、
1.066、1.062 和 1.062。

3. 系统的㶲损失率与蒸发温度之间的变化规律

从式(2-60)可以看出,系统的㶲损失率与净发电功率之间存在正比关系,即系
统的净发电功率最大值对应于系统的㶲损失率的最大值。系统的净发电功率和㶲损
失率均在最佳蒸发温度时达到各自的最大值。系统的㶲损失率与蒸发温度之间的变
化规律具体如下。

(1)当 $t_e < t_{e,\ opt}$ 时,地热水的进出口温度为恒定值,式(2-60)中右边第一项

$\frac{1}{2}C_{gw}(T^2_{gw,in} - T^2_{gw,out} - 2T_{gw,in}T_0 + 2T_{gw,out}T_0)$ 的值固定不变。随着蒸发温度的升高,一方面,所需的冷却水流量减小,则式(2-60)中右边第二项 $\frac{1}{2}C_{cw}(T_{cw,in} - T_0)^2$ 的值减小;另一方面,系统的净发电功率增大,则式(2-60)中右边第三项 T_0W_{net} 的值增大。随着蒸发温度的升高,式(2-60)中右边第二项的减小程度小于式(2-60)中右边第三项的增大程度,因此 $t_e < t_{e,opt}$ 时,系统的㶲损失率随着蒸发温度的升高而升高。

(2) 当 $t_e > t_{e,opt}$ 时,地热水的出口温度升高,式(2-60)中右边第一项 $\frac{1}{2}C_{gw}(T^2_{gw,in} - T^2_{gw,out} - 2T_{gw,in}T_0 + 2T_{gw,out}T_0)$ 的值减小。随着蒸发温度的升高,一方面,所需的冷却水流量减小,则式(2-60)中右边第二项 $\frac{1}{2}C_{cw}(T_{cw,in} - T_0)^2$ 的值减小;另一方面,系统的净发电功率减小,则式(2-60)中右边第三项 T_0W_{net} 的值减小。因此 $t_e > t_{e,opt}$ 时,系统的㶲损失率随着蒸发温度的升高而减小。

4. 系统的熵产率的变化规律

由式(2-56)可知,系统熵产率与地热水进口和出口参数、地热水质量流量、冷却水出口参数、冷却水质量流量有关。系统熵产率随着蒸发温度的升高单调递减,在 $t_e < t_{e,opt}$ 和 $t_e > t_{e,opt}$ 范围内,系统熵产率的变化率不同,具体规律如下。

(1) 当 $t_e < t_{e,opt}$ 时,地热水的出口温度固定不变,因此式(2-56)右边第一项的值为固定值;随着蒸发温度的升高,冷却水的质量流量降低,因此式(2-56)右边第二项的值和第三项的值的减小程度相当。因此 $t_e < t_{e,opt}$ 时,系统熵产率随着蒸发温度的升高单调递减。

(2) 当 $t_e > t_{e,opt}$ 时,式(2-56)右边第二项和第三项的值仍然减小;此时,地热水的出口温度升高,式(2-56)右边第一项的值减小,且该项减小的程度与地热水的出口温度之间为平方关系,这也正是系统熵产率在 $t_e > t_{e,opt}$ 时变化率增大的原因。

5. 系统的㶲耗散率的变化规律

由式(2-61)可知,系统㶲耗散率与地热水进口温度、地热水出口温度、地热水质量流量、冷却水出口温度、冷却水质量流量及工质在蒸发器和冷凝器进出口的温度等有关。由图2-21和图2-22可知,与系统的熵产率一样,系统㶲耗散率随着蒸发温度的升高也单调递减,在 $t_e < t_{e,opt}$ 和 $t_e > t_{e,opt}$ 范围内,系统㶲耗散率的变化率不同,具体的变化规律如下。

（1）当 $t_e < t_{e,\,opt}$ 时，地热水的出口温度固定不变；随着蒸发温度的升高，式（2－61）右边第一项的值减小；由于冷却水质量流量与蒸发温度之间存在反比关系，冷却水的进出口温度保持不变，式（2－61）右边第二项的值和第三项的值与冷却水质量流量则存在正比关系。因此 $t_e < t_{e,\,opt}$ 时，系统㶲耗散率随着蒸发温度的升高单调递减。

（2）当 $t_e > t_{e,\,opt}$ 时，式（2－61）右边第二、三项的值仍然减小；此时，地热水的出口温度升高，式（2－61）右边第一项的值减小，且该项减小的程度与地热水的出口温度之间为平方关系，这也正是系统㶲耗散率在 $t_e > t_{e,\,opt}$ 时变化率增大的原因。

因此，随着蒸发温度的升高，系统㶲耗散率单调递减，且当 $t_e > t_{e,\,opt}$ 时，系统㶲耗散率的变化率较 $t_e < t_{e,\,opt}$ 时急剧增大。值得注意的是，系统的最大净发电功率与系统㶲耗散率变化率的转折点相对应。

6. 系统的热效率和㶲效率的变化规律

随着蒸发温度的升高，系统的热效率和㶲效率先增大后减小，中间存在最大值。需要特别指出的是，系统的最大热效率和最大㶲效率并不对应于系统的最佳蒸发温度，从图2－21和图2－22可以很容易看出，同一种工质在相同的地热水进口温度条件下，系统的最大热效率和最大㶲效率所对应的蒸发温度远高于系统的最佳蒸发温度，系统的热效率最大时对应的蒸发温度最高，而系统的净发电功率最大时所对应的蒸发温度最低。这主要是因为：

（1）当 $t_e < t_{e,\,opt}$ 时，随着蒸发温度的升高，地热水的出口温度固定不变，系统的净发电功率增大，因此对应的系统的热效率和㶲效率也相应增大。

（2）当 $t_e > t_{e,\,opt}$ 时，随着蒸发温度的升高，一方面，地热水的出口温度升高，意味着蒸发器的吸热量减小；另一方面，系统的净发电功率也减小，因此系统热效率的变化取决于净发电功率和蒸发器的吸热量的相对大小，而系统㶲效率则取决于净发电功率和地热水在蒸发器中进口㶲与出口㶲的差值。为了便于分析，定义如下两个参数 $t_{e,\,opt,\,th}$ 和 $t_{e,\,opt,\,ex}$，$t_{e,\,opt,\,th}$ 和 $t_{e,\,opt,\,ex}$ 分别为系统的热效率和㶲效率分别达到最大时所对应的蒸发温度。对于系统的热效率而言，当 $t_{e,\,opt} < t_e < t_{e,\,opt,\,th}$ 时，净发电功率随蒸发温度的升高而减小的程度小于蒸发器的吸热量随蒸发温度的升高而减小的程度，因此，当 $t_{e,\,opt} < t_e < t_{e,\,opt,\,th}$ 时，系统的热效率继续升高；当 $t_e > t_{e,\,opt,\,th}$ 时，净发电功率随蒸发温度的升高而减小的程度大于蒸发器的吸热量随蒸发温度的升高而减小的程度,因此,当 $t_e > t_{e,\,opt,\,th}$ 时,系统的热效率降低。对于系统的㶲效率而言,当 $t_{e,\,opt} < t_e < t_{e,\,opt,\,ex}$ 时,净发电功率随蒸发温度的升高而减小的程度小于地热水在蒸发器中进口㶲与出口㶲的差值随蒸发温度的升高而减小的程度,因此,当 $t_{e,\,opt} < t_e < t_{e,\,opt,\,ex}$ 时,系统的㶲效率继续升高;当 $t_e > t_{e,\,opt,\,ex}$ 时,净发电功率随蒸发温度的升高而减小的程度大于地热水在蒸发器中进口㶲与出口㶲的差值随蒸发温度的升高而减小的程度,因此,当 $t_e > t_{e,\,opt,\,ex}$ 时,系统的㶲效率降低。

如图 2-21 和图 2-22 所示,地热水出口温度受蒸发温度的影响很大,当 $t_e < t_{e,\,opt}$ 时,随着蒸发温度的升高,地热水出口温度固定不变,为 85 ℃;当 $t_e > t_{e,\,opt}$ 时,随着蒸发温度的升高,地热水出口温度升高,地热水出口温度与蒸发温度之间近似为线性递增的关系。

如图 2-24 所示,随着工质质量流量的增大,净发电功率、㶲损失率、热效率和㶲效率四个参数呈现出先增大后减小、中间存在最大值的变化规律;熵产率和㶲耗散率则随着工质质量流量的增大单调递增;地热水出口温度则呈现出先急剧减小后恒定不变的变化趋势。净发电功率、熵产率、㶲耗散率、㶲损失率、热效率、㶲效率和地热水出口温度随工质质量流量的变化规律与这七个参数随蒸发温度的变化规律正好相反,这主要是由于工质质量流量与蒸发温度之间存在反比关系。

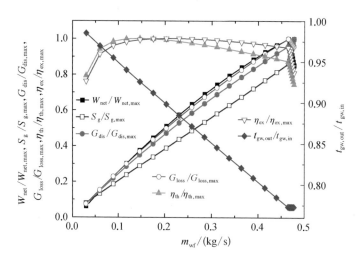

图 2-24   单位质量流量、110 ℃地热水对应的净发电功率、熵产率、㶲耗散率、㶲损失率、热效率、㶲效率和地热水出口温度随工质质量流量的变化

7. 回热器对发电性能的影响

如图 2 - 25 所示,当 $t_e < t_{e,opt}$ 时,随着蒸发温度的升高,净发电功率差值逐渐增大;当 $t_e = t_{e,opt}$ 时,净发电功率差值达到最大值;当 $t_e = (t_{e,opt} + 1)℃$ 时,净发电功率差值却急剧减小;而 $t_e > (t_{e,opt} + 1)℃$ 时,净发电功率差值缓慢减小。此外,在同一工况条件下,随着回热器效率 η_{reg} 的逐渐增大,净发电功率差值逐渐增大;在 $\eta_{reg} = 0\sim100\%$ 范围内,净发电功率差值近似于均匀变化。值得注意的是,随着回热器效率的逐渐增大,净发电功率最大差值对应的蒸发温度发生变化,在 $\eta_{reg} = 0\sim60\%$ 范围内,净发电功率最大差值对应的蒸发温度为 88 ℃;而在 $\eta_{reg} = 60\%\sim100\%$ 范围内,净发电功率最大差值对应的蒸发温度为 87 ℃。回热器效率每增大 10%,对应的净发电功率最大差值约增加 0.1 kW。

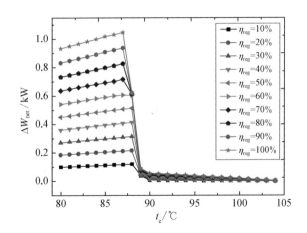

图 2 - 25　地热水温度为 110 ℃时 RORC 系统与 ORC
系统的净发电功率差值随蒸发温度的变化

从图 2 - 26 中可以很明显地看出,热效率比值与回热器效率之间存在正比关系。随着蒸发温度的升高,回热有机朗肯循环系统与有机朗肯循环系统的热效率比值整体呈现出先减小后增大、中间存在最小值的变化规律,主要原因如下。

（1）当 $t_e < t_{e,opt}$ 时,在同一回热器效率条件下,地热水出口温度固定不变,此时热效率比值取决于净发电功率比值,随着蒸发温度的升高,回热器引起的系统发电性能的升高程度减弱。因此,回热有机朗肯循环的热效率与有机朗肯循环的热效率的比值呈现下降的趋势。

（2）当 $t_e > t_{e,opt}$ 时,在同一回热器效率条件下,地热水出口温度升高,此时热效

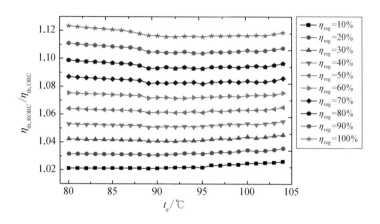

图 2-26　110 ℃地热水对应的 RORC 系统与 ORC
系统热效率比值随蒸发温度的变化

率比值不仅取决于净发电功率比值,还取决于地热水出口温度。此时,回热有机朗肯循环的净发电功率比有机朗肯循环的净发电功率大,而回热有机朗肯循环的地热水出口温度也比有机朗肯循环的地热水出口温度高。因此,回热有机朗肯循环的热效率与有机朗肯循环的热效率的比值呈现上升的趋势。

　　如图 2-27 所示,在相同回热器效率条件下,随着蒸发温度的升高,回热器回收热量比值呈现降低的变化趋势;而在同一工况条件下,随着回热器效率的升高,回热器回收热量比值增大。总体而言,回热器效率每升高 10%,回热器回收热量比值约增加 80%。

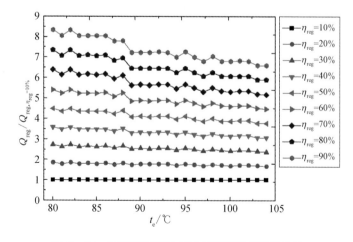

图 2-27　回热器回收热量比值随蒸发温度的变化

如图 2-28 所示,在相同回热器效率条件下,随着蒸发温度的升高,回热器对数平均温差比值呈现降低的变化趋势;而在同一工况条件下,随着回热器效率的升高,回热器对数平均温差比值减小。总体而言,回热器效率每升高 10%,回热器对数平均温差比值约减小 80%。

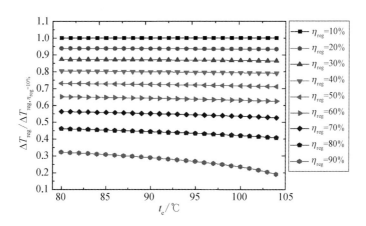

图 2-28　回热器对数平均温差比值随蒸发温度的变化

如图 2-29 所示,在相同回热器效率条件下,当 $\eta_{\text{reg}} \leqslant 80\%$ 时,随着蒸发温度的升高,回热器换热面积比值呈现降低的变化趋势;而在同一工况条件下,随着回热器效率的升高,回热器换热面积比值增大。总体而言,回热器效率越高,回热器换热面积比值则越大。回热器效率由 10% 升高到 20%,平均换热面积比值由 1.00 升高到约 1.88;但是回热器效率由 80% 升高到 90% 时,平均换热面积比值由 14.94 升高到约 27.28。

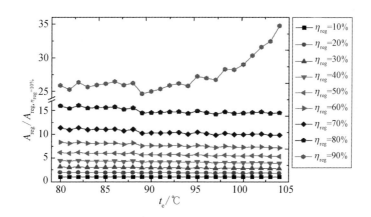

图 2-29　回热器换热面积比值随蒸发温度的变化

　　设置回热器时全生命周期收益受蒸发温度和回热器效率的影响如图 2 - 30 所示。在同一蒸发温度下, $t_e < t_{e,\,opt}$ 时,全生命周期收益为正值 ($\eta_{reg} = 90\%$ 除外),此时设置回热器可以增加收益,随着回热器效率的增大,全生命周期收益先增大后减小,在回热器效率为 60% 左右,达到最大值;而在同一蒸发温度下, $t_e > t_{e,\,opt}$ 时,全生命周期收益与回热器效率成反比关系,且随着回热器效率的增大,全生命周期收益急剧下降。$t_e > t_{e,\,opt}$ 时全生命周期收益为负值,此时设置回热器不可取。

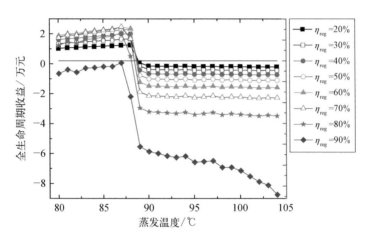

图 2 - 30　设置回热器时全生命周期收益随蒸发温度的变化

　　综上所述,设置回热器是一种有效提高回热有机朗肯循环系统发电性能的方法,系统发电性能提高的程度与回热器效率之间存在正比关系。需要特别指出的是,较低效率的回热器回收高温乏汽工质的热量有限,无法达到有效改善有机朗肯循环系统发电性能的目的;而较高效率的回热器虽然可以多回收高温乏汽工质的热量,但却是以增加相当数量的换热面积为代价的。针对温度相对较低的中低温地热发电而言,设置回热器是一种改善发电性能切实可行的途径;从实际工程角度出发,回热器效率既不能太高也不能太低,从收益和代价两个方面综合考虑,回热器效率的推荐值为 60%。

2.3.3　并联式多级蒸发回热有机朗肯循环发电性能

　　由图 2 - 14 和图 2 - 15 可知,以下部件的数学方程式与 RORC 中有所不同,具体如下。

（1）蒸发器

$$Q_e = m_{gw}(h_{gw, in} - h_{gw, out}) = \sum_{i=1}^{n} m_{wf, i}(h_{1i} - h_{4i}) \qquad (2-64)$$

$$m_{wf} = \sum_{i=1}^{n} m_{wf, i} \qquad (2-65)$$

$$\Delta s_e = \sum_{i=1}^{n} m_{wf, i}(s_{1i} - s_{4i}) - m_{gw}(s_{gw, in} - s_{gw, out}) \qquad (2-66)$$

$$I_e = \Delta Ex_{gw} - \sum_{i=1}^{n} \Delta Ex_{wf, i} + W_{p, gw}$$
$$= (Ex_{gw, in} - Ex_{gw, out}) - \sum_{i=1}^{n} (Ex_{wf, 1i} - Ex_{wf, 4i}) + W_{p, gw} \qquad (2-67)$$
$$= T_0 \Delta s_e + W_{p, gw}$$

（2）汽轮机

$$W_t = \sum_{i=1}^{n} m_{wf, i}(h_{1i} - h_2) \qquad (2-68)$$

$$\Delta s_t = \sum_{i=1}^{n} m_{wf, i}(s_2 - s_{1i}) \qquad (2-69)$$

$$I_t = \sum_{i=1}^{n} (Ex_{wf, 1i} - Ex_{wf, 2}) - W_t = -T_0 \Delta s_t \qquad (2-70)$$

（3）工质泵

$$W_p = \sum_{i=1}^{n} m_{wf, i}(p_{e, i} - p_c)/(\eta_p \rho_{wf}) \qquad (2-71)$$

$$\Delta s_p = \sum_{i=1}^{n} m_{wf, i}(s_{4i} - s_3) \qquad (2-72)$$

$$I_p = W_p - \sum_{i=1}^{n} (Ex_{wf, 4i} - Ex_{wf, 3}) = -T_0 \Delta s_p \qquad (2-73)$$

（4）㶲耗散率

$$G_{dis} = \left[\frac{1}{2} C_{gw}(T_{gw, in}^2 - T_{gw, out}^2) + \frac{1}{2} \sum_{i=1}^{n} m_{wf, i} c_{wf, 1, 4i-4i'}(T_{4i}^2 - T_{4i'}^2) - \sum_{i=1}^{n} Q_{ei2} T_{4i'} \right.$$
$$\left. + \frac{1}{2} \sum_{i=1}^{n} m_{wf, i} c_{wf, g, 4i''-1i}(T_{4i''}^2 - T_{1i}^2) \right] + \frac{1}{2} m_{wf}[c_{wf, g, 2a-2}(T_{2a}^2 - T_2^2)$$

$$-c_{\mathrm{wf},1,3-3a}(T_{3a}^2 - T_3^2)] + \left[\frac{1}{2}C_{\mathrm{cw}}(T_{\mathrm{cw,in}}^2 - T_{\mathrm{cw,out}}^2)\right.$$

$$+\frac{1}{2}m_{\mathrm{wf}}c_{\mathrm{wf},g,2-2'}(T_2^2 - T_{2'}^2) + Q_{c2}T_{2'} + \frac{1}{2}m_{\mathrm{wf}}c_{\mathrm{wf},1,2''-3}(T_{2''}^2 - T_3^2)\bigg]$$

$$+\left[\frac{1}{2}C_{\mathrm{cw}}(T_{\mathrm{cw,out}}^2 - T_0^2) - C_{\mathrm{cw}}(T_{\mathrm{cw,out}} - T_0)T_0\right] \tag{2-74}$$

回热器参数与式(2-41)、式(2-42)类似,只是下标发生变化,将式(2-41)、式(2-42)中的下标 4 和 4a 分别与图 2-15 中的 3a 和 3 对应即可。

2.3.4　串联式多级蒸发回热有机朗肯循环发电性能

为了分析串联式多级蒸发回热有机朗肯循环的发电性能,鉴于中低温地热温度较低的特点,与 2.3.1 节相同,本节也设置双级蒸发系统,即 $n=2$,形成了串联式双级蒸发回热有机朗肯循环(series double-evaporator regenerative organic Rankine cycle,SDRORC),其中回热器效率也为 0.6。在系统冷热源不变时,SDRORC 系统同样受到 $t_{\mathrm{gw,mid}}$、$t_{e,\mathrm{high}}$ 及 $t_{e,\mathrm{low}}$ 的影响。

如图 2-31 所示,地热水中间温度 $t_{\mathrm{gw,mid}}$ 升高,使得 $t_{e,\mathrm{high}}$ 和 $t_{e,\mathrm{low}}$ 增大,且 $t_{e,\mathrm{high}}$ 升高幅度远大于 $t_{e,\mathrm{low}}$,其中 SDRORC 系统对应的 $t_{\mathrm{gw,mid}}$ 最小值要高于 PDRORC 系统;在相同的地热水温度和地热水中间温度条件下,SDRORC 系统低压级最佳蒸发温度低于或等于 PDRORC 系统,而 SDRORC 系统高压级最佳蒸发温度则高于或等于 PDRORC 系统。原因如下:SDRORC 系统中高压级蒸发器进口处为低压级蒸发压力饱和液体对应的焓值,其高于 PDRORC 系统中高压级蒸发器进口处的焓值,因此 SDRORC 系统中高压级蒸发器对应的不可逆损失要低于 PDRORC 系统,具体如下。

(1)对于低压级而言,由于 SDRORC 系统中低压级蒸发温度始终高于或等于 PDRORC 系统中低压级蒸发温度,因此,SDRORC 系统中低压级工质质量流量低于或等于 PDRORC 系统中低压级工质质量流量。如图 2-31 所示,随着 $t_{\mathrm{gw,mid}}$ 升高,SDRORC 系统与 PDRORC 系统中低压级工质质量流量差值逐渐减小直至为 0;$t_{\mathrm{gw,mid}}=109\ ℃$ 时,SDRORC 系统与 PDRORC 系统均变成了 RORC 系统,此时,SDRORC 系统与 PDRORC 系统的工质质量流量相等。

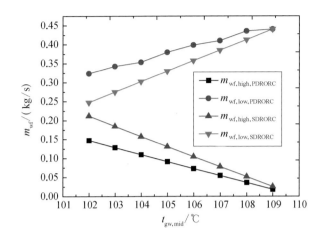

图 2-31　单位质量流量、110 ℃ 地热水对应的工质
质量流量随地热水中间温度的变化

（2）对于高压级而言，$t_{gw,mid}$ 较低时，SDRORC 系统高压级蒸发温度均不高于
PDRORC 系统中高压级蒸发温度，因此 SDRORC 系统高压级工质质量流量均高于
PDRORC 系统中高压级工质质量流量；随着地热水中间温度的升高，SDRORC 系统与
PDRORC 系统中高压级蒸发温度之间的差别逐渐减小直至两者完全相同，但是由于
SDRORC 系统中工质在高压级蒸发器进口处的焓值高于 PDRORC 系统中工质在高压
级蒸发器进口处的焓值，因此，SDRORC 系统中高压级蒸发器对应的工质质量流量始
终高于 PDRORC 系统中高压级蒸发器对应的工质质量流量。

如图 2-32 所示，SDRORC 系统的净发电功率比值、热效率比值、㶲效率比值以及
㶲损失率比值均呈现出先增大后减小、中间存在最大值的变化规律，而系统的熵产率
比值整体上呈现出先减小后增大、中间存在最小值的变化规律。一方面，$t_{gw,mid}$ 升高
使得 $t_{e,high}$ 升高，对应的单位质量流量工质的做功能力增大；另一方面，高压级所提供
的热量减小且单位质量流量工质的吸热量增多，高压级蒸发器中工质的质量流量减
小。这两个影响因素中，质量流量的减小对高压级蒸发器对应的净发电功率减小的
影响起到主要作用，与 PDRORC 系统一样，高压级蒸发器对应的净发电功率在地热水
中间温度最低时达到最大值；对于低压级而言，$t_{e,high}$ 升高使得单位质量流量工质的
做功能力增强。此外，低压级蒸发器提供的热量增大，且单位质量流量工质吸收的热
量增多，低压级蒸发器中工质的质量流量增大，与 PDRORC 系统一样，低压级蒸发器
对应的净发电功率在地热水中间温度最高时达到最大值。系统的净发电功率主要取

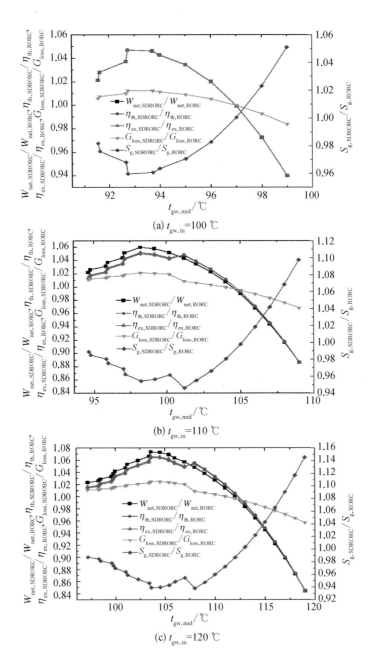

(a) $t_{gw,in} = 100 ℃$

(b) $t_{gw,in} = 110 ℃$

(c) $t_{gw,in} = 120 ℃$

图2-32 单位质量流量地热水时 SDRORC 系统与 RORC 系统对
应的净发电功率比值、热效率比值、㶲效率比值、㶲损失
率比值和熵产率比值随地热水中间温度的变化

决于高、低压级蒸发器对应的汽轮机发电功率之和。$t_{gw,\ mid}$ 较低时,低压级的发电功率的增加值大于高压级的发电功率的减小值,因此,系统的净发电功率增大;$t_{gw,\ mid}$ 较高时,低压级的发电功率的增加值却小于高压级的发电功率的减小值,故系统的净发电功率减小。

综上所述,SDRORC 系统的净发电功率存在最大值。在地热水温度为 100 ℃、110 ℃ 和 120 ℃ 时,R245fa 所对应的净发电功率分别为 5.411 kW、9.945 kW 和 15.190 kW,对应的净发电功率比值为 1.047、1.060 和 1.073。

SDRORC 系统的发电性能也取决于地热水中间温度和临界地热水中间温度,这两个参数取值合理与否决定了 SDRORC 系统性能是优于还是劣于 RORC 系统。在地热水温度分别为 100 ℃、110 ℃ 和 120 ℃ 时,R245fa 所对应的最佳地热水中间温度分别为 92.7 ℃、98.2 ℃ 和 103.6 ℃,临界地热水中间温度分别为 96 ℃、104 ℃ 和 112 ℃。因此只有地热水中间温度低于临界地热水中间温度时,SDRORC 系统才优于 RORC 系统,反之,SDRORC 系统则劣于 RORC 系统。

由 2.3.1～2.3.3 节及图 2 - 32 可以发现,SDRORC 系统的热效率比值、㶲效率比值、㶲损失率比值和熵产率比值与净发电功率比值之间存在对应关系,因此上述五个参数随地热水中间温度的变化规律不再详细叙述。需要特别指出的是,在相同的地热水温度条件下,随着地热水中间温度的升高,与 PDRORC 系统持续降低不同,SDRORC 系统的热效率比值、㶲效率比值和㶲损失率比值呈现山峰状变化趋势,且均出现了突然增大的异常点;系统的熵产率比值虽然整体上呈现升高的趋势,但是出现了突然降低的异常点,其原因如下。

(1)$t_{gw,\ mid}$ 升高,使得 SDRORC 系统 $t_{e,\ high}$ 和 $t_{e,\ low}$ 呈现阶梯状的增长趋势,由于高压级对应的净发电功率所占的比重逐渐降低,故 SDRORC 系统整体性能受高压级参数变化的影响变小。

(2)$t_{e,\ low}$ 突然升高使得地热水出口温度稍高于 85 ℃,而突变点前后地热水出口温度则均为 85 ℃。突变点对应的净发电功率比值低于前一点,但是地热水出口温度却高于前一点,综合来说,地热水出口温度的影响更大,因此突变点对应的热效率比值、㶲效率比值和㶲损失率比值大于前一点,而突变点对应的熵产率比值则小于前一点;将突变点和后一点进行对比,突变点对应的净发电功率比值和地热水出口温度高于突变点后一点,因此突变点热效率比值、㶲效率比值和㶲损失率比值大于后一点,而突变点处对应的熵产率比值则小于后一点。

与 PDRORC 系统不同,SDRORC 系统的热效率、㶲效率和㶲损失率的最大值与净发电功率的最大值存在对应关系;最佳地热水出口温度是 SDRORC 系统熵产率的变化率由负值向正值转变的临界点。从图 2-32 看出,SDRORC 系统熵产率的最小值与系统的净发电功率的最大值之间不再严格地遵循对应关系,这是由 SDRORC 系统低压级蒸发温度的突然升高造成的,SDRORC 系统在熵产率的变化率为负值的区间内的熵产率的最小值与系统的净发电功率的最大值之间存在对应关系。将 PDRORC 系统与 SDRORC 系统对比,可以发现以下不同点。

(1) SDRORC 系统的净发电功率比值与地热水温度之间存在正比关系,且 SDRORC 系统的净发电功率比值随地热水中间温度的升高先升高后降低,存在最大值;PDRORC 系统的净发电功率比值与地热水温度之间没有明显的函数关系,而 PDRORC 系统的净发电功率比值在最低的地热水中间温度时取得最大值。

(2) 热源温度相同时,SDRORC 系统对应的临界地热水中间温度明显高于 PDRORC 系统,且 SDRORC 系统净发电功率比值大于 1 对应的地热水中间温度范围比 PDRORC 系统更广。其原因在于:工质由冷凝器出口状态达到高压级蒸发器中饱和液状态的吸热来源不同,PDRORC 系统完全来自高压级蒸发器中的高温地热水,SDRORC 系统来自两部分:使工质由冷凝器出口状态达到低压级蒸发器中饱和液状态来自低温地热水;而由低压级蒸发器中饱和液状态达到高压级蒸发器中饱和液状态则来自高温地热水。很显然,SDRORC 系统中高压级蒸发器中的不可逆损失要低于 PDRORC 系统中高压级蒸发器,而整个系统的净发电功率主要取决于高压级蒸发器。

在同一工况下,PDRORC 系统和 SDRORC 系统的发电性能均好于 RORC 系统,SDRORC 系统的发电性能提高的幅度更大,且随着地热水进出口温差的进一步增大,SDRORC 系统的优势则更加明显。PDRORC 系统中高压级蒸发器中高温地热水的一部分热量用来加热低温工质,地热水与工质之间的温度匹配性较差,从而造成了很大的不可逆损失。从合理用能的角度来说,SDRORC 系统更符合吴仲华先生提出的"分配得当、各得其所、温度对口、梯级利用"的原则。

针对 2.3.3 节和 2.3.4 节,以下两点需要特别说明。

(1) PDRORC 系统和 SDRORC 系统的发电性能计算过程中,补汽式汽轮机能够实现在不同压力条件下多级进气,由于低压级工质进口参数与汽轮机工质膨胀到低压级时的参数完全相同,因此各级进口处工质混合而造成的能量损失为 0,这无疑对汽轮机的设计和制造提出了更高的要求。另外一个思路可以避免上述问题,那就是设置与蒸发器对应的相同数量的汽轮机,这些汽轮机在系统最佳参数条件下进气,由此就避免了设计和制造汽轮机的难题,但是随之而来的另一个问题,就是由于系统中蒸发器和汽轮机数量的增多会引起系统投资的增加。但是随着能源的日益短缺及科技进步,系统的投资会逐渐降低;能源的严重短缺,更多地注重技术性而相对忽略其经济性是人类不得不采取的措施。

（2）对 PMRORC 系统和 SMRORC 系统的讨论,是在充分考虑中低温地热资源温度水平的基础上提出的,对两个系统分别设置了一台高压级蒸发器和一台低压级蒸发器,由此 PMRORC 系统和 SMRORC 系统变为 PDRORC 系统和 SDRORC 系统。随着蒸发器数量的增加,PMRORC 系统和 SMRORC 系统的发电性能会更优于 PDRORC 系统和 SDRORC 系统。如果设置无限多级蒸发器,就可以实现地热水温度与工质温度曲线的完美结合,从而大大降低 ORC 系统中蒸发器的不可逆损失。

2.4　Kalina 循环系统

2.4.1　Kalina 循环系统简介

Kalina 循环是近期发展起来的一种热力循环。Kalina 循环系统种类很多,根据热源的种类和系统用途进行设计和分类,并用系统的型号表示,共有 35 种。其中代号KCS11 和 KCS34 是适用于中低焓地热发电的循环系统形式。

（1）Kalina 循环系统的最大特点是变温蒸发,能够减小换热过程中的传热温差,减少传热过程中的㶲损失。对于中低温热源而言,在系统中采用混合工质是一种最佳的温度匹配的方法。

（2）与常规的 Rankine 循环系统相比,Kalina 循环系统在利用低温热源时效率更高,比 Rankine 循环系统效率高 20% 以上。

（3）对于变化的冷热源,可以比较方便地通过调节氨水的浓度改变工况来对系统进行优化。

（4）氨是广泛用于工农业的天然物质,对环境比较友好。

（5）Kalina 循环系统电厂的初投资比等容量的 Rankine 循环系统的低。对低温热源来说,费用可降低约 30%,对高温热源来说,费用可降低约 10%。

　　Kalina 地热电站最早是于 1992—1997 年在美国加利福尼亚州的卡诺加（Canoga）园区由 Exergy 公司试验成功的，试验装置的发电量为 3 MW。该试验装置 5 年间运行了 9 000 多小时，验证了这种循环系统利用低温余热发电的可行性和效率方面的优势，这套试验装置的成功，引起了各大发电设备制造商的极大重视。美国通用电气公司（GE）、德国西门子股份公司等纷纷通过各种途径，购买这项专利技术，并开始进一步的研究与开发。

　　在日本鹿岛（Kashima），利用住友金属工业株式会社鹿岛钢厂的废热，于 1998 年开始建造 Kalina 循环系统地热发电装置。这套装置采用 1 300 t/h、98 ℃的废热水作为热源，输出功率为 3.1 MW，并于 1999 年 9 月投产。从 2002 年 11 月到 2003 年 10 月，总运行时间为 7 884 h。

　　在冰岛胡萨维克（Husavik），于 1999 年建成了第一套商业 Kalina 循环系统地热发电装置，该装置采用 90 kg/s 的 120 ℃地热水，电力生产能力为 1.8 MW。从 2000 年至 2009 年运行阶段来看，该装置运行良好，发电功率和系统效率较为稳定，目前由于部件腐蚀造成停机。这套商业发电装置在建设初期受到低温热力发电行业的极大重视，改造供热系统和建造地热电站共花费了 1 200 万欧元，其中三分之一用于电厂建设。Husavik 地区的 Kalina 地热电站的总吸热量为 15 700 kW，冷源放出热量为 14 000 kW，以浓度为 82%的氨水作为工质。系统蒸发器为管壳式换热器，换热面积为 1 600 m²，冷凝器为板式换热器，每个 750 m²，适合于 Husavik 地区的地热资源条件。

　　目前世界各地已经建成的 Kalina 地热电站如表 2-1 所示。可以看出，Kalina 循环系统越来越受到关注和支持。

表 2-1　世界各地已建成的 Kalina 地热电站

工程所属地或公司	地区	热源类型	发电功率	建造时间/年
Canoga 公园	美国	汽轮机余热	6.5 MW	1992
福　冈	日本	垃圾废热	4.5 MW	1999
住友钢铁	日本	生产余热	3.5 MW	1999
胡萨维克	冰岛	地热能	2 MW	2000
富　士	日本	工业余热	3.9 MW	2002

续表

工程所属地或公司	地区	热源类型	发电功率	建造时间/年
西门子	德国	地热能	3.4 MW	2009
西门子	德国	地热能	580 kW	2009
2010 年上海世博会场	中国	太阳能	50 kW	2010
清水区	中国台湾	地热能	50 kW	2011

2.4.2　Kalina 循环系统优化设计

针对中低温热能利用的 Kalina 循环系统(KCS34),其原理图如图 2-33 所示。该循环系统由三个循环回路组成。第一个回路是氨水溶液在系统中的循环过程:由于氨气沸点较低,基本溶液在蒸发器中被加热后(状态点 2),部分氨气挥发出来,形成的气液两相氨水混合物进入分离器。分离器上端的氨蒸气(状态点 3)进入汽轮机做功,分离器下端的富水溶液(状态点 5)进入高温回热器进行换热后再节流降压(状态点 6),这时的富水溶液再与从汽轮机出来的乏汽(状态点 4)在 7 处混合(状态点 8)为基本溶液。混合过程是对乏汽的部分吸收过程,状态点 8 处的基本溶液为气液两

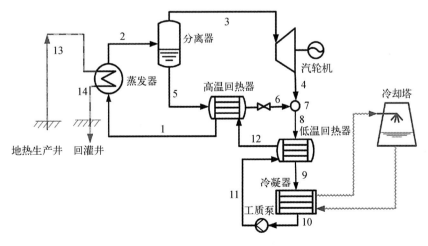

图 2-33　Kalina 循环系统（KCS34）原理图

图中 1~14 为状态点

相。基本溶液通过低温回热器后(状态点9)再进入冷凝器被完全冷凝为液态(状态点10)。基本溶液经过工质泵升压(状态点11),然后依次流经低温回热器(状态点12)和高温回热器(状态点1)回收部分热量,随后基本溶液再次进入蒸发器进行下一次循环过程;第二个回路是地热水从地热生产井中抽出(状态点13),经过蒸发器换热后再次被回灌到回灌井中(状态点14);第三个回路是流经冷却塔的冷却水的回路。

Kalina 循环系统的温-熵($T-s$)图如图 2-34 所示。

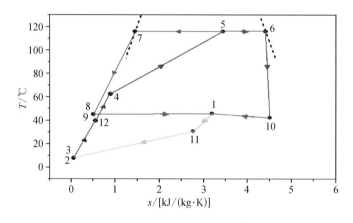

图 2-34　Kalina 循环系统的温-熵($T-s$)图

对 Kalina 循环系统建立仿真模型时,应根据氨水热物性方程及能量、质量、组分守恒等控制方程来描述系统各个部件的运行特性。在忽略各设备连接管道的阻力、工质节流过程中的焓降,以及管道热损失的情况下,列出了该模型稳态运行时的主要计算方程。

(1)质量守恒方程:

$$\Delta_{\text{out}}^{\text{in}} \sum_i \dot{m}_i = 0 \tag{2-75}$$

(2)能量守恒方程:

$$\Delta_{\text{out}}^{\text{in}} \Big(\sum_i h_i \dot{m}_i \Big) + \Delta_{\text{out}}^{\text{in}} \Big(\sum_i w_j \Big) + \Delta_{\text{out}}^{\text{in}} \Big(\sum_i Q_k \Big) = 0 \tag{2-76}$$

(3)氨水气液平衡方程:

$$(1 - x)\varphi_1(V', \ T, \ x) = (1 - y)\varphi_1(V'', \ T, \ y) \tag{2-77}$$

$$x\varphi_2(\overline{V'},\ T,\ x) = y\varphi_2(\overline{V''},\ T,\ y) \tag{2-78}$$

（4）对于 Kalina 循环系统,其热效率定义为

$$\eta_{th} = \frac{m_3(h_3 - h_4)\eta_g - W_{pump}}{Q_{gw}} \tag{2-79}$$

（5）对于 Kalina 循环系统,其㶲效率定义为

$$\eta_{ex} = \frac{W_{net}}{E_{in}} \tag{2-80}$$

在理论循环系统性能分析中,每个部件的主要控制方程如表 2-2 所示。

表 2-2　每个部件的主要控制方程

部　件	主要控制方程	方　程　说　明	公式序号
蒸发器	$Q_{gw} = C_{gw} m_{gw}(t_{in} - t_{out})$	地热水放热	(2-81)
	$Q_{gw} = \dot{m}_1(t_{in} - t_{out})$	基本氨水溶液吸收热	(2-82)
分离器	$\dot{m}_1 x_2 = \dot{m}_3 x_3 + \dot{m}_5 x_5$	氨组分质量守恒	(2-83)
	$\dot{m}_2 = \dot{m}_3 + \dot{m}_5$	总质量守恒	(2-84)
	$\dot{m}_2 h_2 = \dot{m}_3 h_3 + \dot{m}_5 h_5$	能量守恒	(2-85)
汽轮机	$\dot{W}_t = \dot{m}_3(h_3 - h_4)$	汽轮机输出功率	(2-86)
	$\eta_t = (h_3 - h_4)/(h_3 - h_{4s})$	汽轮机等熵效率	(2-87)
高温回热器	$\dot{m}_5(h_5 - h_6) = \dot{m}_1(h_1 - h_{12})$	能量守恒	(2-88)
低温回热器	$\dot{m}_1(h_8 - h_9) = \dot{m}_1(h_{12} - h_{11})$	能量守恒	(2-89)
冷凝器	$Q_{cond} = \dot{m}_1(h_9 - h_{10})$	冷凝热	(2-90)
工质泵	$s_{10} = s_{11}$	泵送前后熵相等	(2-91)
	$\dot{W}_p = 100\dot{m}_{10} v_{10}(P_{11} - P_{10})/\eta$	工质泵耗功	(2-92)
混合室	$\dot{m}_4 = \dot{m}_6 + \dot{m}_8$	总质量守恒	(2-93)
	$\dot{m}_4 x_4 = \dot{m}_6 x_6 + \dot{m}_8 x_8$	氨组分质量守恒	(2-94)
	$\dot{m}_4 h_4 + \dot{m}_6 h_6 = \dot{m}_8 h_8$	能量守恒	(2-95)

2.4.3　Kalina 循环系统与其他发电循环的对比

　　Kalina 循环系统和 ORC 系统是目前中低温发电循环系统中两种最具潜力也是最具争议的循环系统模式。Kalina 循环系统是在 Rankine 循环系统的基础上改进而来的,而 ORC 系统采用的依然是 Rankine 循环系统,但其循环工质由水变为其他有机工质。因此需要比较 ORC 系统与 Kalina 循环系统的性能,并指出各循环系统的优势和缺点。

　　图 2－35 为 ORC 系统的原理图,该循环系统同样分为三个循环回路。第一个回路是发电循环:有机工质在蒸发器中被蒸发为高温高压蒸汽(状态点 1),随后蒸汽进入汽轮机完成做功、发电过程。而后,汽轮机出口的乏汽(状态点 2)进入冷凝器被冷凝为液态(状态点 3),循环系统工质经过工质泵升压(状态点 4),随后再次进入蒸发器进行下一次循环过程;第二个回路是地热水从地热生产井中抽出(状态点 5),经过蒸发器换热后再次被回灌到回灌井中(状态点 6);第三个回路是流经冷却塔的冷却水的回路。

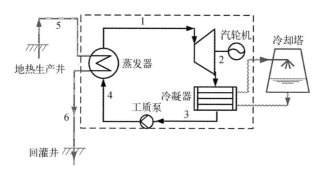

图 2－35　ORC 系统的原理图

图中 1~6 为状态点

　　ORC 和 Kalina 循环两种循环系统适合于中低温地热资源的利用,由于热源温度较低(通常低于 150 ℃),所以这两种循环方式是公认的、较好的方式。ORC 和 Kalina 循环系统的主要区别在于使用的工质不同,并且循环方式略有差别。然而,不同的工质对净发电功率、运行稳定性及其他重要参数均会造成不同程度的影响。因此,针对两种不同循环系统的净发电功率进行了详细的对比评价,并分析了不同工质对系统运行性能的影响。

　　针对 Kalina 循环和 ORC 两种循环方式,本节对 Kalina 循环系统(选用氨水浓度为 0.6、0.7 和 0.8 的三种工质)和 ORC 系统(采用了 R123、R245fa 和 R236fa 三种工质)进行了对比分析。

表 2-3 列出了不同热源温度和不同氨水浓度条件下,Kalina 循环系统所能达到的单位质量流量地热水的最大净发电功率。如表 2-3 所示,采用不同氨水浓度为工质的 Kalina 循环系统,其最大净发电功率所对应的循环系统压力并不相同。同一热源条件下,随着浓度的增加,压力逐渐增大。热源温度的升高,同样会导致压力的升高,因此这种循环形式的 Kalina 循环系统比较适合中低温发电,如热源形式有所变化,应可采用其他形式的 Kalina 循环系统。

表 2-3　氨水浓度对单位质量流量地热水的最大净发电功率的影响

单位: kW/kg

氨水浓度	90 ℃	100 ℃	110 ℃	120 ℃	130 ℃	140 ℃
0.6	2.079	5.602	10.19	15.81	20.83	30.06
0.7	2.161	5.767	10.39	16.12	22.76	30.47
0.8	2.346	6.128	10.98	16.85	23.79	31.8

如表 2-4 所示,在采用不同有机工质和不同热源温度的条件下,采用 R236fa 的 ORC 系统的最大净发电功率最大。对于这三种工质来说,R236fa 是最适合的一种工质。从表中可以看出,随着热源温度的升高,最大净发电功率的增加速率逐渐增大。以 R236fa 为例,热源温度为 100 ℃和 90 ℃时的单位质量流量地热水的最大净发电功率差值为 3.559 kW/kg,而 140 ℃和 130 ℃的最大净发电功率差值为4.13 kW/kg。

表 2-4　循环系统工质对单位质量流量地热水的最大净发电功率的影响

单位: kW/kg

种　类	90 ℃	100 ℃	110 ℃	120 ℃	130 ℃	140 ℃
R123	2.286	5.355	8.849	12.85	17.36	22.48
R236fa	2.605	6.164	10.18	14.82	19.64	23.77
R245fa	2.362	5.489	9.146	13.34	18.18	23.66

由表中数据可以看出,在热源温度为 90 ℃时,Kalina 循环系统的最大净发电功率略低于 ORC 系统,而热源温度高于 100 ℃时,Kalina 循环系统性能的优势越来越明显,随着热源温度的升高,最大净发电功率的差距越来越大。由此可以看出,Kalina 循环系统的性能在中低温领域要优于 ORC 系统。如热源温度为 130 ℃时,Kalina 循环系统(氨水浓度为 0.7)的单位质量流量地热水的最大净发电功率比 ORC 系统(采用 R236fa 工质)高出 16%。

2.5 全流式地热发电系统

全流式地热发电系统是专门针对以气液两相流体为工质开发的一种新型的、简单的发电形式。这种发电技术非常适用于地热气液两相流体,其技术关键在于提供一个可适用于气液两相工质的动力机。该循环发电系统的工质经过简单处理后直接通入全流式动力机进行膨胀做功,出口乏汽呈汽水混合两相状态,继而进入冷凝器成为液态,最后通过水泵将液态工质抽离冷凝器,这就是全流系统的完整热力循环。地热气液两相流体进入全流式动力机之前无须经过处理,因此能量利用率比较高,系统结构也比较简单。在全流循环的过程中,地热气液两相流体从进入动力机的状态膨胀做功到冷凝温度为止,工质的热量尽可能被用来进行发电。因此,相较于其他系统而言,全流式地热发电系统设备简单、热利用率高,具备较大的理论做功能力,在地热发电领域具有广阔的应用前景。

螺杆膨胀机可以作为全流式地热发电系统的动力机。由于中低温型的地热井内的流体主要为接近饱和水形态的气液两相流体,干度较低,难以满足对工质干度要求严格的汽轮机的要求。因此,将地热气液两相流体工质直接通入汽轮机做功以前必须经过一系列处理过程。然而,螺杆膨胀机对工质存在形式的要求却不高,其中的工作介质可以是气、液或者是气液混合物,因此,可以将地热水直接通入螺杆膨胀机,形成全流式地热发电系统。

2.5.1 全流式地热发电系统工作原理

全流式地热发电系统的基本结构如图 2-36 所示,包括一个热源(地热流体)、一个除沙装置、一台全流式动力机(螺杆膨胀机)、一台发电机,以及图中未显示的冷凝

器和冷凝水泵。地热田中的地热气液两
相流体从井中引出后首先经过一个除沙
装置净化。然后,高压汽水混合物进入
全流式动力机,完成热能转化为机械能
的过程,再将机械能经过发电机转变成
电能。同时,在全流式动力机中完成做
功过程的乏汽被导入冷凝器中进行冷
凝,冷凝后的工质被回灌入地热田。

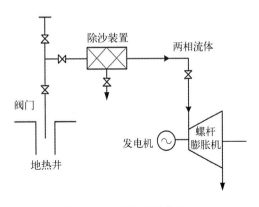

图 2－36　全流式地热发电
系统的基本结构

　1. 全流式地热发电系统的简化计
算模型

　　图 2－37 为由螺杆膨胀机组成的全流式地热发电系统示意图,图 2－38 为该系统
的温-熵($T-s$)图,数字为状态点。假设地热热源初始状态为饱和水态(图 2－37 和
图 2－38 中状态点 1),地热流体从热源(状态点 1)至螺杆膨胀机进口(状态点 2)为节
流过程,则状态点 1 与状态点 2 的焓值视为相同,在过程 1→2 中地热流体扩容降压使
工质流体具有一定干度。

$$h_1 = h_2 \tag{2-96}$$

式中, h_1 和 h_2 分别为状态点 1 和状态点 2 的焓值。

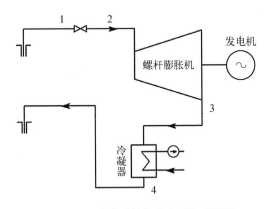

图 2－37　全流式地热发电系统示意图

图中 1~4 为状态点

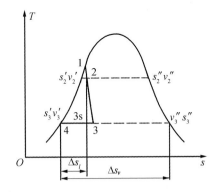

图 2－38　全流式地热发电系统的
温-熵($T-s$)图

　　过程 2→3 为地热流体在螺杆膨胀机内的膨胀做功过程,过程 2→3s 为等熵膨胀
做功过程,螺杆膨胀机膨胀做功输出功率计算公式为

$$P_s = \frac{Q_g}{3.6}(h_2 - h_{3s})\eta = \frac{Q_g}{3.6}(h_2 - h_3) \qquad (2-97)$$

式中，P_s 为螺杆膨胀机的输出功率；Q_g 为地热流体流量；h_2、h_{3s}、h_3 分别为图 2-38 中状态点 2、3s 及 3 的焓值；η 为螺杆膨胀机的内效率。

过程 3→4 为做完功后的地热流体在冷凝器中的冷凝过程，冷凝温度可按以下公式确定：

$$t_3 = t_{cin} + \Delta t_c + \delta t_c \qquad (2-98)$$

继而可以计算冷凝所需冷却水量和冷却水泵功耗：

$$Q_g(h_3 - h_4) = Q_c c_{pc}(t_{cout} - t_{cin}) \qquad (2-99)$$

$$P_c = \frac{9.8 Q_c H}{3\,600 \eta_{cp}} \qquad (2-100)$$

式中，t_3 为冷凝温度；t_{cin} 为冷却水进口温度；t_{cout} 为冷却水出口温度；δt_c 为冷却水温升；Δt_c 为冷却水出口温差；h_3、h_4 为状态点 3 和状态点 4 的焓值；c_{pc} 为冷却水的比热容；Q_c 为冷却水流量；H 为冷却水泵的扬程；η_{cp} 为冷却水泵的效率；P_c 为冷却水泵的功耗。

由图 2-38 可知，因为状态点 2 与状态点 1 的焓值相等，所以还需要确定状态点 2 的另一个热力参数，才可以确定状态点 2 的位置。这个热力参数一般可以是螺杆膨胀机进口热流体温度或干度。从图 2-38 可以看出，螺杆膨胀机进口温度降低，可以增加进口热流体干度，即图中的状态点 2 向右移动，相应的状态点 3s 也向右平移，使状态点 3s 的焓值增加。如果系统冷凝温度不变，从而使得螺杆膨胀机的理想焓降减少，做功能力下降。但是对于中低温饱和水热源，其焓值远小于相应温度下的汽化热，所以螺杆膨胀机进口热流体干度可提高的空间非常有限，对于螺杆膨胀机的理想焓降的影响则更小。以下推导是在假设螺杆膨胀机进口热流体干度增加时，其理想焓降不变，即做功能力保持不变。

在已知并确定螺杆膨胀机进口状态点 2 热力参数和冷凝温度的条件下，可以推导出螺杆膨胀机出口状态点 3 热力参数以及螺杆膨胀机膨胀比与进口热流体干度的关系式。

状态点 2 熵 s_2 与比容 ν_2 的计算式分别为

$$s_2 = s_2'(1 - x_2) + s_2'' x_2 \qquad (2-101)$$

$$\nu_2 = \nu_2'(1 - x_2) + \nu_2'' x_2 \qquad (2-102)$$

式中，x_2 表示状态点 2 的干度；s_2' 和 s_2'' 分别表示状态点 2 对应的饱和水及饱和蒸汽的熵；ν_2' 和 ν_2'' 分别表示状态点 2 对应的饱和水及饱和蒸汽的比容。

状态点 3 熵 s_3 与比容 ν_3 的计算式分别为

$$s_3 = s_3'(1 - x_3) + s_3''x_3 \qquad (2-103)$$

$$\nu_3 = \nu_3'(1 - x_3) + \nu_3''x_3 \qquad (2-104)$$

式中，x_3 表示状态点 3 的干度；s_3' 和 s_3'' 分别表示状态点 3 对应的饱和水及饱和蒸汽的熵；ν_3' 和 ν_3'' 分别表示状态点 3 对应的饱和水及饱和蒸汽的比容。

s_2 与 s_3 有如下关系：

$$s_2 + \Delta s = s_3 \qquad (2-105)$$

式中，Δs 表示实际膨胀过程的熵增。而一般有 $\left| \dfrac{\Delta s}{s_2} \right| \ll 1$，可以忽略 Δs，即 $s_2 = s_3$。

由式（2-101）和式（2-103）得

$$x_3 = \frac{s_2' - s_3' + (s_2'' - s_2')x_2}{s_3'' - s_3'} \qquad (2-106)$$

由于膨胀比 $\gamma = \nu_3 / \nu_2$，则由式（2-102）和式（2-104）得

$$\gamma = \frac{\nu_3'(1 - x_3) + \nu_3''x_3}{\nu_2'(1 - x_2) + \nu_2''x_2} \qquad (2-107)$$

由于 $\dfrac{\nu_3'}{\nu_3''} \approx 0$ 及 $\dfrac{\nu_2'}{\nu_2''} \approx 0$，可将上式简化为

$$\gamma = \frac{s_2 - s_3'}{\dfrac{\nu_2''}{\nu_3''}x_2(s_3'' - s_3')} = \frac{\Delta s_l}{\dfrac{\nu_2''}{\nu_3''}x_2\Delta s_\nu} \qquad (2-108)$$

同时要假设 $x_2 \gg \dfrac{\nu_2'}{\nu_2''}$，$x_3 \gg \dfrac{\nu_3'}{\nu_3''}$，$\gamma = \dfrac{s_2 - s_3'}{\dfrac{\nu_2''}{\nu_3''}x_2(s_3'' - s_3')} = \dfrac{\Delta s_l}{\dfrac{\nu_2''}{\nu_3''}x_2\Delta s_\nu}$，

很显然 $\dfrac{\partial \gamma}{\partial x_2} < 0$，即随着螺杆膨胀机进口热流体干度的增加，其膨胀比在减小。因为螺杆膨胀机内效率和膨胀比存在一定的关联，即随着膨胀比由小到大，螺杆膨胀

机内效率一般会先增大后减小,所以存在一个合适的膨胀比范围,使得螺杆膨胀机内效率达到最大。因此,可以通过上述公式的计算,选择合适的螺杆膨胀机进口参数,从而使得全流式地热发电系统的螺杆膨胀机运行在最佳状态下,并使其输出功率最大。

2. 全流式地热发电系统性能指标

对于给定热源温度与流量的全流式地热发电系统,将净发电功率与㶲效率作为系统性能指标更合适。净发电功率反映系统对热源能量的回收程度,是机组经济性的重要指标。㶲效率通过不可逆损失解释对热源的有效利用程度,计算过程中涉及的环境温度和压力分别选取 298.15 K 及 0.101 MPa。

净发电功率 W_{net} 和㶲效率 η_{ex} 的计算公式分别如下:

$$W_{net} = W_t \eta_m \eta_g - W_{cw} \qquad (2-109)$$

$$\eta_{ex} = \frac{W_{net}}{m_{gw} e_o} \qquad (2-110)$$

式中,W_t 为螺杆膨胀机的输出功率;η_m 和 η_g 分别为螺杆膨胀机的机械效率和发电机效率;W_{cw} 为循环冷却水泵功耗;W_{net} 为系统净发电功率;m_{gw} 为地热流体的质量流量;e_o 为地热井出口地热流体比㶲。

热源温度升高,系统的输入㶲也会随之增大,系统净发电功率及㶲效率不能完全反映系统各个环节或组成部件在不同热源温度下的热力性能,所以需同时计算出系统各部件的单位净功㶲损失分布,计算公式见表2-5。

表2-5 单位净功㶲损失计算公式表

㶲损失项	单位净功㶲损失计算公式	公式序号
节 流	$I_f = \dfrac{-m_{gw} T_0 (s_{in} - s_{out})}{W_{net}}$	(2-111)
螺 杆膨胀机	$I_s = \dfrac{m_{gw} [(h_{in} - h_{out}) - T_0 (s_{in} - s_{out})] - W_t}{W_{net}}$	(2-112)
冷却水泵	$I_{pc} = \dfrac{m_{cw} [(h_{in} - h_{out}) - T_0 (s_{in} - s_{out})] + W_{cw}}{W_{net}}$	(2-113)
排 热	$I_e = \dfrac{h - h_0 - T_0 (s - s_0)}{W_{net}}$	(2-114)

表 2-5 中，m_{gw} 表示地热流体的质量流量；T_0 表示环境温度；s_{in}、s_{out} 分别表示进口与出口的熵；h_{in}、h_{out} 分别表示进口及出口的焓值；W_t 表示螺杆膨胀机的输出功率；m_{cw} 表示冷却水流量；W_{cw} 表示循环冷却水泵功耗；h 和 s 分别表示排热流体的焓值和熵；h_0 和 s_0 分别表示环境条件下流体的焓值与熵。

2.5.2　全流式气液两相系统热力特性

全流式地热发电系统不同于传统的蒸汽发电形式，其工作介质为气液两相流体，所以其关键部件为适合于气液两相工质做功的容积式动力机。虽然全流式地热发电系统的原理及结构非常简单，但是，气液两相工质在动力机中的变化过程很复杂，目前也没有完整的理论分析。因此，通过建立热力学模型分析气液两相流体在容积式动力机中的工作过程及状态参数变化，并对做功过程中的损失、做功效率及影响因素进行分析，可为提高全流式动力机的工作效率提供理论依据。

1. 工作过程热力特性分析

以下在分析气液两相流体的工作过程中，忽略引起做功量变化的各种损失。气液两相流体在容积式动力机中膨胀推动动力机做功的主要介质是两相流体中的气相介质，液相介质的膨胀作用可以忽略。然而，随着做功过程压力的降低，会有部分液相介质转变为气相，因此，做功过程中两相流体的干度是随着过程的进行不断变化的。

根据假设条件，已知理想气体状态方程为

$$pV = mR_g T \qquad (2-115)$$

因而，对于膨胀过程中的任意一点有如下关系：

$$p_i V_i = m_i R_g T_i \qquad (2-116)$$

$$p_{i-1} V_{i-1} = m_{i-1} R_g T_{i-1} \qquad (2-117)$$

式中，m_{i-1} 与 m_i 分别表示在状态点两相流体中的水蒸气的质量。联立可以得出

$$\frac{p_i}{p_{i-1}} \frac{V_i}{V_{i-1}} = \frac{x_i}{x_{i-1}} \frac{T_i}{T_{i-1}} \qquad (2-118)$$

由于从状态点 $i-1$ 到状态点 i，膨胀起始点状态相同，m_i 与 $\Delta m = m_i - m_{i-1}$ 的膨胀体积大小成比例，有

$$\frac{V_i - \Delta V}{\Delta V} = \frac{m_{i-1}}{\Delta m} = \frac{x_{i-1}}{\Delta x} \tag{2-119}$$

式中，ΔV 表示 Δm 的蒸汽膨胀到状态点 i 所占的体积。因而有

$$\Delta V = \frac{\Delta x}{x_{i-1} + \Delta x} V_i = \frac{\Delta x}{x_i} V_i \tag{2-120}$$

根据绝热过程的热力特性 $p_{i-1} V_{i-1}^\gamma = p_i (V_i - \Delta V)^\gamma$，可得

$$\frac{T_i}{T_{i-1}} = \frac{p_i}{p_{i-1}} \frac{V_i}{V_{i-1}} \frac{x_{i-1}}{x_i} = \left(\frac{V_{i-1}}{V_i}\right)^{\gamma-1} \left(\frac{x_i}{x_{i-1}}\right)^{\gamma-1} \tag{2-121}$$

根据已知，$1, 2, 3, \cdots, n$ 各点是按照总体积进行均分的状态点，因而

$$V_i = \frac{V_n - V_1}{n} i + V_1 = \left[\frac{(\varepsilon - 1) i}{n} + 1\right] V_1 \tag{2-122}$$

$$V_{i-1} = \frac{V_n - V_1}{n} (i - 1) + V_1 = \left[\frac{(\varepsilon - 1) \cdot (i - 1)}{n} + 1\right] V_1 \tag{2-123}$$

将式(2-122)、式(2-123)代入式(2-121)，可得

$$\frac{T_i}{T_{i-1}} = \left[\frac{(\varepsilon - 1)(i - 1) + n}{(\varepsilon - 1) i + n}\right]^{\gamma-1} \left(\frac{x_i}{x_{i-1}}\right)^{\gamma-1} \tag{2-124}$$

将式(2-122)、式(2-123)代入绝热公式，有

$$\frac{p_i}{p_{i-1}} = \left(\frac{V_{i-1}}{V_i - \Delta V}\right)^\gamma = \left(\frac{V_{i-1}}{V_i}\right)^\gamma \left(\frac{x_i}{x_{i-1}}\right)^\gamma$$

$$= \left[\frac{(\varepsilon - 1)(i - 1) + n}{(\varepsilon - 1) i + n}\right]^\gamma \left(\frac{x_i}{x_{i-1}}\right)^\gamma \tag{2-125}$$

式中，x_i 可由 $s_i = s' + x_i (s'' - s')$ 依次推出 $(s_i = s_0)$：

$$x_i = \frac{s_i - s'}{s'' - s'} = \frac{s_0 - s'}{s'' - s'} \tag{2-126}$$

根据以上数学推导过程，可得到在膨胀做功过程中，两相流体的干度、温度、压力的变化趋势。以下通过一个实例按上述模型计算分析气液两相工质在螺杆膨胀机中做功过程的热力特性，具体参数数值如表 2-6 所示。

表 2-6　螺杆膨胀机中两相流体计算参数表

参　　　　数	参　数　值
螺杆膨胀机进口工质压力 p_0/MPa	0.7
螺杆膨胀机进口工质温度 T_0/K	438.1
螺杆膨胀机进口工质干度 x_0	0.1
工质质量流量 m_0/(kg/s)	17.36
螺杆膨胀机膨胀比 γ	4
螺杆膨胀机计算模型划分格数 n	50

　　根据给定条件和全流式动力机气液两相流体的热力计算模型,可以得到气液混合工质的干度、压力、温度随着动力机做功过程的变化趋势,图 2-39 为两相流体膨胀做功过程介质干度的变化,两相流体干度随着膨胀过程压力降低体积增大而变大,为非线性函数,增大程度逐渐减小。在此过程中一部分液态水会释放出蒸汽,从而增强两相流体的做功能力。图 2-40 为两相流体膨胀做功过程介质温度的变化,图 2-41 为两相流体膨胀做功过程介质压力的变化,温度和压力的变化都是随着膨胀过程逐渐减小的。压力变化过程图中显示了两条曲线,分别是迭代过程开始与结束后的压力变化曲线,两者在尾端趋近一致。

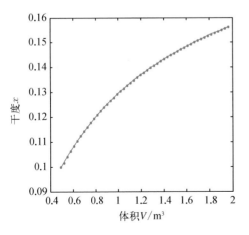

图 2-39　两相流体膨胀做功过程
介质干度的变化

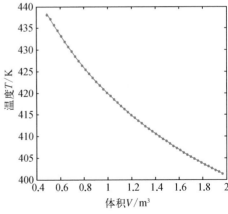

图 2-40　两相流体膨胀做功过程
介质温度的变化

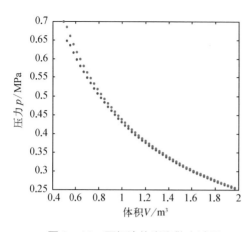

图2-41　两相流体膨胀做功过程
介质压力的变化

2. 气液两相系统损失分析

气液两相流体做功过程中的系统损失主要为泄漏损失与动力损失。

（1）泄漏损失

泄漏损失的产生是由于转子之间、转子和机壳之间及零部件的承接处存在间隙，根据泄漏工质的去向可将其分为内泄漏损失和外泄漏损失两类。前者是由于螺杆齿顶接触线存在间隙，前后压差驱动流体向后段流动并与膨胀后的焓值较低的工质相混合，从而提高了排气状态点的焓值，降低了工质的做功能力。后者是由于不与主气流结合，对工质的焓值没有影响，但是会降低动力机中真正做功工质的流量，从而影响回收功和制冷量。图2-42为螺杆膨胀机工作时结合动力损失和泄漏损失影响的焓-熵图，点1为进气状态点，如果工质做功过程无损失，则气体按等熵膨胀至排气状态点2s；但在做功过程中由于有动力损失，使排气状态点焓值升高到达点2；如果还有泄漏损失，则气流在排气口与泄漏气体混合，排气状态点焓值升高到达点3。

在泄漏面积一定的情况下，泄漏大小主要取决于泄漏间隙前后的压差及泄漏工质本身的性质。泄漏过程中仅考虑沿程损失，由于在通道内水蒸气的体积要远大于液态水的体积，给定条件下工质以气态为主，因此，将泄漏过程中的气液两相流体通过均相模型进行描述。

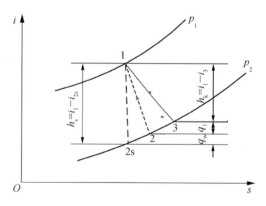

图2-42　螺杆膨胀机工作时结合动力损失
和泄漏损失影响的焓-熵图

（2）动力损失

由于相对于沿程阻力损失，在螺杆膨胀机中的进、排气损失和鼓风损失很小，因此，动力损失主要为流动损失，即沿程阻力损失。计算多相流体管内摩阻压降时，可以根据不同流型的流动特点采用有针对性的计算方法。研究分析有些流型时,只用考虑流道壁面与多相流体其中一相之间的作用关系式,例如分散气泡流和雾状流;但在环状流、分层流等两相间存在明显分界面且相互接触的连续相的流动情况下,除了考虑上述相互作用外还需要用到连续相界面上的相互作用。很多学者认为,经分析证明,单相流体管中计算管壁与其所接触的流体间的沿程摩阻系数的方式方法适用于多相流体管中气液相与流道壁间系数的计算。而分析两连续相分界面之间作用情况时,通常只能根据以往的经验或半经验法来取得沿程摩阻系数。由于我国对多相流体的研究开始时间稍晚,目前来说,主要都是依托于单相流体中关于沿程摩阻的计算方法,建立在将多相流体中的每一相都视为牛顿流体的假设基础上。

两相流工质在全流式动力机中的流动过程可以简化为均相流模型,两相流体视为牛顿流体,因此可以沿用单相流体中的公式方法得到多相流工质与流道壁间的沿程摩阻系数。根据流体流动的雷诺数,可将流体的流动区域简要分为几种:层流区、水力光滑区、混合摩擦区和水力粗糙区,从而得到各区域中的沿程摩阻系数计算公式。

上面介绍了全流式动力机中的主要损失为泄漏损失和动力损失。为了分析影响这两种损失的主要因素,现以汽水混合物为例,进一步对泄漏损失和动力损失进行推导,主要分析泄漏损失与动力损失在总损失中的占比。

已知泄漏损失的质量流量为

$$Q_{m} = \frac{Ad^{2}\Delta p_{f}}{32l} \cdot \frac{\beta\rho_{g} + (1-\beta)\rho_{l}}{\beta\mu_{g} + (1-\beta)\mu_{l}} \qquad (2-127)$$

式中,A 为泄漏面积;β 为干蒸汽的体积比;l 为泄漏通道长度。因此,因泄漏损失的质量流量而产生的泄漏损失为

$$h_{1} = Q_{m}(h_{0} - h_{n}) \qquad (2-128)$$

动力损失是工质在流道内流动而产生的损失,计算公式为

$$h_{f} = \lambda\frac{l_{f}}{d_{f}}\frac{v^{2}}{2g} \qquad (2-129)$$

因此有

$$\frac{h_{1}}{h_{f}} = \frac{Ad^{2}\Delta p_{f}}{16l} \cdot \frac{gd_{f}}{\lambda l_{f}v^{2}} \cdot \frac{\beta\rho_{g} + (1-\beta)\rho_{l}}{\beta\mu_{g} + (1-\beta)\mu_{l}} \cdot (h_{0} - h_{n}) \qquad (2-130)$$

其他条件不变的情况下,随着干度 x 的增大,β 变大,比值也不断变大。此外,泄漏损失与动力损失在总损失中的占比如下。

① 泄漏损失的占比

$$\zeta_1 = \frac{h_1}{h} = \frac{Q_m}{Q} = \frac{Ad^2 \Delta p_f}{32 Q l} \cdot \frac{\beta \rho_g + (1-\beta)\rho_1}{\beta \mu_g + (1-\beta)\mu_1} \tag{2-131}$$

② 动力损失的占比

$$\zeta_f = \frac{h_f}{h} = \frac{\lambda l_f v^2}{2 g d_f Q (h_0 - h_n)} \tag{2-132}$$

3. 影响因素分析

(1) 转速(1 000~3 000 r/min)

螺杆膨胀机转速增大,工质流速 v 增大,总流量 Q 增多,泄漏损失占比减小。在水力光滑区,螺杆膨胀机转速增大,雷诺数变大,λ 减小,动力损失 h_f 增加,动力损失占比增加。

(2) 泄漏间隙

泄漏间隙 d 变大,泄漏损失与动力损失占比均变大。在总流量与流道面积不变的情况下,流过流道的流量减小,因此,流速减小,动力损失与动力损失占比均减小。

(3) 工质物性

物性对损失的影响体现在泄漏损失的质量流量上,当工作介质的物性参数 $\mu_1 \rho_g > \mu_g \rho_1$,$\frac{\partial Q_m}{\partial \beta} > 0$,即随着干度 x 的增加,β 上升,泄漏损失的质量流量增加;反之,当工作介质的物性参数 $\mu_1 \rho_g < \mu_g \rho_1$,$\frac{\partial Q_m}{\partial \beta} < 0$,即随着干度 x 的增加,β 上升,泄漏损失的质量流量减小。

(4) 进出口压力

进口压力变大或出口压力变小,都会使得压差 Δp_f 变大,在其他条件不变的情况下,压差变大,泄漏损失的质量流量增大,泄漏损失增大。

2.5.3 全流式地热发电系统优化与改进方案

最大限度降低地热流体回灌温度是高效利用地热资源的关键。全流式发电技术可以将地热水的回灌温度降低到冷凝温度。对于高温饱和地热水,为了使地热流体膨胀满足容积式动力机高效率有限的膨胀比要求,地热流体必须经过闪蒸,达到一定干度。然而根据分析,闪蒸节流损失会随着地热流体的温度升高而增大,并且逐渐成为最主要的㶲损失,当地热流体温度达到130 ℃时,全流式发电技术相比较于ORC发电技术就已经没有优势。

将全流式发电技术与ORC发电技术相结合的双级式地热发电系统(以下简称双级式系统)则可以有效地解决高温热源引起的地热流体膨胀比过高的问题。将地热流体分为两级,分别为高温段和低温段。高温段作为双级式系统的第一级的热源,用于加热ORC系统,以有机工质在动力机中膨胀做功,以此驱动发电机转动发电;而低温段,也就是第一级蒸发器排出的热水,作为第二级的热源,以全流式发电方式对其热能进行回收利用,由于全流式发电技术对低温热源仍具有较高的㶲效率的特点,使这种串联形成的双级式系统可以很好地发挥全流式地热发电系统的优势。

在全流式地热发电系统优化与改进方案中讨论三种双级式系统流程,分别为常规式双级系统、过热式双级系统及过热-回热式双级系统。通过建立有机朗肯循环与全流式发电方式串联的双级式地热发电系统模型,依据热力学第一定律与第二定律,对常规式双级系统、过热式双级系统及过热-回热式双级系统三种双级式系统于130~150 ℃热源的性能表现进行评价,再将双级式系统与单级式系统进行性能比较,对比优势,可以为工程上全流式地热发电系统的优化设计提供理论指导。

1. 双级式系统基本模型

三种双级式系统流程图如图2-43所示,分别为常规式双级系统、过热式双级系统及过热-回热式双级系统。

图2-43(a)为常规式双级系统。地热流体首先经过蒸发器将有机工质加热为饱和蒸汽,有机工质的饱和蒸汽在螺杆膨胀机中膨胀做功,带动发电机发电,乏汽经过冷凝器、工质泵再继续输送到蒸发器中,如此形成一个循环,这部分称为双级式系统的第一级。第一级蒸发器排出的地热水仍然具有一定温度,将其闪蒸后作为热源,采用全流式发电技术,直接通入螺杆膨胀机中膨胀做功,螺杆膨胀机排出的乏汽通入混合式冷凝器中冷凝成饱和水再回灌入地热井,这一部分称为双级式系统的第二级。

图2-43(b)为过热式双级系统,与常规式双级系统不同的是,过热式双级系统的第一级中,有机工质在蒸发器中蒸发成饱和蒸汽后再进入过热器过热到一定温度,这

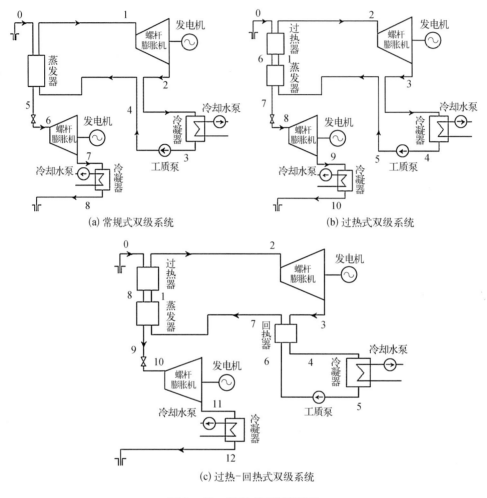

图2-43　双级式系统流程图

样可以增加工质的吸热量,减少工质流量,蒸发器预热段有机工质吸收的热量也会减少,蒸发器排出的地热水温度可以得到一定提升,以便在第二级的全流式地热发电系统中更好利用。

图2-43(c)为过热-回热式双级系统。第一级的 ORC 系统中,有机工质依次经过蒸发器、过热器蒸发过热,再进入螺杆膨胀机中膨胀做功。与过热式双级系统不同的是,过热-回热式双级系统排出的乏汽经过回热器回收过热状态乏汽的显热,以此提高第一级 ORC 系统的热效率,工质在预热段吸收的热量也会相应减少,进而提高了第一级蒸发器的排水温度,使第二级的全流式地热发电系统更好地发挥其性能。

2. 双级式系统评价指标

由于三种双级式系统冷凝温度均相等,所以分析热源温度在 $130 \sim 150\ ℃$ 的性能表现时,以系统净发电功率、热效率及㶲效率作为系统的评价指标较为合适。

质量、能量及㶲平衡方程是计算系统评价指标的基础,三者的表达式分别如下:

$$\sum m_{\text{in}} = \sum m_{\text{out}} \tag{2-133}$$

$$Q - W = \sum m_{\text{out}} h_{\text{out}} - \sum m_{\text{in}} h_{\text{in}} \tag{2-134}$$

$$E_{\text{heat}} - W = \sum m_{\text{out}} e_{\text{out}} - \sum m_{\text{in}} e_{\text{in}} + \Delta E \tag{2-135}$$

式中, Q 、 W 及 E_{heat} 分别表示系统输入热量、输出功及输入㶲; ΔE 表示系统㶲损失; m 、 h 及 e 分别表示工质的质量流量、焓值及比㶲;下标 in 与 out 分别表示进口与出口。

双级式系统净发电功率为螺杆膨胀机输出功率与泵的功耗之差,表达式如下:

$$W_{\text{net}} = W_{\text{net1}} + W_{\text{net2}} \tag{2-136}$$

$$W_{\text{net1}} = W_{\text{t1}} - W_{\text{p1}} - W_{\text{p, cw1}} \tag{2-137}$$

$$W_{\text{net2}} = W_{\text{t2}} - W_{\text{p, cw2}} \tag{2-138}$$

式中, W_{net} 为双级式系统净发电功率; W 为螺杆膨胀机输出功率; W_{p} 与 $W_{\text{p, cw}}$ 分别表示工质泵与冷却水泵功耗;下标 1 和 2 分别表示第一级与第二级。

三种双级式系统的循环净功 $W_{\text{net, a}}$ 、 $W_{\text{net, b}}$ 和 $W_{\text{net, c}}$ 分别为

$$W_{\text{net, a}} = m_{\text{f}}(h_1 - h_2)\eta_{\text{m}}\eta_{\text{g}} + m_{\text{gw}}(h_6 - h_7) - \frac{m_{\text{f}}(p_4 - p_3)\bar{v}}{\eta_{\text{p1}}}$$
$$- \frac{m_{\text{c1}} \times 9.8 \times H_1}{1\,000\eta_{\text{c1}}} - \frac{m_{\text{c2}} \times 9.8 \times H_2}{1\,000\eta_{\text{c2}}} \tag{2-139}$$

$$W_{\text{net, b}} = m_{\text{f}}(h_1 - h_2)\eta_{\text{m}}\eta_{\text{g}} + m_{\text{gw}}(h_8 - h_9) - \frac{m_{\text{f}}(p_5 - p_4)\bar{v}}{\eta_{\text{p1}}}$$
$$- \frac{m_{\text{c1}} \times 9.8 \times H_1}{1\,000\eta_{\text{c1}}} - \frac{m_{\text{c2}} \times 9.8 \times H_2}{1\,000\eta_{\text{c2}}} \tag{2-140}$$

$$W_{\text{net, c}} = m_{\text{f}}(h_1 - h_2)\eta_{\text{m}}\eta_{\text{g}} + m_{\text{gw}}(h_{10} - h_{11}) - \frac{m_{\text{f}}(p_6 - p_5)\bar{v}}{\eta_{\text{p1}}}$$
$$- \frac{m_{\text{c1}} \times 9.8 \times H_1}{1\,000\eta_{\text{c1}}} - \frac{m_{\text{c2}} \times 9.8 \times H_2}{1\,000\eta_{\text{c2}}} \tag{2-141}$$

式中，$W_{net,a}$、$W_{net,b}$ 及 $W_{net,c}$ 分别表示常规式双级系统循环净功、过热式双级系统循环净功及过热-回热式双级系统循环净功；m 表示质量流量；下标 f、gw、c1 及 c2 分别表示有机工质、地热流体、第一级冷却水和第二级冷却水；p 表示压力，下标 3、4、5、6 分别表示对应的状态点；$\bar{v}$ 表示工质在工质泵中增压过程的平均比容；H 表示扬程，下标 1 和 2 分别表示第一级和第二级；η 表示工质泵或冷却水泵效率，下标 p、c 分别表示工质泵和冷却水泵，1 和 2 分别表示第一级和第二级。

系统热效率反应系统将输入热能转化为输出功的能力，可用下式表达：

$$\eta_{th} = \frac{W_{net}}{m_{gw}(h_0 - h')} \tag{2-142}$$

式中，W_{net} 表示系统净发电功率；m_{gw} 表示地热流体质量流量；h_0 与 h' 分别表示地热流体进口焓值与出口焓值。

根据图 2-43，三种系统的热效率具体计算公式分别为

$$\eta_{th,a} = \frac{m_{wf}(h_1 - h_2)\eta_m\eta_g + m_{gw}(h_6 - h_7) - \dfrac{m_{wf}(p_4 - p_3)\bar{v}}{\eta_p} - \dfrac{m_{c1} \times 9.8 \times H_1}{1\,000\eta_{c1}} - \dfrac{m_{c2} \times 9.8 \times H_2}{1\,000\eta_{c2}}}{m_{gw}(h_0 - h_8)} \tag{2-143}$$

$$\eta_{th,b} = \frac{m_{wf}(h_1 - h_2)\eta_m\eta_g + m_{gw}(h_8 - h_9) - \dfrac{m_{wf}(p_5 - p_4)\bar{v}}{\eta_p} - \dfrac{m_{c1} \times 9.8 \times H_1}{1\,000\eta_{c1}} - \dfrac{m_{c2} \times 9.8 \times H_2}{1\,000\eta_{c2}}}{m_{gw}(h_0 - h_{10})} \tag{2-144}$$

$$\eta_{th,c} = \frac{m_{wf}(h_1 - h_2)\eta_m\eta_g + m_{gw}(h_{10} - h_{11}) - \dfrac{m_{wf}(p_6 - p_5)\bar{v}}{\eta_p} - \dfrac{m_{c1} \times 9.8 \times H_1}{1\,000\eta_{c1}} - \dfrac{m_{c2} \times 9.8 \times H_2}{1\,000\eta_{c2}}}{m_{gw}(h_0 - h_{12})} \tag{2-145}$$

式中，$\eta_{th,a}$、$\eta_{th,b}$ 和 $\eta_{th,c}$ 分别表示常规式双级系统、过热式双级系统及过热-回热式双级系统的热效率。

系统㶲效率反映系统对可用能的利用情况，可用下式表示：

$$\eta_{ex} = \frac{W_{net}}{m_{gw} e_0} \qquad (2-146)$$

$$e_0 = h_0 - h_{amb} - T_{amb}(s_0 - s_{amb}) \qquad (2-147)$$

式中，e_0 及 s_0 分别表示进口 0 点的比㶲与比熵；h_0 表示 0 点的焓值；T_{amb}、h_{amb} 及 s_{amb} 分别表示环境温度、环境条件的焓值及比熵。

根据图 2-43，三种系统的㶲效率具体计算公式分别为

$$\eta_{ex,a} = \frac{m_{wf}(h_1 - h_2)\eta_m\eta_g + m_{gw}(h_6 - h_7) - \dfrac{m_{wf}(p_4 - p_3)\bar{v}}{\eta_p} - \dfrac{m_{c1} \times 9.8 \times H_1}{1\,000\eta_{c1}} - \dfrac{m_{c2} \times 9.8 \times H_2}{1\,000\eta_{c2}}}{m_{gw}[h_0 - h_{amb} - T_{amb}(s_0 - s_{amb})]} \qquad (2-148)$$

$$\eta_{ex,b} = \frac{m_{wf}(h_1 - h_2)\eta_m\eta_g + m_{gw}(h_8 - h_9) - \dfrac{m_{wf}(p_5 - p_4)\bar{v}}{\eta_p} - \dfrac{m_{c1} \times 9.8 \times H_1}{1\,000\eta_{c1}} - \dfrac{m_{c2} \times 9.8 \times H_2}{1\,000\eta_{c2}}}{m_{gw}[h_0 - h_{amb} - T_{amb}(s_0 - s_{amb})]} \qquad (2-149)$$

$$\eta_{ex,c} = \frac{m_{wf}(h_1 - h_2)\eta_m\eta_g + m_{gw}(h_{10} - h_{11}) - \dfrac{m_{wf}(p_6 - p_5)\bar{v}}{\eta_p} - \dfrac{m_{c1} \times 9.8 \times H_1}{1\,000\eta_{c1}} - \dfrac{m_{c2} \times 9.8 \times H_2}{1\,000\eta_{c2}}}{m_{gw}[h_0 - h_{amb} - T_{amb}(s_0 - s_{amb})]} \qquad (2-150)$$

式中，$\eta_{ex,a}$、$\eta_{ex,b}$ 和 $\eta_{ex,c}$ 分别表示常规式双级系统、过热式双级系统及过热-回热式双级系统的㶲效率；s 表示熵，下标 amb 表示环境状态下对应的值；T_{amb} 表示环境温度。

通过以上计算分析，可以得到：双级式系统㶲损失主要在蒸发器、螺杆膨胀机与冷凝器，螺杆膨胀机的㶲损失主要取决于螺杆膨胀机的热效率，减少这部分㶲损失需要设计出更高效的螺杆膨胀机。蒸发器与冷凝器的㶲损失可以通过优化系统结构与布置的方式来减少；过热-回热式双级系统的发电性能明显优于 ORC 系统或全流式地热发电系统，过热-回热式双级系统不仅减少第一级系统的㶲损失，同时还提升蒸发器排水温度用于第二级全流式地热发电系统发电，实现 ORC 发电技术与全流式发

电技术的优势互补,增加系统对地热能的利用率。

参考文献

[1] DiPippo R. Geothermal power plants: Principles, applications, case studies and environmental impact[M]. Amsterdam: Butterworth-Heinemann, 2012.

[2] Watson A. Geothermal engineering: Fundamentals and applications [M]. New York: Springer, 2013.

[3] Lu X L, Zhao Y Y, Zhu J L, et al. Optimization and applicability of compound power cycles for enhanced geothermal systems[J]. Applied Energy, 2018, 229: 128 – 141.

[4] Zhu J L, Hu K Y, Zhang W, et al. A study on generating a map for selection of optimum power generation cycles used for enhanced geothermal systems[J]. Energy, 2017, 133, 502 – 512.

[5] 骆超,马伟斌,龚宇烈.两级地热发电系统热力学性能比较[J].可再生能源,2013,31(10):80 – 85.

[6] 骆超,马春红,刘学峰,等.两级闪蒸和闪蒸-双工质地热发电热力学比较[J].科学通报,2014,59(11):1040 – 1045.

[7] 王心悦.全流式螺杆膨胀机气液两相热力特性研究[D].上海:上海交通大学,2014.

[8] 赵军.中低温热源汽液两相螺杆膨胀机发电系统性能研究[D].上海:上海交通大学,2016.

[9] 李太禄.中低温地热发电有机朗肯循环热力学优化与实验研究[D].天津:天津大学,2013.

[10] 付文成.中低温地热能双吸收 Kalina 循环系统热力学优化与实验研究[D].天津:天津大学,2013.

第 3 章

热力循环系统的仿真优化与工质替代

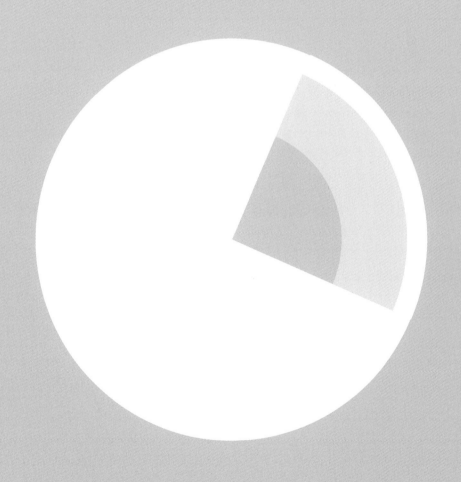

3.1 热力循环系统的仿真与优化

3.1.1 热力循环系统的仿真与优化的概念

热力循环系统的仿真与优化是指用代表热力循环的数学模型模拟真实的实验系统,从而获得最佳运行条件。热力循环系统应用领域广泛,并且系统结构从简单到复杂,种类繁多。实际生产中,如果每一种系统设计时都直接用真实的系统进行试验验证,往往不经济或者不安全,有时甚至很难做到或者没有意义。因此,在实际中通常用数学模型代替真实的系统进行仿真运算,从而获得最优运行条件。

系统仿真过程可以概括为以下三个要素:系统,数学模型,仿真平台。系统和数学模型之间的关系称为建模;数学模型和仿真平台之间的关系称为仿真。三者之间的关系如图 3-1 所示。其中,系统就是要研究的热力系统。

图 3-1 系统仿真过程三要素以及它们之间关系

仿真平台是以现代高速运算的计算机、网络设备和多媒体为基础,人为建立的、用于模拟实际运行装置的机器,同时也是数学模型模拟软件运转的硬件环境。一般简单的热力循环过程用普通计算机就可以满足要求,但是当系统过程较复杂时,需要用具备特殊能力的计算机,以便更加准确地模拟系统的真实运行结果。

数学模型是根据实际的热力循环过程,在合理假设下,建立的用于描述系统的数学表达式。根据该数学表达式,可以生成同实际运行系统相同的数据。数学模型通常需要建立在一定的假设条件下,以此来对系统进行简化。常用的数学描述有代数方程、微分方程或状态方程。

建模过程就是对实际的热力循环过程进行抽象、简化,然后建立数学模型的过程,仿真计算就是对数学模型进行求解,获得我们关注的温度、压力、流量值,从而达到模拟系统的目的。

　　建立数学模型主要有以下两种方法：① 根据物理规律,直接列出系统中各个物理量之间的动力学方程,通常用微分方程表示,然后再对微分方程进行整理和变换,最终获得需要的数学表达式。常见的数学表达式有高阶微分方程、一阶微分方程、状态方程、传递函数等,这些表达式都可以通过列出的原始微分方程进行整理和变换获得。② 利用实验方法,首先给予系统一定的信号,然后测量系统的输出参数值和输入参数值,之后处理输入和输出数据,获得两者之间的关系,从而求得一种数学表达式。如果该数学表达式能够很好地表达输入和输出之间的关系,则该数学表达式即为该系统的数学模型。

　　热力循环系统仿真过程是一项复杂的系统过程,必须遵守正确的研究步骤。以下是系统仿真优化的一般步骤。

　　(1) 系统数学描述,定义优化目标,选择适合的仿真方法。首先分析所要仿真的热力学过程,确定需要仿真的范围和精度,然后根据已有的条件确定仿真优化目标,选择合适的仿真优化平台及仿真方法,制订详细的优化方案。

　　(2) 建立系统的数学模型。在充分考虑热力循环系统的优化目标和精度要求的前提下,建立系统的数学模型,其中单个设备数学模型的复杂程度取决于其对整个系统数学模型的影响程度。

　　(3) 系统仿真模型的建立,即根据所采用的仿真优化平台的要求,将抽象的数学模型转换成计算机能够处理的表达式,可以根据需要用仿真语言自己编写,也可以按照仿真软件的要求建立。

　　(4) 仿真模型的确认和验证。此步骤对于系统的整个仿真过程至关重要,通常包括专家咨询、历史数据比较和试验验证三个阶段。其中模型试验验证过程需要经过仔细的设计,才能在达到验证目的同时,减少试验成本。

　　(5) 仿真结果分析,主要是通过之前建立的数学模型对系统进行仿真试验,然后对仿真获得的结果进行分析和处理。仿真的目的是更好地服务于实际需要,因此仿真结果的表达过程一般用简单明了的表格和曲线图进行表示,方便将仿真结果和试验数据进行对比,同时对系统进行分析。

3.1.2　热力循环系统仿真模型

　　热力循环系统仿真模型包括蒸发器模型和冷凝器模型。

1. 蒸发器模型

蒸发器作为热力循环装置中的高温换热器,其作用是与热源进行热量交换,从热源中吸取热量,从而获得高温高压热蒸汽。

有机工质在蒸发器内的换热主要是相变换热,从而利用有机工质的相变潜热。通常,有机工质以过冷态进入蒸发器,逐渐吸热蒸发,最后以饱和气体或者过热气体状态离开蒸发器。但是当蒸发器面积过小,或者有机工质流量较多时,蒸发器出口可能不会过热。若工质轻微地未饱和,不会对膨胀机的运行造成影响,但是当蒸发器出口的有机工质严重不饱和,甚至有液滴出现时,就会造成液击或者膨胀机润滑油发泡等,影响膨胀机的安全运行。

非稳态运行条件下,蒸发器内有机工质的状态将随着时间的变化而变化。比如热力循环系统运行初始阶段,蒸发器内压力较低,系统启动后,热源对蒸发器内有机工质进行加热,在短时间内,蒸发器内压力迅速升高,然后逐渐趋于稳定。

有机工质在蒸发器内从液态到两相,然后再成为过热气体。在这一过程中,有机工质压力与蒸发温度相对应,因此,蒸发器的换热能力决定了蒸发压力。

① 三区模型

三区模型是指根据有机工质在蒸发器内的流动方向和换热状况的不同,将蒸发器分成三个区域内的一维换热模型。

a. 液体区:通常蒸发器进口的有机工质为过冷液体,在这个区域内过冷液体被加热成为饱和液体。

b. 两相沸腾区(又称两相区):在这个区域内,有机工质从热源吸热,由饱和液态蒸发相变为饱和气体。

c. 过热气体区:有机工质饱和气体继续被加热,成为过热气体。

图 3-2 为通常含有两相沸腾区和过热气体区的蒸发器内的温度分布示意图,通常可以采用分布参数建模方法进行分析。

② 微元模型

对于以上提到的每一个区域,分别采用集总参数模型。比如单相区

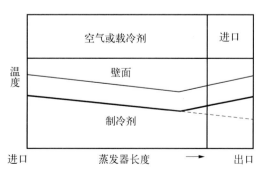

图 3-2　通常含有两相沸腾区和过热气体区的蒸发器内的温度分布示意图

域,由于参数变化小,容易获得其平均值,因此,可以用集总参数模型;两相区内参数变化较大,建议分割成多个一维分布参数模型。

图3-3为蒸发器两区模型示意图,可以将每个区域分成若干微元,在两相沸腾区,温度的变化同压降的变化相关,并且工质的焓值变化较大,因此,可以通过将焓差等分进行微元划分;在过热气体区,假设压力没有变化,则工质温度变化较大,可以通过将温度等分进行微元划分。图3-4为一基本微元。

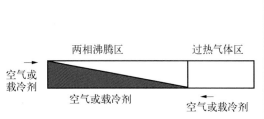

图3-3　蒸发器两区模型示意图　　　　图3-4　蒸发器微元示意图

a. 有机工质侧压降方程

两相区每一个微元内的压降可以用下面的公式表示:

$$\frac{p_1 - p_2}{L} = \frac{4fG_{wf}^2}{\rho_1 d_1} + \frac{G_{wf}^2}{L}\left(\frac{1}{\rho_2} - \frac{1}{\rho_1}\right) \tag{3-1}$$

式中,p_1和p_2分别为微元进、出口压力;ρ_1和ρ_2分别为微元进、出口密度;G_{wf}为工质质量流密度;f为摩擦因子。

b. 有机工质侧换热方程

$$Q_{wf} = m_{wf}(h_{wf2} - h_{wf1}) = \alpha_{wf}A_{wf}(T_w - T_{wfm}) \tag{3-2}$$

式中,α_{wf}为有机工质侧换热系数;A_{wf}为管内表面积;角标wf1、wf2分别为工质进、出口;T_w为管壁面温度;T_{wfm}为有机工质平均温度。有机工质平均温度可以表示为

$$T_{wfm} = \frac{T_{wf1} + T_{wf2}}{2} \tag{3-3}$$

对于过热气体区,有机工质侧换热系数可选用迪图斯-贝尔特(Dittus - Boelter)经验公式:

$$Nu_{wf} = 0.023\, Re^{0.8}\, Pr^{0.4} \tag{3-4}$$

式中，$Nu_{wf} = \dfrac{\alpha_{wf,\,SH} d_1}{\lambda}$；$Re = \dfrac{G_{wf} d_1}{\mu}$；$G_{wf}$ 为工质质量流密度；d_1 为管内径。

对于两相区，有机工质侧换热系数采用 Wang 的公式（该经验公式的选择可根据具体情况进行选择）：

$$\alpha_{wf,\,TP} = \begin{cases} \alpha_w - \left(\dfrac{x_w - x}{x_w} \right)^2 (\alpha_w - \alpha_1) & x \leqslant x_w \\[3mm] 3.5 \left(\dfrac{1}{x_{tt}} \right)^{1.5} \alpha & x_w < x \leqslant x_d \\[3mm] \alpha_d - \left(\dfrac{x_d - x}{x_d} \right)^2 (\alpha_d - \alpha_g) & x_d < x \end{cases} \tag{3-5}$$

式中，

$$\begin{cases} \alpha_w = 3.5 \left(\dfrac{1}{x_{tt,\,w}} \right)^{0.5} \alpha'_w \\[3mm] \alpha_d = 3.5 \left(\dfrac{1}{x_{tt,\,d}} \right)^{0.5} \alpha'_d \\[3mm] \alpha'_w = \dfrac{0.023\, Re_{1,\,w}^{0.8}\, Pr^{0.4} \lambda_1}{d_1} \\[3mm] \alpha'_d = \dfrac{0.023\, Re_{1,\,d}^{0.8}\, Pr^{0.4} \lambda_1}{d_1} \\[3mm] \alpha = \dfrac{0.023\, Re_1^{0.8}\, Pr^{0.4} \lambda_1}{d_1} \end{cases} \quad \begin{cases} x_{tt,\,d} = \left(\dfrac{1 - x_d}{x_d} \right)^{0.9} \left(\dfrac{\rho_g}{\rho_1} \right)^{0.5} \left(\dfrac{\mu_1}{\mu_g} \right)^{0.1} \\[3mm] x_{tt,\,w} = \left(\dfrac{1 - x_w}{x_w} \right)^{0.9} \left(\dfrac{\rho_g}{\rho_1} \right)^{0.5} \left(\dfrac{\mu_1}{\mu_g} \right)^{0.1} \\[3mm] Re_{1,\,d} = \dfrac{G_{wf}(1 - x_d) d_1}{\mu_1} \\[3mm] Re_{1,\,w} = \dfrac{G_{wf}(1 - x_w) d_1}{\mu_1} \\[3mm] Re_1 = \dfrac{G_{wf}(1 - x) d_1}{\mu_1} \end{cases} \tag{3-6}$$

c. 热水侧换热方程

$$Q_{hw} = m_{hw}(h_{hw1} - h_{hw2}) = \alpha_{hw} A_{hw}(T_{hwm} - T_w) \tag{3-7}$$

式中，α_{hw} 为热水侧换热系数；角标 hw1、hw2 分别为热水进、出口；T_{hwm} 为热水平均温度，可以表示为

$$T_{hwm} = \dfrac{T_{hw1} + T_{hw2}}{2} \tag{3-8}$$

d. 热水侧和有机工质侧换热量的关系

实际运行过程中,蒸发器不仅仅要从热源中吸取热量,还会有一部分损失,因此两者之间并不是完全相等的。由于两者之间的具体关系无法测量得到,根据经验,可以认为两者之间存在以下关系:

$$Q_{wf} = \gamma Q_{hw} \tag{3-9}$$

式中,γ 的大小取决于具体情况,可取 0.95。

e. 微元长度方程

由管内表面积:$A_i = \pi d_i L$,管外表面积:$A_o = \pi d_o L$,可求得微元长度:

$$L = \frac{Q_{wf}}{\pi d_i (T_w - T_{wf})} \tag{3-10}$$

在计算时,可以通过迭代计算 T_w,直到满足上式后即可求得 L。

2. 冷凝器模型

冷凝器作为热力循环过程中向外界排热的装置,有机工质在冷凝器中的换热过程同蒸发器一样属于相变换热。一般来讲,在系统运行稳定的状态下,有机工质以过热状态进入冷凝器,在冷凝器内逐渐冷却为气液两相状态,并进一步冷却为饱和液体或者过冷液体,然后离开冷凝器。但是若冷凝器设计不合理,冷凝器出口可能不过冷,或者不能完全将膨胀机出来的过热气体进行冷凝,就会影响热力循环系统的散热和发电量。

对于非稳态运行的工况,冷凝器中的有机工质状态将随时间的变化而变化。比如,对于有机朗肯循环,当使用水对冷凝器进行冷却时,若冷却水流量突然减小,由于汽轮机仍然不断向冷凝器中排放过热气体,在短时间内冷凝器就是一个绝热充气的容器,因此压力迅速升高,直到冷凝器进热量等于冷却水排热量时,冷凝压力达到稳定状态。

通过以上对冷凝器特性的初步描述,为了能充分反映冷凝器的特性,在建立冷凝器模型时需要充分考虑系统的研究目的和希望达到的效果。通常为生产厂家提供适用性较强的冷凝器仿真模型,比如计算量较小且稳定性较高的集总参数模型,并且需要通过试验数据来验证,以提高其预测的精度。当研究热力循环过程的动态运行特性时,需要建立复杂的分布参数模型,以研究相关参数的分布特性,但分布参数模型计算量大,计算的稳定性也不太好。

下面是基于冷凝器稳态分布参数模型的假设条件:

① 冷凝器采用风冷,有机工质走管内,空气走管外,空气和有机工质的流向为交叉流。

② 管内有机工质流动近似为一维均相流动,忽略压降。实际管内有机工质为复杂的多相流体,为了计算方便,这里采用一维均相模型。

③ 管外空气的流动同样视为一维均相流动,因为实际过程中冷凝器管外结构的不同会造成流速分布的不均匀,并且对换热造成一定的影响,因此需要结合试验数据进行修正。

④ 管壁热阻忽略不计。

根据以上假设,可以将冷凝器简化。

3.2　工质替代技术及发展趋势

3.2.1　有机工质筛选原则

传统化石能源的日益耗竭,使得中低温地热发电有机朗肯循环技术备受关注,工质的物性参数和热力学性质对发电系统的性能有重要影响。国内众多研究者在工质筛选方面做了大量研究,但是由于研究者研究的热源类型、热源进出口温差及流量、系统的冷却方式、系统部件形式、动力部件效率、环境条件(温度、湿度和压力),以及评价系统发电性能的评价指标(目标函数)等各不相同,迄今为止,还没有筛选出一种公认的发电性能最优的工质。因此,地热电站建设必须以当地的热源、冷源状况及部件性能等为基础,对工质的发电性能进行综合分析,并筛选出综合性能最佳的工质,从而提高地热电站的技术经济性。

工质的热力学性质对有机朗肯循环(ORC)系统的效率,系统部件尺寸,动力部件设计及系统的稳定性、安全性和环保性等都有重要影响,故工质的选择对 ORC 系统的性能和经济性起关键性作用。工质的热力学性质及物性参数的选取原则如下。

(1)环保性:工质要求具有较低的臭氧消耗潜能(ozone depletion potential, ODP)值和全球变暖潜能(global warming potential, GWP)值,工质的 ODP 值小于 0.1,而工质对应的 GWP 值小于 2 000。

(2)合适的临界参数:因为主要研究对象是中低温热源,所以要求工质临界温度低于 200 ℃,且其临界压力不宜过大,这样设备无须耐高压,既减少成本,且运行更安全。

(3)比热容:表示单位质量物质改变单位温度时吸收或释放的热量,不同的物质有不同的比热容。液体工质的比热容应尽可能低，以降低工质泵的功耗以及输出更多的机械功。

（4）较高的焓降：一方面有利于增加工质膨胀做功量，提高系统效率；另一方面，在相同做功量输出条件下，系统对应的工质质量流速较小，有利于降低系统管路的管径及初投资。

（5）属于干工质或等熵工质：干工质或等熵工质在系统的膨胀过程中，不会进入湿饱和蒸汽区，且工质在汽轮机进口只需达到干饱和蒸汽状态即可，不需要进行过热处理，无须添加额外的热处理设备。

（6）稳定性好：在所研究的工况温度下结构不会发生分解或者变性，有利于系统的长期安全稳定运行。

（7）传热性能好、黏度小：工质在蒸发器和冷凝器等换热器中的换热面积可以减小，并可降低在换热器中的压降。

（8）安全性：低毒或无毒，无腐蚀性或腐蚀性很小，有利于系统的安全稳定运行和系统的维护。

（9）价格较低：较易得到，可以降低系统的初投资，有利于提高系统的经济性。

3.2.2　纯工质发电性能分析

ORC 系统运行参数和热源类型差别很大，此外，可用于 ORC 系统的工质种类较多，涵盖了芳香碳氢化合物、醚类化合物、全氟碳化物、氯氟烃、醇类化合物、硅氧烷和无机物等，这就给 ORC 系统设计者提供了较多的选择余地，但同时也带来巨大的挑战。根据饱和蒸汽曲线斜率，将工质分为干工质（蒸汽曲线斜率大于 0）、湿工质（蒸汽曲线斜率小于 0）和等熵工质（蒸汽曲线斜率趋于无穷大）。其中湿工质在动力部件进口处需要过热，干工质和等熵工质适用于 ORC 系统。系统循环热效率与膨胀机进口温度关系不大，故没有必要对有机工质过热。干工质沿饱和曲线运行，且不过热时的效率最大。蒸发温度和汽化热与显热之比都高时，对应的 ORC 系统的效率也很高。对于太阳能和生物燃料而言，热效率更适合作为目标指标，而对于废热和地热来说，系统的净发电功率更适合作为目标指标。工质的密度对 ORC 系统设计有着重要的影响。在蒸发温度和冷凝温度给定的条件下，工质的临界温度要高于系统的蒸发温度，工质的冰点必须低于系统的最低温度。

大量文献都着眼于工质选择方面的研究,目前最常用的工质选择方法是:建立 ORC 系统的稳态仿真模型,采用不同的工质进行模拟计算系统发电性能,依据选定的目标函数,对各个工质的性能进行评价。目前的关注点集中在纯工质和非共沸混合工质两个方面。

ORC 系统的候选纯工质如表 3-1 所示,主要的选择对象是氯氟碳化物(CFCs)、氢氟碳化物(HFCs)、氢氯氟碳化物(HCFCs)、全氟化合物(PFCs)和碳氢化合物(HCs)等。从分子结构角度看,碳氢化合物的热力学性质较为适宜,但其普遍存在易燃、易爆问题;全氟化合物的热稳定性好,但是分子结构复杂且热力学性能不突出。

表 3-1 25 种纯工质的热力学性质

工 质	物 理 特 性				环 境 数 据	
	摩尔质量 $M/(g/mol)$	沸点/℃	临界温度 /℃	临界压力 /MPa	ODP 值	GWP 值 (100 yr)
R123	152.93	27.82	183.68	3.662	0.02	77
R134a	102.03	−26.1	101.1	4.06	0	1 430
R141b	116.95	32.05	206.81	4.460	0.12	725
R152a	66.05	−24.00	113.3	4.52	0	124
R227ea	170.03	−16.4	102.8	3.00	0	3 220
R236ea	152.04	6.19	139.29	3.502	0	1 200
R236fa	152.04	−1.4	124.9	3.20	0	9 810
R245fa	134.05	14.90	154.05	3.64	0	1 030
R245ca	134.05	25.1	174.42	3.93	0	693
丙 烷	44.10	−42.1	96.7	4.25	0	−20
环丙烷	42.08	−31.5	125.2	5.58	0	—
丁 烷	58.12	−0.5	152.0	3.80	0	−20
异丁烷	58.12	−11.7	134.7	3.63	0	−20
R365mfc	148.07	40.15	186.85	3.266	0	850

工　质	物　理　特　性				环　境　数　据	
	摩尔质量 $M/$(g/mol)	沸点/℃	临界温度 /℃	临界压力 /MPa	ODP 值	GWP 值 (100 yr)
RC318	200.05	-6.0	115.2	2.78	0	10 250
戊　烷	72.15	36.1	196.6	3.37	0	-20
新戊烷	72.149	9.5	160.59	3.196	0	-20
异戊烷	72.15	27.8	187.2	3.38	0	-20
己　烷	86.175	68.71	234.67	3.034	—	—
异己烷	86.175	60.21	224.55	3.04	—	—
环己烷	84.161	80.736	280.49	4.075	—	—
庚　烷	100.2	98.38	266.98	2.736	—	—
辛　烷	114.23	125.62	296.17	2.497	—	—
壬　烷	128.26	150.76	321.4	2.281	—	—
癸　烷	142.28	174.12	344.55	2.103	—	—

　　工质对中低温地热发电 ORC 技术的经济性有至关重要的影响,表 3-1 为本节所考查的 25 种纯工质的热力学性质,包括 10 种传统工质及 15 种碳氢化合物。对工质筛选最常用的方法是在系统稳态运行的条件下建立系统的数值模型,采用不同工质对系统性能进行模拟和评价,计算采用的系统参数如表 3-1 所示。

　　从表 3-1 可以看出,在氯氟碳化物(CFCs)、氢氟碳化物(HFCs)、氢氯氟碳化物(HCFCs)、全氟化合物(PFCs)和碳氢化合物(HCs)五大类工质中,氢氟碳化物(HFCs)、全氟化合物(PFCs)和碳氢化合物(HCs)三大类工质对应的 ODP 值均为 0,是因为这三类物质中不含有氯元素;而氯氟碳化物(CFCs)和氢氯氟碳化物(HCFCs)的 ODP 值均大于 0。

　　对于 GWP 值而言,在氯氟碳化物(CFCs)、氢氟碳化物(HFCs)、氢氯氟碳化物(HCFCs)、全氟化合物(PFCs)和碳氢化合物(HCs)五大类工质中,碳氢化合物(HCs)的 GWP 值明显低于其他四大类物质,主要是由碳氢化合物一般都具有易燃性,在空气中的时间较短引起的。氯氟碳化物(CFCs)、氢氟碳化物(HFCs)、氢氯氟碳化物(HCFCs)和全氟化合物(PFCs)这四大类物质的 GWP 值没有明显的规律性。综合而言,从工质的环保特性看,理想工质的 ODP 值为 0,对应的 GWP 值越低越好。

日益严峻的环境问题已经引起国际社会的高度重视,在工质方面,也已提出很多条约来限制不环保工质的使用,在《蒙特利尔议定书》中对一些工质提出明确的淘汰期限。最初的 CFC 类工质由于其具有较高的 ODP 值和 GWP 值,对环境造成严重的破坏,已于 20 世纪 90 年代中期被废止。取而代之的是含氢氯氟烃类制冷剂的 HCFC 类工质,其分子结构中所含氯原子减少,氢原子数增加,所以与 CFC 类物质相比,这类物质的 ODP 值降低,但是仍然具有较高的 GWP 值,对环境仍旧有消极的影响。《蒙特利尔议定书》中规定,发达国家于 2020 年废止此类物质,而发展中国家比发达国家相应推迟 10 年。HCFC 类工质引发的臭氧层空洞、温室效应等环境问题已严重威胁人类的生存,因此加快其淘汰进程,早已成为全世界的共识。新型替代型环保制冷工质的推广,刻不容缓。2013 年 9 月 14 日,原中华人民共和国环境保护部举行含 HCFCs 生产行业淘汰计划实施启动大会,正式宣告中国将在 2030 年全部淘汰 HCFCs 的生产,其退出市场已经进入倒计时,工质发展即将进入第三阶段,即使用 HFC 类工质代替 HCFC 类工质,这类工质由于不含氯原子,ODP 值为 0,目前国内外已经有很多相关研究,但是这类工质仍然存在一个缺点,就是 GWP 值较高,还不是完全环保的工质,未来工质研究方向将会向完全环保的自然工质发展,如 CO_2 和烷烃等物质,工质的使用必将全面步入绿色天然时代。综上所述,当务之急是开发出不仅环保还尽可能保证较高发电性能的新型工质。

众多研究者基于各自的研究条件及系统参数,给出了特定条件下的性能相对最优的工质。值得注意的是,ORC 系统的候选纯工质种类繁多,无疑给研究者带来挑战;此外,由于不同的研究热源的类型、温度条件、冷却方式、冷源温度、系统部件效率及环境条件(温度、湿度和压力)等相差很大,且用来评价系统发电性能的指标参数(目标函数)也不尽相同,因此到目前为止,还没有一种公认的发电性能最优的纯工质。

如图 3-5 所示,对于同一种工质而言,随着地热水温度的升高,工质所对应的净发电功率也随之增大。除了 R134a、R227ea、丙烷和环己烷之外,净发电功率的变化率持续增大。综合来看,在地热水温度分别为 100 ℃、110 ℃ 和 120 ℃时,癸烷、壬烷、辛烷、庚烷、异己烷、己烷、R365mfc、新戊烷、RC318、异戊烷和戊烷这 11 种工质的净发

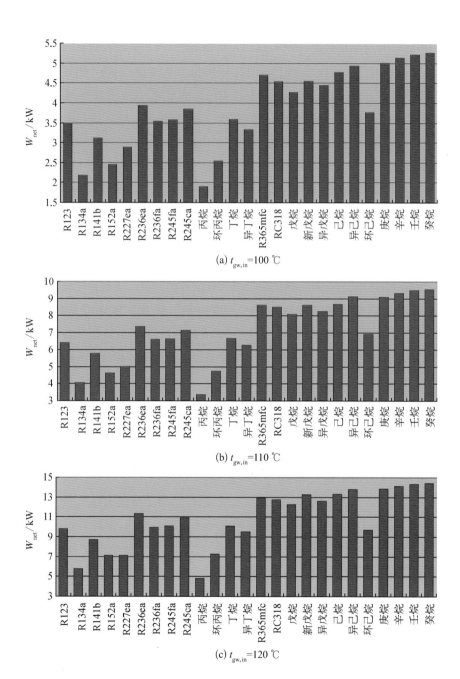

(a) $t_{gw,in}$=100 ℃

(b) $t_{gw,in}$=110 ℃

(c) $t_{gw,in}$=120 ℃

图3-5 单位质量流量在不同地热水温度时25种纯工质的净发电功率

电功率较大,且净发电功率依次降低;其中碳氢化合物的发电性能十分优越。由于丙烷、丁烷、戊烷、己烷、庚烷、辛烷、壬烷和癸烷都属于碳氢化合物,且分子中所含的碳原子数依次升高,故对这八种物质的发电性能单独进行比较。从图 3-5 中可以看出,这八种物质的净发电功率依次升高,即净发电功率与分子中所含的碳原子数成正比关系。

在单位质量流量地热水温度分别为 100 ℃、110 ℃ 和 120 ℃ 时,癸烷对应的净发电功率分别达到了 5.26 kW、9.57 kW 和 14.41 kW,而丙烷对应的净发电功率则仅分别为 1.90 kW、3.37 kW 和 4.84 kW。而在实验研究和工程应用中研究较多的 R123 和 R245fa,其发电性能不如 R236ea 和 R245ca,将 R123 和 R245fa 与上述八种碳氢化合物比较可以发现,R123 和 R245fa 对应的净发电功率仅比丙烷对应的净发电功率大,小于其他七种碳氢化合物。在所研究的地热水温度条件下,R245fa 的净发电功率均稍稍高于 R123,且随着地热水温度的升高,R245fa 与 R123 净发电功率之间的差值呈现出增大的趋势,在单位质量流量地热水温度分别为 100 ℃、110 ℃ 和 120 ℃ 时,R123 对应的净发电功率分别为 3.50 kW、6.41 kW 和 9.79 kW,R245fa 对应的净发电功率分别为 3.57 kW、6.64 kW 和 10.09 kW。

在所研究的 25 种工质中,存在同分异构体,因此需要对它们的发电性能进行对比分析,具体如下。

(1)丙烷和环丙烷:环丙烷所对应的净发电功率要明显大于丙烷所对应的净发电功率;且随着地热水温度的升高,环丙烷与丙烷净发电功率之间的差值呈现出进一步增大的趋势。在单位质量流量地热水温度分别为 100 ℃、110 ℃ 和 120 ℃ 时,环丙烷对应的净发电功率分别为 2.54 kW、4.75 kW 和 7.25 kW,丙烷对应的净发电功率分别为 1.90 kW、3.37 kW 和 4.84 kW。

(2)丁烷和异丁烷:丁烷所对应的净发电功率要明显大于异丁烷所对应的净发电功率,且随着地热水温度的升高,丁烷与异丁烷净发电功率之间的差值也同样呈现出进一步增大的趋势。在单位质量流量地热水温度分别为 100 ℃、110 ℃ 和 120 ℃ 时,丁烷对应的净发电功率分别为 3.59 kW、6.66 kW 和 10.11 kW,异丁烷对应的净发电功率分别为 3.33 kW、6.26 kW 和 9.55 kW。

(3)戊烷、新戊烷和异戊烷:新戊烷所对应的净发电功率要明显大于戊烷和异戊烷所对应的净发电功率,而戊烷所对应的净发电功率总是最小的。在单位质量流量地热水温度分别为 100 ℃、110 ℃ 和 120 ℃ 时,新戊烷对应的净发电功率分别为

4.55 kW、8.62 kW 和 13.25 kW,异戊烷对应的净发电功率分别为 4.44 kW、8.26 kW 和 12.61 kW,戊烷对应的净发电功率分别为 4.26 kW、8.10 kW 和 12.28 kW。

(4)己烷、异己烷和环己烷:异己烷所对应的净发电功率要明显大于己烷和环己烷所对应的净发电功率,而环己烷所对应的净发电功率总是最小的。在单位质量流量地热水温度分别为 100 ℃、110 ℃ 和 120 ℃ 时,异己烷对应的净发电功率分别为 4.94 kW、9.12 kW 和 13.81 kW,己烷对应的净发电功率分别为 4.77 kW、8.69 kW 和 13.30 kW,环己烷对应的净发电功率分别为 3.76 kW、6.93 kW 和 9.73 kW。

将图 3-5 与图 3-6 对比可以看出,对于所研究的 25 种纯工质来说,在相同的地热水温度时,系统的热效率和㶲效率的大小变化趋势与净发电功率的大小变化趋势一致,这是由于在地热水进出口温度恒定的条件下,系统的热效率和㶲效率取决于系统的净发电功率,即系统的热效率和㶲效率与净发电功率之间存在正比关系。总体而言,随着地热水温度的升高,系统的热效率和㶲效率也随之增大。对于热效率而言,地热水温度由 100 ℃ 升高到 110 ℃ 时,R236ea、R245ca、环丙烷和癸烷的热效率不但没有升高,反而出现了降低的现象,这四种工质对应的热效率值分别依次减小了 0.046%、0.053%、0.41% 和 0.24%。

对于㶲效率而言,地热水温度由 100 ℃ 升高到 110 ℃ 时,R227ea、R236ea、R245fa、R245ca、丙烷、庚烷、辛烷、壬烷和癸烷对应的㶲效率值分别依次减小了 0.602%、0.317%、0.285%、1.079%、0.389%、0.582%、0.755%、0.852% 和 0.912%;地热水温度由 110 ℃ 升高到 120 ℃ 时,R134a、R227ea、丙烷、环丙烷和丁烷对应的㶲效率值分别依次减小了 0.285%、0.412%、0.168%、0.148% 和 0.197%。

采用品质因数(figure of merit,FOM)作为一项重要的指标来评价候选工质的优劣,FOM 的定义如下:

$$\text{FOM} = Ja^{0.1} \left(\frac{T_c}{T_e} \right)^{0.8} \qquad (3-11)$$

式中,Ja 为雅各布数;T_c 和 T_e 分别为冷凝温度和蒸发温度。

由 FOM 的定义可以看出,工质的显热越大、汽化热越小,则 FOM 值越大。如图 3-7 所示,对于同一种工质而言,随着地热水温度的升高,工质所对应的 FOM 值的变化规律不尽相同。将图 3-7 与图 3-5 和图 3-6 对比可以发现:总体来看,在相同的地热水温度条件下,FOM 值与工质对应的净发电功率及热效率和㶲效率成反比,即工

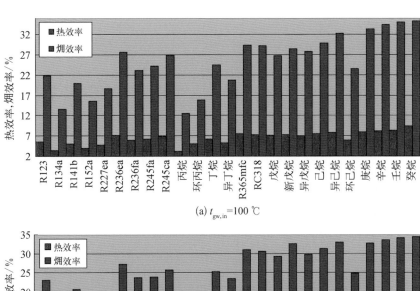

(a) $t_{gw,in}=100\ ℃$

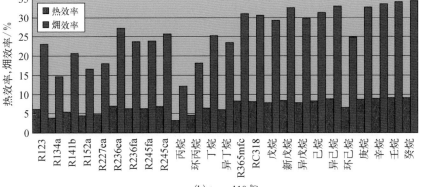

(b) $t_{gw,in}=110\ ℃$

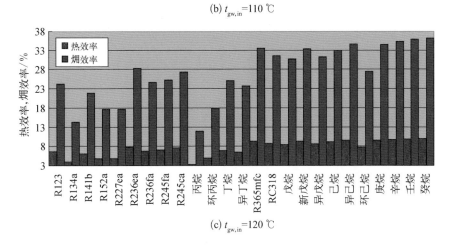

(c) $t_{gw,in}=120\ ℃$

图 3-6 单位质量流量在不同地热水温度时 25 种纯工质的热效率和㶲效率

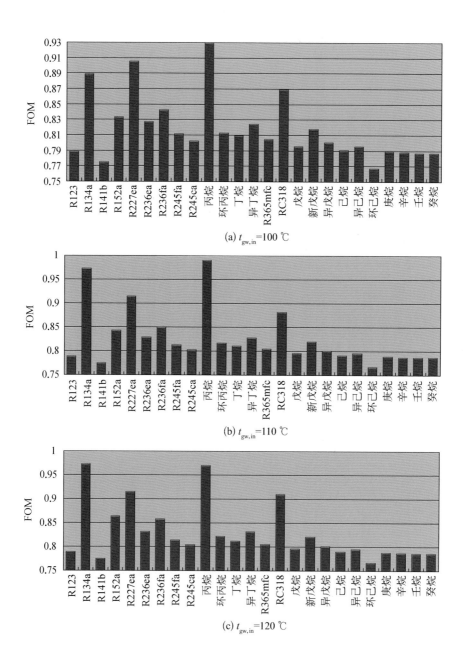

(a) $t_{gw,in}$=100 ℃

(b) $t_{gw,in}$=110 ℃

(c) $t_{gw,in}$=120 ℃

图 3-7　单位质量流量在不同地热水温度时 25 种纯工质的 FOM 值

质对应的净发电功率及热效率和㶲效率越大,则工质对应的 FOM 值相对越小。需要指出的是,这种规律适用于所涉及的大部分工质,但环己烷就是个例外,环己烷对应的净发电功率及热效率和㶲效率并不是最大的,但是环己烷对应的 FOM 值却最小。总体而言,戊烷、己烷、庚烷、辛烷、壬烷和癸烷所对应的 FOM 值较小。在地热水温度为 100 ℃时,丙烷对应的 FOM 值最大,为 0.930,R227ea 对应的 FOM 值次之,为 0.906,而环己烷对应的 FOM 值最小,为 0.768;在地热水温度为 110 ℃时,丙烷对应的 FOM 值最大,为 0.990,R134a 对应的 FOM 值次之,为 0.973,而环己烷对应的 FOM 值最小,为 0.767;在地热水温度为 120 ℃时,R134a 对应的 FOM 值最大,为 0.973,丙烷对应的 FOM 值次之,为 0.970,而环己烷对应的 FOM 值最小,为 0.766。

在忽略雷诺数对汽轮机等熵效率的影响的假设前提之下,汽轮机等熵效率是下面两个参数的函数。

(1) 汽轮机等熵过程中的体积比(volume flow ratio, VFR)

$$VFR = \frac{V_{out}}{V_{in}} = \frac{\rho_{in}}{\rho_{out}} \qquad (3-12)$$

式中,V_{in} 和 V_{out} 分别为工质在螺杆膨胀机进出口处的体积流量;ρ_{in} 和 ρ_{out} 分别为工质在螺杆膨胀机进出口处的密度。

(2) 汽轮机尺寸参数(size parameter, SP)

$$SP = \frac{\sqrt{V_{out}}}{\sqrt[4]{\Delta H_{is}}} = \frac{\sqrt{m_{out}/\rho_{out}}}{\sqrt[4]{\Delta H_{is}}} \qquad (3-13)$$

式中,ΔH_{is} 为等熵膨胀过程的焓降;m_{out} 为螺杆膨胀机出口处的工质质量流量。

如图 3-8 所示,对于同一种工质而言,随着地热水温度的升高,工质所对应的 VFR 值逐渐升高,这是因为在冷源条件不变的条件下,随着地热水温度的升高,工质所对应的最佳蒸发温度逐渐升高,因此 VFR 值逐渐升高,且除了丙烷之外,VFR 值随地热水温度的变化率持续增加。在相同的地热水温度条件下,己烷、庚烷、辛烷、壬烷和癸烷所对应的 VFR 值较高。在地热水温度为 100 ℃时,癸烷对应的 VFR 值最大,为 17.137,壬烷对应的 VFR 值次之,为 13.057,而环丙烷对应的 VFR 值最小,为 3.907;在地热水温度为 110 ℃时,癸烷对应的 VFR 值最大,为 19.408,壬烷对应的 VFR 值次之,为 14.613,而环丙烷对应的 VFR 值最小,为 4.280;在地热水温度为 120 ℃时,癸烷

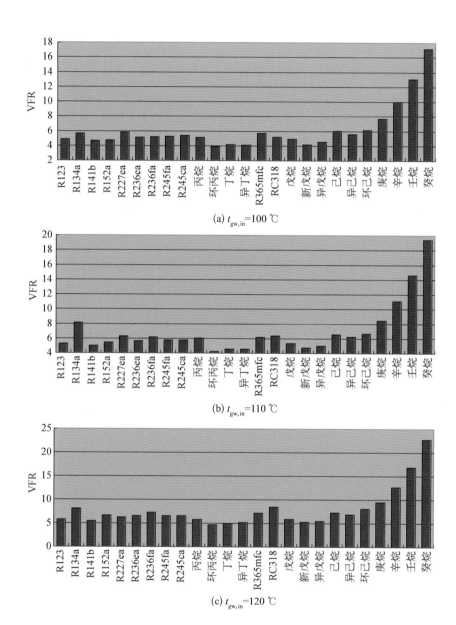

(a) $t_{gw,in}=100\ ℃$

(b) $t_{gw,in}=110\ ℃$

(c) $t_{gw,in}=120\ ℃$

图 3-8 单位质量流量在不同地热水温度时 25 种纯工质的 VFR 值

对应的 VFR 值最大,为 22.819,壬烷对应的 VFR 值次之,为 16.920,而环丙烷对应的 VFR 值最小,为 4.696。

如图 3-9 所示,对于同一种工质而言,随着地热水温度的升高,工质所对应的 SP 值逐渐降低,这是因为在冷源条件不变时,工质在汽轮机出口处的密度相同。随着地热水温度的升高,工质在汽轮机进出口的焓值差增大,工质质量流量也增大,但是整体而言,SP 值趋于降低。需要说明的是,由于辛烷、壬烷和癸烷所对应的 SP 值明显高于其他 22 种工质,为了便于观察,图 3-9 中并未将这三种工质包括其中。地热水温度为 100 ℃时,辛烷、壬烷和癸烷所对应的 SP 值分别为 0.029、0.078 和 0.217;在地热水温度为 110 ℃时,辛烷、壬烷和癸烷所对应的 SP 值分别为 0.027、0.073 和 0.201;在地热水温度为 120 ℃时,辛烷、壬烷和癸烷所对应的 SP 值分别为 0.024、0.066 和 0.183。很显然,癸烷所对应的 SP 值均为最大,而丙烷所对应的 SP 值则均为最小。

综上所述,庚烷、辛烷、壬烷和癸烷具有十分优异的发电性能,且净发电功率依次增大。此外,由于这四种工质对应的标准沸点温度高于系统的最佳蒸发温度,因此,这四种工质的运行压力低于大气压力,即在负压下运行。

3.2.3　混合工质发电性能分析

1. 二元非共沸混合工质的发电性能

由 3.2.2 节可以发现,在所研究的 25 种纯工质中,除了环己烷之外,分子结构中所含碳原子数大于等于五个的碳氢化合物具有十分优异的发电性能,但是对于这些工质存在的最大问题,就是它们都具有很强的可燃性,若这些工质的可燃性得到有效抑制,不仅对于这些工质的工程应用具有十分重要的意义,对于提高中低温地热发电性能也具有重要意义。在可燃工质中,加入一定比重的阻燃工质来抑制可燃工质的可燃性,从而实现工质的安全高效利用。

具有明显阻燃作用的元素为氟、氯、溴和碘,由于 HFC 类物质中含有 F 元素,因此此类物质具有一定的阻燃性能,其阻燃性能的强弱取决于氟原子与氢原子的数量之比。Garg 等研究发现异戊烷与 R245fa 的混合物中,R245fa 的摩尔分数达到 18% 可以抑制异戊烷的可燃性。考虑到爆炸极限对压力的依存性,本书将阻燃工质的摩尔分数的最小值设定为 30%。此外,考虑到工质的发电性能,本书选取 R245fa 作为阻燃工质。

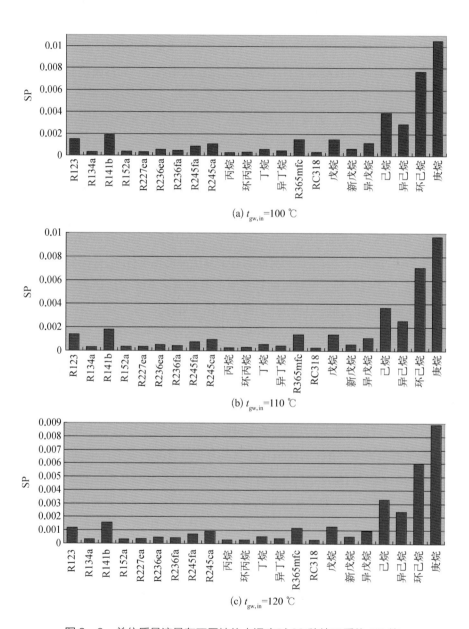

(a) $t_{gw,in}$=100 ℃

(b) $t_{gw,in}$=110 ℃

(c) $t_{gw,in}$=120 ℃

图 3-9　单位质量流量在不同地热水温度时 22 种纯工质的 SP 值

　　为了分析混合工质的发电性能,以地热水温度为 110 ℃ 且地热水单位质量流量为 1 kg/s 时为例来进行计算。如图 3-10 所示,八种混合工质对应的温度滑移的变化规律不尽相同,由于各种工质对应的温度滑移的大小不同,为了便于观察其变化规律,采用了无量纲化温度滑移。根据八种混合工质对应的温度滑移变化趋势的不同,将其分为两类:① 单极值类:R365mfc/R245fa、戊烷/R245fa、异戊烷/R245fa、己烷/R245fa 和异己烷/R245fa,随着 R245fa 质量分数的增大,这五种混合工质对应的温度滑移仅存在一个极大值点。② 双极值类:丁烷/R245fa、异丁烷/R245fa 和新戊烷/R245fa,随着 R245fa 质量分数的增大,这三种混合工质对应的温度滑移存在两个极大值点。

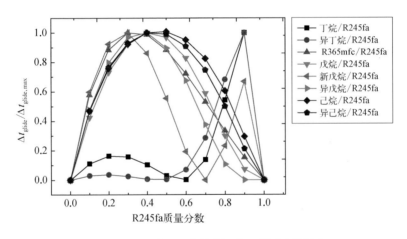

图 3-10　八种二元非共沸混合工质对应的温度
滑移随 R245fa 质量分数的变化

　　对于单极值类五种混合工质而言,随着 R245fa 质量分数的增大,混合工质对应的温度滑移先增大后减小,中间存在最大值,这五种混合工质温度滑移的最大值所对应的 R245fa 质量分数存在差异:R365mfc/R245fa、戊烷/R245fa、异戊烷/R245fa 和异己烷/R245fa 在 R245fa 质量分数为 0.4 时,温度滑移达到最大;而己烷/R245fa 则在 R245fa 质量分数为 0.5 时,温度滑移达到最大。

　　对于双极值类三种混合工质而言,R245fa 存在一个临界质量分数,使得混合工质对应的温度滑移在临界质量分数时近似为 0。以 R245fa 临界质量分数为分界点,R245fa 质量分数在 0 与临界质量分数分界点及临界质量分数分界点与 1 两个区间之中,随着 R245fa 质量分数的增大,混合工质对应的温度滑移先增大后减小,中间存在极大值。丁烷/R245fa、异丁烷/R245fa 和新戊烷/R245fa 所对应的 R245fa 临界质量分数分别为 0.6、0.5 和 0.7。丁烷/R245fa 和异丁烷/R245fa 在前一个区间的温度滑移的最大值明显小于后一个区间，而新戊烷/R245fa 在前一个区间的温度滑移的最大值明显大于后一个区间。丁烷/R245fa、异丁烷/R245fa、R365mfc/R245fa、戊烷/R245fa、新戊烷/R245fa、异戊烷/R245fa、己烷/R245fa 和异己烷/R245fa 所对应的温度滑移的最大值分别为 2.76 ℃、7.63 ℃、5.89 ℃、8.18 ℃、4.24 ℃、6.41 ℃、26.91 ℃ 和 21.77 ℃。

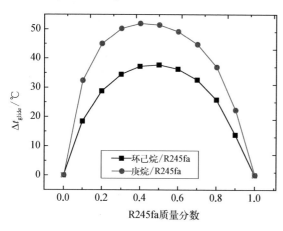

图 3-11　环己烷 / R245fa 和庚烷 / R245fa 对应的温度滑移随 R245fa 质量分数的变化

如图 3-11 所示，环己烷/R245fa 和庚烷/R245fa 属于单极值类混合工质，在 R245fa 相同的质量分数时，环己烷/R245fa 所对应的温度滑移均低于庚烷/R245fa；R245fa 质量分数为 0.5 时，环己烷/R245fa 所对应的温度滑移的最大值为 37.74 ℃，R245fa 质量分数为 0.4 时，庚烷/R245fa 所对应的温度滑移的最大值为 51.85 ℃。

对于辛烷/R245fa、壬烷/R245fa 和癸烷/R245fa 三种混合工质来说，在本节所研究的地热水温度条件下，这三种混合工质在蒸发器出口处处于气液两相状态，因此无法准确地获得它们的温度滑移随 R245fa 质量分数的变化规律。如图 3-12 所示，在相同的 R245fa 质量分数时，这三种混合工质所对应的露点温度依次降低，而沸点温度却逐渐升高；这三种混合工质也属于单极值类混合工质。

辛烷/R245fa、壬烷/R245fa 和癸烷/R245fa 在温度滑移达到最大值时所对应的 R245fa 质量分数存在差异：辛烷/R245fa 在 R245fa 质量分数为 0.3 时，其温度滑移达到最大，为 72.96 ℃，壬烷/R245fa 在 R245fa 质量分数为 0.3 时，其温度滑移达到最大，为 108.27 ℃，癸烷/R245fa 在 R245fa 质量分数为 0.2 时，其温度滑移达到最大，为 139.66 ℃。

需要特别指出的是，工质在蒸发过程和相变过程中存在温度滑移，有利于降低换热器的不可逆损失，但是温度滑移值不宜太大，若混合工质对应的温度滑移值过

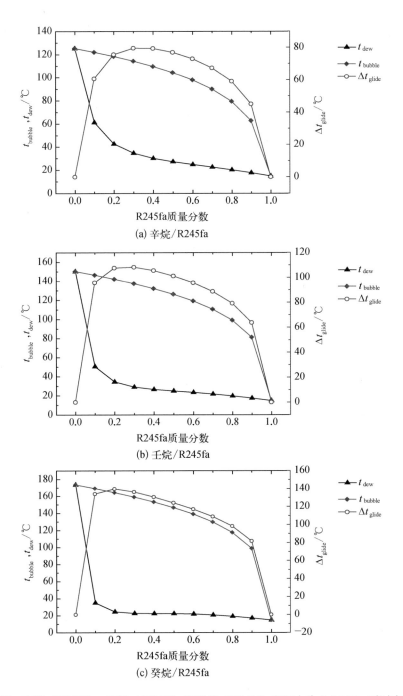

图 3-12　辛烷／R245fa、壬烷／R245fa 和癸烷／R245fa 在压力为 0.1 MPa 时对应的露点
温度（t_{dew}）、沸点温度（t_{bubble}）和温度滑移 Δt_{glide} 随 R245fa 质量分数的变化

大,使得工质完全汽化所对应的温度高于系统热源的温度,会导致工质在汽轮机进口才处于气液两相状态,显然不利于汽轮机的运行。尤其是对于中低温地热发电而言,鉴于热源温度较低的实际情况,庚烷/R245fa、辛烷/R245fa、壬烷/R245fa 和癸烷/R245fa 四种混合工质的温度滑移值过大,因此这四种混合工质并不适用于中低温地热发电。

如图 3-13 所示,八种二元非共沸混合工质对应的净发电功率的变化规律不尽相同,随着 R245fa 质量分数的增大,丁烷/R245fa 对应的净发电功率先减小后增大,中间存在最小值;异丁烷/R245fa 对应的净发电功率先减小后增大,然后又减小再增大;R365mfc/R245fa、戊烷/R245fa、新戊烷/R245fa 和异戊烷/R245fa 对应的净发电功率则持续减小;而己烷/R245fa 和异己烷/R245fa 对应的净发电功率呈现出先减小后增大又减小的变化规律。当 R245fa 质量分数为 0 时,混合工质对应于其组分的前一种工质,此时异己烷对应的净发电功率最大,而异丁烷对应的净发电功率最小。

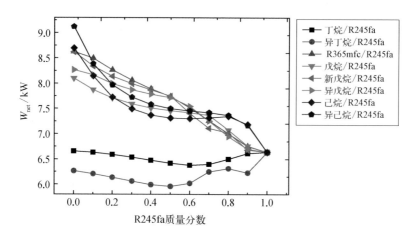

图 3-13　八种二元非共沸混合工质对应的净发
电功率随 R245fa 质量分数的变化

需要说明的是,为了抑制这八种纯工质的可燃性,R245fa 在混合工质中的摩尔分数最小为 0.3,而本节中所用的均为质量分数,因此这两种单位之间存在对应关系,考虑到 R245fa 质量分数的增幅为 0.1,因此这八种混合工质所对应的最大净发电功率如表 3-2 所示。R365mfc/R245fa 对应的最大净发电功率最大,异戊烷/R245fa 次之,异丁烷/R245fa 最小。

表 3-2　八种二元非共沸混合工质在 R245fa 摩尔分数为 0.3 时
对应的最大净发电功率、热效率和㶲效率

工　质	R245fa 质量分数	最大净发电功率/kW	热效率/%	㶲效率/%
丁烷/R245fa	0.5	6.42	6.83	25.47
异丁烷/R245fa	0.5	5.96	6.34	23.65
R365mfc/R245fa	0.28	8.10	8.62	32.14
戊烷/R245fa	0.45	7.48	7.96	29.68
新戊烷/R245fa	0.45	7.64	8.13	30.31
异戊烷/R245fa	0.45	7.75	8.25	30.75
己烷/R245fa	0.4	7.37	7.85	29.24
异己烷/R245fa	0.4	7.58	8.07	30.07

　　如图 3-14 和图 3-15 所示,八种二元非共沸混合工质对应的热效率和㶲效率具有相同的变化规律,随着 R245fa 质量分数的增大,丁烷/R245fa 对应的热效率和㶲效率先减小后增大,中间存在最小值;异丁烷/R245fa 对应的热效率和㶲效率呈现先减小后增大,然后又减小的变化规律;其他六种工质对应的热效率和㶲效率则持续减

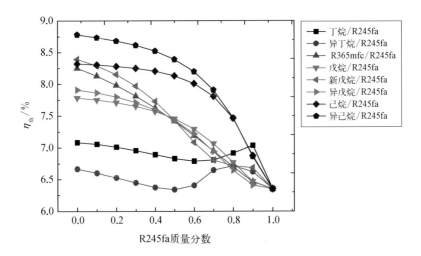

图 3-14　八种二元非共沸混合工质对应的热效率随 R245fa 质量分数的变化

小。R245fa 在混合工质中的摩尔分数为 0.3 时,八种二元非共沸混合工质对应的热效率和㶲效率如表 3-2 所示。

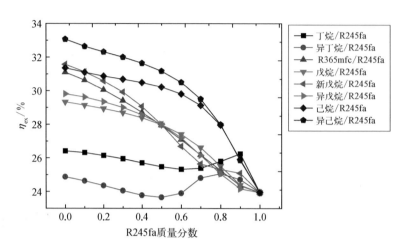

图 3-15   八种二元非共沸混合工质对应的㶲效率随 R245fa 质量分数的变化

如图 3-16 所示,八种二元非共沸混合工质对应的 FOM 值的变化趋势可以分为以下两类。

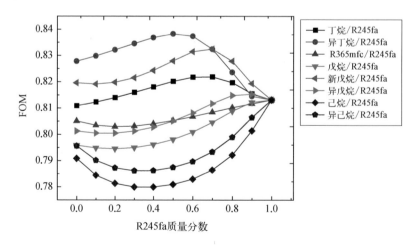

图 3-16   八种二元非共沸混合工质对应的 FOM 值随 R245fa 质量分数的变化

① 丁烷/R245fa、异丁烷/R245fa、新戊烷/R245fa 和异戊烷/R245fa,随着 R245fa 质量分数的增大,这四种混合工质对应的 FOM 值先增大后减小,中间存在最大值。R245fa 质量分数为 0.7 时,丁烷/R245fa 对应的 FOM 值最大,为 0.822;R245fa 质量分

数为 0.5 时，异丁烷/R245fa 对应的 FOM 值最大，为 0.838；R245fa 质量分数为 0.7 时，新戊烷/R245fa 对应的 FOM 值最大，为 0.832；R245fa 质量分数为 0.9 时，异戊烷/R245fa 对应的 FOM 值最大，为 0.815。

② R365mfc/R245fa、戊烷/R245fa、己烷/R245fa 和异己烷/R245fa，随着 R245fa 质量分数的增大，这四种混合工质对应的 FOM 值先减小后增大，中间存在最小值。R245fa 质量分数为 0.2 时，R365mfc/R245fa 对应的 FOM 值最小，为 0.803；R245fa 质量分数为 0.2 时，戊烷/R245fa 对应的 FOM 值最小，为 0.795；R245fa 质量分数为 0.4 时，己烷/R245fa 对应的 FOM 值最小，为 0.780；R245fa 质量分数为 0.3 时，异己烷/R245fa 对应的 FOM 值最小，为 0.786。

如图 3‑17 所示，八种二元非共沸混合工质对应的 VFR 值的变化趋势可以分为以下三类。

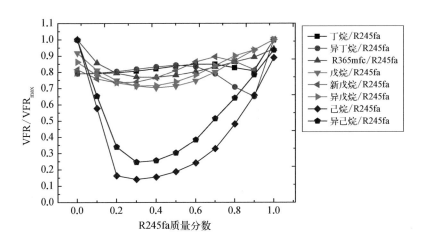

图 3‑17　八种二元非共沸混合工质对应的 VFR 值随 R245fa 质量分数的变化

① 随着 R245fa 质量分数的增大，丁烷/R245fa、异丁烷/R245fa 对应的 VFR 值先增大后减小，然后再增大。R245fa 质量分数为 0.7 时，丁烷/R245fa 对应的 VFR 值最大，为 4.94；R245fa 质量分数为 0.5 时，异丁烷/R245fa 对应的 VFR 值最大，为 4.90。

② 随着 R245fa 质量分数的增大，新戊烷/R245fa 对应的 VFR 值先减小达到最小值，后增大至最大值，后又减小再增大。R245fa 质量分数为 0.2 时，新戊烷/R245fa 对应的 VFR 值最小，为 4.27；R245fa 质量分数为 0.7 时，新戊烷/R245fa 对应的 VFR 值最大，为 5.20。

③ 异戊烷/R245fa、R365mfc/R245fa、戊烷/R245fa、己烷/R245fa 和异己烷/

R245fa,随着 R245fa 质量分数的增大,这五种混合工质对应的 VFR 值先减小后增大,中间存在最小值。R245fa 质量分数为 0.3 时,异戊烷/R245fa 对应的 VFR 值最小,为 4.16;R245fa 质量分数为 0.4 时,R365mfc/R245fa 对应的 VFR 值最小,为 4.74;R245fa 质量分数为 0.4 时,戊烷/R245fa 对应的 VFR 值最小,为 4.09;R245fa 质量分数为 0.3 时,己烷/R245fa 对应的 VFR 值最小,为 1.02;R245fa 质量分数为 0.3 时,异己烷/R245fa 对应的 VFR 值最小,为 1.53。

如图 3-18 所示,随着 R245fa 质量分数的增大,八种二元非共沸混合工质对应的 SP 值呈现出以下两种规律。

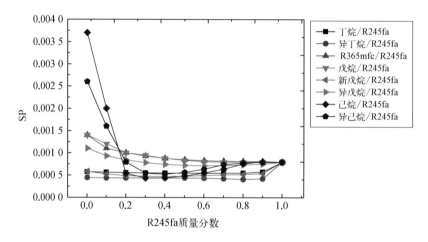

图 3-18　八种二元非共沸混合工质对应的 SP 值随 R245fa 质量分数的变化

① R365mfc/R245fa 对应的 SP 值与 R245fa 质量分数之间存在反比关系,R245fa 质量分数为 0.1 时,R365mfc/R245fa 对应的 SP 值最大,为 1.40×10^{-3};R245fa 质量分数为 0.9 时,R365mfc/R245fa 对应的 SP 值最小,为 8.07×10^{-4}。

② 除 R365mfc/R245fa 之外的其他七种工质对应的 SP 值呈现先减小后增大,中间存在最小值的变化规律。R245fa 质量分数为 0.5 时,丁烷/R245fa 对应的 SP 值最小,为 5.44×10^{-4};R245fa 质量分数为 0.1 时,异丁烷/R245fa 对应的 SP 值最小,为 4.32×10^{-4};R245fa 质量分数为 0.7 时,戊烷/R245fa 对应的 SP 值最小,为 7.89×10^{-4};R245fa 质量分数为 0.4 时,新戊烷/R245fa 对应的 SP 值最小,为 4.68×10^{-4};R245fa 质量分数为 0.6 时,异戊烷/R245fa 对应的 SP 值最小,为 7.10×10^{-4};R245fa 质量分数为 0.3 时,己烷/R245fa 对应的 SP 值最小,为 4.33×10^{-4};R245fa 质量分数为 0.4

时,异己烷/R245fa 对应的 SP 值最小,为 5.21×10^{-4}。

2. 三元非共沸混合工质的发电性能

在 3.2.2 节的基础上,对 R245fa/异戊烷/R365mfc 等 11 种三元非共沸混合工质进行了研究,计算过程中的参数如表 3-3 所示,本节以 R245fa/异戊烷/R365mfc 为例来说明三元非共沸混合工质的特性。

表 3-3 三元非共沸混合工质在 R245fa 摩尔分数为 0.3 时
对应的最大净发电功率、热效率和㶲效率

工　　质	三种组分的质量分数	最大净发电功率/kW	热效率/%	㶲效率/%
R245fa/异戊烷/R365mfc	0.29/0.01/0.7	8.07	7.83	29.47
R245fa/戊烷/R365mfc	0.29/0.01/0.7	8.05	7.82	29.44
R245fa/新戊烷/R365mfc	0.29/0.01/0.7	8.07	7.83	29.48
R245fa/己烷/R365mfc	0.29/0.01/0.7	8.06	7.83	29.46
R245fa/异己烷/R365mfc	0.29/0.01/0.7	8.09	7.85	29.52
R245fa/异戊烷/己烷	0.41/0.01/0.58	7.93	7.71	29.00
R245fa/戊烷/己烷	0.41/0.01/0.58	7.94	7.71	29.00
R245fa/新戊烷/己烷	0.41/0.01/0.58	7.91	7.70	28.89
R245fa/异戊烷/异己烷	0.41/0.01/0.58	8.23	8.01	30.15
R245fa/戊烷/异己烷	0.41/0.01/0.58	8.24	8.01	30.15
R245fa/新戊烷/异己烷	0.41/0.01/0.58	8.22	8.00	30.14

如图 3-19 所示,在 R245fa 质量分数固定不变时,随着异戊烷质量分数的升高,R245fa/异戊烷/R365mfc 的温度滑移呈现出山峰状变化规律;在异戊烷质量分数固定时,温度滑移同样呈现出山峰状变化规律。R245fa 质量分数相同时,温度滑移变化率相对较小;而异戊烷质量分数相同时,R245fa/异戊烷/R365mfc 对应的温度滑移变化率相对较大。这说明温度滑移对 R245fa 质量分数的变化更为敏感,且以 R245fa 质量分数为 0.3 为分界点,温度滑移对 R245fa 质量分数的变化率在[0, 0.3]内明显大于[0.3, 1]。在 R245fa 和异戊烷质量分数为 0.3 时,温度滑移最大,为 6.94 ℃。R245fa

质量分数介于[0.2，0.5]且异戊烷质量分数介于[0.1，0.7]内时温度滑移达到了6.00℃以上。R245fa质量分数相同时，随着异戊烷质量分数的升高，R245fa/异戊烷/R365mfc所对应的净发电功率持续减小；在异戊烷质量分数相同时，随着R245fa质量分数升高，净发电功率减小，且净发电功率对R245fa质量分数的变化率明显大于对异戊烷质量分数的变化率。

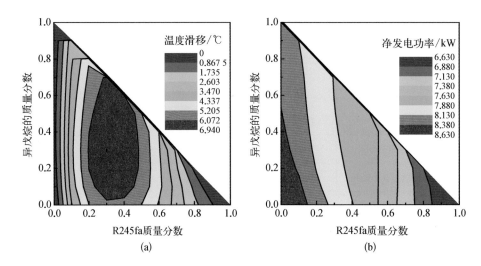

(a)   (b)

图3-19   R245fa/异戊烷/R365mfc温度滑移和净发
电功率随R245fa和异戊烷质量分数的变化

    表3-3所示为研究的11种三元非共沸混合工质在R245fa摩尔分数为0.3时对应的最大净发电功率、热效率和㶲效率。根据组分工质比重及净发电功率的大小，将它们分为三组：R365mfc组，包括前五种三元非共沸混合工质；己烷组，包括中间三种三元非共沸混合工质；异己烷组，包括最后三种三元非共沸混合工质。组内工质的发电性能相差无几，但是各组之间却相差很大，整体而言，异己烷组最优，己烷组次之，R365mfc组最差。三元非共沸混合工质的最大净发电功率主要取决于混合工质中比重最大的组分，受比重较小组分的影响较小。将表3-2中二元非共沸混合工质的最大净发电功率与表3-3中三元非共沸混合工质的最大净发电功率进行对比，可以发现，R365mfc组的发电性能基本相同，而己烷组和异己烷组的三元非共沸混合工质却比二元非共沸混合工质的发电性能有了明显的提高。

    如图3-20所示，R245fa/异戊烷/R365mfc对应的热效率和㶲效率具有类似的变化规律，这主要是由于在地热水进出口温度相同的条件下，系统的热效率和㶲效率取决于系统的净发电功率。在 R245fa 质量分数固定时,随着异戊烷质量分数的升高,R245fa/异戊烷/R365mfc 对应的热效率和㶲效率持续减小;在异戊烷质量分数固定的条件下,随着 R245fa 质量分数的升高,R245fa/异戊烷/R365mfc 对应的热效率和㶲效率同样呈现出了持续减小的变化规律。R245fa/异戊烷/R365mfc 对应的热效率和㶲效率的最大值分别为 8.25% 和 31.09%,需要说明的是,此时 R245fa 摩尔分数小于 0.3。

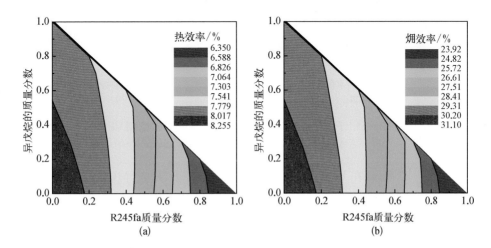

图 3 - 20　R245fa／异戊烷／R365mfc 热效率和㶲效率
随 R245fa 和异戊烷质量分数的变化

　　如图 3 - 21 所示,在地热水进出口温度不变时,混合工质所对应的最佳蒸发温度并不随其组分的变化而变化,因此 FOM 值只取决于 Ja 值。整体而言,R245fa/异戊烷/R365mfc 对应的 Ja 值和 FOM 值与 R245fa 质量分数成正比,与异戊烷质量分数成反比。R245fa 质量分数介于[0.7, 0.9]且异戊烷质量分数介于[0.1, 0.3]时,R245fa/异戊烷/R365mfc 对应的 Ja 值和 FOM 值较大,分别超过了 0.51 和 0.81。R245fa 质量分数相同时,随着异戊烷质量分数的升高,R245fa/异戊烷/R365mfc 对应的 VFR 值持续减小;在异戊烷质量分数相同时,随着 R245fa 质量分数的升高,R245fa/异戊烷/R365mfc 对应的 VFR 值呈现出了先减小后增大的变化规律。在三角形的三个顶点附近,R245fa/异戊烷/R365mfc 对应的 VFR 值较大。R245fa 质量分数处于[0.2, 0.5]且异戊烷质量分数处于[0.2, 0.8]时,R245fa/异戊烷/R365mfc 对应的 VFR 值较小。R245fa 质量分数为 0.3 且异戊烷质量分数为 0.7 时,R245fa/异戊烷/R365mfc 对应的 VFR 值最小,为 4.158。

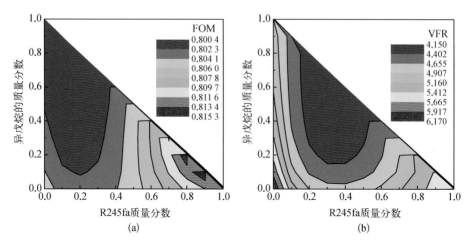

图 3‐21　R245fa／异戊烷／R365mfc 的 FOM 值和 VFR
值随 R245fa 和异戊烷质量分数的变化

　　如图 3‐22 所示,在 R245fa 质量分数固定的条件下,随着异戊烷质量分数的升

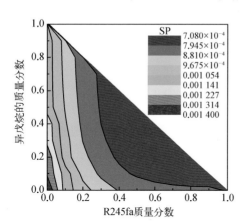

图 3‐22　R245fa／异戊烷／R365mfc
对应的 SP 值随 R245fa 和异
戊烷质量分数的变化

高,R245fa/异戊烷/R365mfc 对应的 SP 值
持续减小;在异戊烷质量分数固定的条件
下,随着 R245fa 质量分数的升高,SP 值持
续减小。R365mfc 的质量分数越大,
R245fa/异戊烷/R365mfc 对应的 SP 值则
越大;R245fa 的质量分数越大,R245fa/异
戊烷/R365mfc 对应的 SP 值则越小,这是
由于在纯工质状态下,R365mfc、异戊烷和
R245fa 所对应的 SP 值依次降低。R245fa/
异戊烷/R365mfc 对应的 SP 值对 R245fa
质量分数的变化率更大,且 SP 值对 R245fa
质量分数更敏感。

参考文献

[1] 张会生,周登极.热力系统建模与仿真技术[M].上海:上海交通大学出版社,2018.
[2] 胡开永.ORC 系统蒸发器换热特性及过热度对系统稳定性影响研究[D].天津:天津大学,2017.
[3] 李太禄.中低温地热发电有机朗肯循环热力学优化与实验研究[D].天津:天津大学,2013.

第 4 章

干热岩地热发电

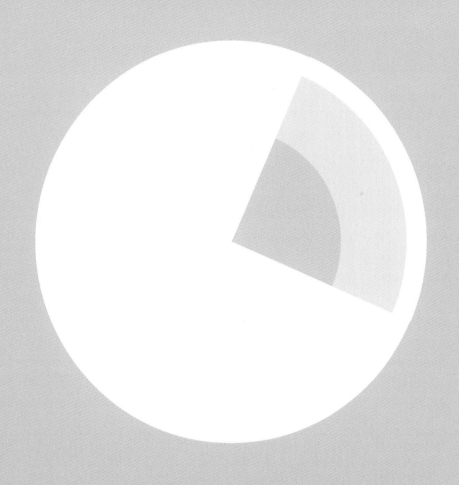

4.1 增强型地热系统

4.1.1 增强型地热系统及发展历程

干热岩(hot dry rock, HDR)是指埋深数千米,内部不存在流体或仅有少量地下流体的高温岩体,是一种普遍存在的地热资源。其成分有多种,绝大部分为中生代的中酸性侵入岩,但也可能是中、新生代的变质岩,甚至是厚度巨大的块状沉积岩。

用以提取干热岩内部热量并在地面发电的地热利用系统被称作增强型地热系统(enhanced geothermal system, EGS),其概念模型见图4-1。

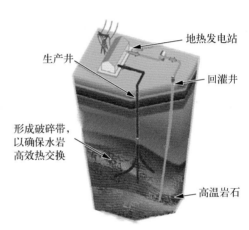

图4-1 增强型地热系统(EGS)的概念模型

干热岩的研发经历了兴起—停滞—再兴起的过程。从地下高温岩体中提取热能的实验研究最早始于美国。美国洛斯阿拉莫斯国家实验室(Los Alamos National Laboratory)于20世纪70年代在新墨西哥州的芬顿山(Fenton Hill)启动了干热岩项目,从而开创了干热岩地热技术。第一阶段(1974—1980年)钻了两眼地热井,第一眼井深2 042 m,水力压裂后又加深至2 932 m,测得180 ℃岩温;第二眼井深3 064 m,测得200 ℃岩温。1977年把第一眼井的开斜井与第二眼井做连通试验,两眼井相距100 m,试验了417天,获得3~5 MW热量,并进行了60 kW双工质发电试验。第二阶段又钻了两眼地热井,进行了压裂试验并钻开斜井,在4 390 m井底测得327 ℃岩温。1986年进行了30天循环试验,注入37 000 m³水,水的回收率为66%,注水流量范围为10.6~18.5 kg/s,压力范围为26.9~30.3 MPa,产出水温达192 ℃。因塌孔和设备损坏等,试验于20世纪90年代结束。

2006年,麻省理工学院等在给美国能源部提交的报告里正式将干热岩发电系统称作增强型地热系统,以便更确切地反映热储等级的连续性,涵盖目前的商业水热型地热田、水热型地热田边缘的非生产地区,以及遍及全美国的中、低等级梯度的地热。报告中指出美国地热能储量巨大,预测 EGS 能够为美国提供可靠且稳定的基础电力供应,在没有联邦政府投资的情况下,到 2050 年 EGS 能为美国提供 $5×10^4$ MW 的电力,如果联邦政府的净投资达到 3.5 亿美元,到 2050 年 EGS 可以为美国提供 $1×10^5$ MW 的电力。

美国阿尔塔洛克(AltaRock)能源公司在俄勒冈州的纽贝里(Newberry)火山 EGS 示范项目于 2012 年 12 月成功完成了多层注水激发,首创了单井多层激发技术,致力于降低 EGS 成本从而提高商业竞争力。该项目位于俄勒冈州本德市纽贝里火山附近。2010 年阿尔塔洛克(AltaRock)能源公司与德文堡(Davenport)公司合作,获得了美国能源部的支持,开展了纽贝里火山 EGS 示范项目。该项目在地下 1 981～3 353 m 利用水力剪切技术(通过注入井向地下注入加压冷水来扩大现有裂缝)形成地下热交换系统,即人工热储。然后,在距注入井 457 m 处钻生产井使其与所建造的人工热储相交,实现注入井与生产井的连通。该技术通过注入井将水注到地下,在热储中流动加热,然后通过生产井以热水或蒸汽的形式被带到地面,用于发电。从汽轮机出来的蒸汽被冷凝后又重新注入地下进行再次循环。该项目的第一阶段始于 2010 年 5 月,于 2011 年 12 月结束。项目内容包括工程许可获准、社区扩展、地震危害分析、初始微震部署、最终微震设计、场地描述和激发计划。

2011 年年末和 2012 年年初,美国能源部与林业服务和土地管理局联合开展了环境审查,评估了 EGS 的应用对环境的潜在影响。经过严格的环境影响评估和机构间的积极协调,林业服务和土地管理局与能源部于 2012 年 4 月 5 日发布了"没有显著影响"的评估报告。2012 年年初,AltaRock 能源公司安装了永久性地震监测传感器,并对热储的发育进行了跟踪,确保地震活动在安全范围内。2012 年 4 月获得环境审查许可后,开始了第二阶段的研发。AltaRock 能源公司配备了钻井平台、布置泵、储水池和管线,完善了最后的工程规划,并在此基础上进行了激发作业。2012 年 10 月 31 日,AltaRock 能源公司的水力剪切激发试验宣告成功,并于 11 月 6 日成功地激发了第 1 个区域,2012 年 11 月和 12 月分别激发了第 2 个和第 3 个区域。

2011 年,美国能源部重点资助了位于加利福尼亚州盖瑟尔斯(Geysers)地热田的增强型地热系统项目,此示范工程剖面图如图 4-2 所示。

盖瑟尔斯地热田是世界上最大的蒸汽地热田,发电装机容量为 825 MW,位于加利福尼亚州旧金山市北部 100 多千米,1960 年开始运行至今,由于长期运行,存在一定的储层压力下降问题。1980 年勘探井下钻,遇高温(280～400 ℃)变质岩体。因此,工程中采用了刺激深部低渗透性高温岩体,以增加上部蒸汽储层产量的方法。刺激

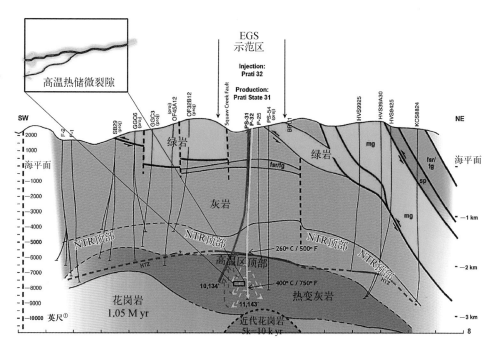

图 4－2　盖瑟尔斯 EGS 示范工程剖面图(来源:
https://geysers.com/egsGeysers)

前将废弃勘探井 P－32 和 PS－31 分别加深至约 3 000 m 和 3 500 m,两井相距约 500 m。2011 年 10 月开始进行了为期 1 年的水力压裂测试,井底注入的压力远低于岩体破裂压力,期望通过冷水的注入引起储层热收缩和剪切破坏,进而增加储层渗透率。压力回应和监测数据表明在深部高温岩体中成功建立了新的裂隙储层,测试表明新储层热提取率约为 5 MW。此增强型地热系统发电一段时间后,由于管道及其他地面设备中出现了严重腐蚀现象,为保障安全,系统随后停止运行。

　　目前 EGS 所面临的一个主要的挑战是成本较高。由于钻一眼地热井需要花数百万美元,提高单井发电量使 EGS 在电力市场更具竞争力是至关重要的。简单单层刺激法建造的 EGS 的发电量不足,为了使其具有足够的电力市场竞争力,需要开发能够在单口井内建造多个激发区的技术,以提高单井发电量,降低发电成本。

　　美国能源部于 2014 年宣布了重点支持增强型地热系统研发的地热能研究前沿观测站(frontier observatory for research in geothermal energy, FORGE)项目。美国能源

---

①　1 英尺 = 0.304 8 米。

部计划在FORGE项目的早期阶段提供3 100万美元的资助。地热能研究前沿观测站是一个专门用于增强型地热系统前沿技术研发的地下实验场。FORGE项目的研发重点是在各类岩石大型裂隙网络的有效压裂技术、流体通道形成发展成像和监测技术，以及热储的稳定性和管理技术等方面。

FORGE项目的原则方案是：第一，主要资助决定EGS项目成功开采的关键技术；第二，在理想的EGS环境中，通过发展—测试—提高的方式开发关键技术；第三，在可控的开发环境中，综合比较多种开发技术及工具；第四，及时共享研究成果，与不同研究团队进行充分交流。

FORGE项目分三个阶段实施：第一阶段历时1年，主要内容是选择地热田和初步构建地质模型；有5个单位参与，最后选拔出2个单位进入第二阶段。第二阶段历时约2年，主要分析地热田的特点，进行数据整合，选出1家单位进入第三阶段。第三阶段历时约5年，包括工程实施、钻井研究、储层激发、竞争性研究与开发等。前2年的预研经费为3 100万美元，后期经费取决于前期目标完成的情况。参与FORGE项目第二阶段的两个研究团队分别来自犹他大学(The University of Utah)和桑迪亚国家实验室(Sandia National Laboratories)。

从世界范围看，除美国外，法国、澳大利亚、英国、德国和日本等国也开展了EGS的研发(表4-1)。全球已有EGS工程31项(欧洲20项，美国6项，澳大利亚2项，日本2项，萨尔瓦多1项)，累计发电能力约为12 MW。

表4-1　国外干热岩开发典型项目

国家	项目地点	热流值/(mW/m²)	温度/℃	深度/m	效　果
美国	Fenton Hill	160	325	4 391	研究先驱，取得了宝贵的经验
	德瑟特峰(Desert Peak)	128	135~204	2 475	2013年成功发电，1.7 MW
	Geysers	168	400	3 400	成功并网发电，新增5 MW
法国	苏茨(Soultz)	176	210	5 270	2011年投产，发电能力为1.5 MW
澳大利亚	Habanero	100	270	4 911	终止

续表

国家	项目地点	热流值/ (mW/m^2)	温度/℃	深度/m	效　果
英国	Rosermanowes	120	100	2 600	终止
德国	Landau	100	160(井口)	4 200	发电能力为 2.9 MW,供热能力为 3 MW
日本	肘折(Hijiori)	168	270	2 200	终止

在美国芬顿山启动的干热岩项目是世界上最早进行 EGS 开发干热岩地热能的实验项目,首次尝试并验证了人工建造热储所需的地质工程改造技术和钻探技术。在法国苏茨(Soultz)启动的干热岩项目是目前世界上最为成功的 EGS 示范项目,也是世界上第一个实现 EGS 较长期发电的项目,证实了 EGS 有望成为一种可持续、可再生和清洁的发电技术,该项目也是目前最深的 EGS 项目,钻井深度达到 5 270 m。

EGS 早期的概念模型主要集中在开发具有高温的花岗岩体,然而基于目前的热储建造技术还难以实现单一干热岩系统的商业化开发。因此,EGS 研究不断向现有水热型地热系统的边缘或深部扩展,通过扩展水热储层增强水热田的发电能力,位于美国 Desert Peak 与 Geysers 的项目都是采用这种模式。这些项目前期都是开采水热型蒸汽田,后期由于蒸汽量下降无法满足发电要求,而开发其深部干热岩资源则获得了比较好的效果。就温度而言,位于美国 Geysers 的项目是迄今为止温度最高的 EGS 项目,达到 400 ℃。

总体来看,尽管国际上对干热岩的研究起步较早,但由于技术(深部勘查技术、深部钻探技术、人工造储技术等)及成本等的限制,目前还没有一个完全规模化、商业化正式运行的 EGS 项目。

研发和改进关键技术,是整个 EGS 项目开发中的重点和难点。这些关键技术的突破,可降低开发成本、减少环境影响和增加开发安全性,进而推动 EGS 项目的发展和商业化开发的有效实施。增强型地热系统的关键技术可以概括为以下几个主要方面。

(1) 项目建设靶区优选

基于现场试验和研究,通过地质、地球物理、地球化学、遥感等手段优选经济技术指标好的区块。优选指标主要包括温度、裂隙情况、大地热流、居里面埋深、酸性岩体分布和控热构造特征等。靶区优选的主要难点包括热源埋藏深、地温场非均质性强、成因机理主控因素复杂等。

（2）系统设计及热储精准描述

根据已有的测试参数、地质和工程资料,利用数值模拟、物理模拟、岩心分析等手段,掌握热储地质工程特征,进行热储精细描述,设计热储换热参数、井组、井网、井距、采灌制度等运行参数。其关键技术包括压裂前后人工裂缝地质建模技术、渗流传热模拟技术、热储四场(温度场、应力场、渗流场、化学场)耦合模型建立与数值求解技术、热储运行效率和使用寿命分析技术等。

（3）高效成井及循环采热通道形成

高效成井旨在根据工程需求进行直井、定向井、水平井、复杂结构井等深钻施工,形成可靠的循环采热通道。主要的设备、材料和技术包括高温硬地层破岩钻头和工具、耐高温井下测量仪器、耐高温井筒流体和工作液材料、高温井下安全控制技术与地面冷却设备、耐高温保温井筒密封材料和工艺。高效成井技术需要克服包括超高温,地层高硬,岩体研磨性强、裂隙发育、构造复杂,热破裂现象频发,工程地质条件复杂等难点。

（4）大体积高导流热储建立

利用水力压裂、酸化等手段,在致密的高温地层,建立大面积高导流裂隙发育空间热储,主要技术包括地质力学参数求取技术,岩体破裂、裂隙展布评估与控制技术,耐高温自支撑高导流压裂液及裂缝监测与压裂效果评价技术。热储压裂需要面对的主要困难包括高温、高硬度、高应力、高密度、预测难度大、热储工程地质条件复杂等问题。

（5）运行监测及稳定采热发电

需要维持系统运行寿命超过 20 年,保证出口流体的温度和流量在运行过程中始终满足发电要求,保障地下换热和地面发电系统高效运行。系统运行的关键技术包括系统运行监测技术、热储动态模拟和运行参数动态优化技术、发电工艺优选技术,以及管路防腐防垢技术。系统稳定运行的难点主要包括热力短路、热储四场动态变化监测和系统运行关键参数调整困难、水岩作用强烈,以及地面管路和设备易腐蚀结垢等。

4.1.2　中国干热岩资源发电潜力

（1）中国干热岩资源分布

我国干热岩资源分布按照地质成因分为高热流花岗岩体干热岩、沉积盆地干热岩、近代火山干热岩及构造活动型干热岩,具体分布归纳如下。

按热源成因,可以将中国干热岩划分为四种类型:强烈构造活动带型、沉积盆地型、近代火山型、高放射性产热型。其中,强烈构造活动带型主要分布在青藏高原(欧亚板块和印度洋板块挤压,有侵入体和熔融体等高温岩浆热源)。沉积盆地型主要分布在松辽盆地、渤海湾盆地等中新生代断陷盆地的下部,沉积覆盖层具有较高的地温梯度,与水热型地热系统共生。近代火山型主要分布在腾冲、长白山、五大连池、雷琼半岛等地区(与底部岩浆活动密切相关)。高放射性产热型主要分布在福建漳州、广东阳江、海南陵水等东南沿海地区。

(2) 中国干热岩资源发电潜力评估

我国干热岩资源发电潜力巨大,干热岩的开发利用对于缓解我国所面临的能源压力、促进地方经济发展、推动节能减排具有重要的社会、经济意义。

2012 年,中国地质调查局利用体积法对中国大陆 3.0~10.0 km 深处的干热岩资源量进行了估算,结果显示,中国大陆 3.0~10.0 km 深处干热岩资源量为 2.5×10^{25} J,相当于 860 万亿吨标准煤,按 2% 的可采资源量计算,约相当于 2010 年我国能源消耗总量(32.5 亿吨标准煤)的 5 300 倍;位于深度 3.5~7.5 km 之间,温度介于 150~250 ℃的干热岩资源量约为 6.3×10^{24} J,按 2% 的可采资源量计算,约相当于 2010 年我国能源消耗总量的 1 320 倍。

2013 年,中国科学院汪集旸院士团队也对我国陆区干热岩资源进行了评价,所得结果与前者差别很小,按 2% 的可开采资源量计算,相当于我国目前能源消耗总量的 4 400 倍。

中国大陆各主要干热岩分布区的干热岩资源量见表 4 - 2,从干热岩资源区域分布上看,青藏高原南部占我国大陆地区干热岩总资源量的 20.5%,温度最高。其次是华北和东南沿海中生代岩浆活动区(浙江、福建和广东),分别占总资源量的 8.6% 和 8.2%。接下来是东北(松辽盆地),占 5.1%;此外,云南西部干热岩温度较高,但面积有限,占总资源量的 4.0%。

估算发电潜力时,既要考虑地热能的量又要考虑地热能的质(温度高低),因此这里采用了热力学中可用能的概念,其定义如下:

$$E = \left(\frac{T - T_0}{3\ 600T} \right) Q \qquad (4-1)$$

式中,E 为发电功率;T 为热源温度;T_0 为环境温度;Q 为干热岩提供的热能。

表4-2　中国大陆各主要干热岩分布区的干热岩
资源量（中国科学院数据，2013）

地热区	资源基数总量（100%）		可采资源量下限（2%）		占总资源量的百分比/%
	地热能/10^6 EJ	按地热能折算的标准煤/10^{12} t	地热能/10^6 EJ	按地热能折算的标准煤/10^{12} t	
青藏高原	4.31	147.1	0.09	3.07	20.5
华　北	1.81	61.8	0.04	1.36	8.6
东　南	1.73	59.0	0.03	1.02	8.2
东　北	1.08	3.69	0.02	0.68	5.1
云　南	0.83	28.3	0.02	0.68	4.0
全　国	21.0	716.6	0.42	14.3	100

注：1 EJ = 10^{18} J = 3.412 154×10^7 t 标准煤。

根据表4-2中我国各主要干热岩分布区和干热岩资源量，这里取环境温度
T_0 = 20 ℃，对热源温度 T 分别为 150 ℃、200 ℃和 250 ℃的三种情况进行了计算，得到
在三种不同热源温度下的干热岩资源发电潜力估算结果（表4-3至表4-5）。

表4-3　干热岩资源发电潜力估算（T =150 ℃，T_0 =20 ℃）

地热区	资源基数总量（100%）			可采资源量下限（2%）		
	地热能/10^6 EJ	发电量/(10^{17} kW·h)	按发电量折算的标准煤/10^{12} t	地热能/10^6 EJ	发电量/(10^{17} kW·h)	按发电量折算的标准煤/10^{12} t
青藏高原	4.31	3.68	115.92	0.09	0.08	2.52
华　北	1.81	1.55	48.83	0.04	0.03	0.95
东　南	1.73	1.48	46.62	0.03	0.03	0.95
东　北	1.08	0.92	28.98	0.02	0.02	0.63
云　南	0.83	0.71	22.37	0.02	0.02	0.63
全　国	21.0	17.93	564.80	0.42	0.36	11.34

注：1 EJ = 10^{18} J；1 kW·h = 0.315 kg 标准煤。

表 4-4　干热岩资源发电潜力估算（T =200 ℃，T_0 =20 ℃）

地热区	资源基数总量（100%）			可采资源量下限（2%）		
	地热能/10⁶ EJ	发电量/(10¹⁷kW·h)	按发电量折算的标准煤/10¹² t	地热能/10⁶ EJ	发电量/(10¹⁷kW·h)	按发电量折算的标准煤/10¹² t
青藏高原	4.31	4.56	143.64	0.09	0.10	3.15
华　北	1.81	1.91	60.17	0.04	0.04	1.26
东　南	1.73	1.83	57.65	0.03	0.03	0.95
东　北	1.08	1.14	35.91	0.02	0.02	0.63
云　南	0.83	0.88	27.72	0.02	0.02	0.63
全　国	21.0	22.20	699.30	0.42	0.44	13.86

注：1 EJ=10¹⁸ J；1 kW·h=0.315 kg 标准煤。

表 4-5　干热岩资源发电潜力估算（T =250 ℃，T_0 =20 ℃）

地热区	资源基数总量（100%）			可采资源量下限（2%）		
	地热能/10⁶ EJ	发电量/(10¹⁷kW·h)	按发电量折算的标准煤/10¹² t	地热能/10⁶ EJ	发电量/(10¹⁷kW·h)	按发电量折算的标准煤/10¹² t
青藏高原	4.31	5.27	166.01	0.09	0.11	3.47
华　北	1.81	2.21	69.62	0.04	0.05	1.58
东　南	1.73	2.11	66.47	0.03	0.04	1.26
东　北	1.08	1.32	41.58	0.02	0.02	0.63
云　南	0.83	1.01	31.82	0.02	0.02	0.63
全　国	21.0	25.65	807.98	0.42	0.51	16.07

注：1 EJ=10¹⁸ J；1 kW·h=0.315 kg 标准煤。

从以上估算结果可以看出，即便以保守的表 4-3 的情况为例（T = 150 ℃，T_0 = 20 ℃，可开采资源量下限为 2%），我国干热岩资源年发电量仍然可达 3.6×10¹⁶ kW·h

以上,是我国2016年总发电量(6万亿千瓦时)的6 000倍,折合标准煤11.34×10^{12} t。

需要指出的是,"可用能"计算中采用的是卡诺循环效率,而卡诺循环是所有热机循环中效率最高的,在实际应用中不可能达到。就这里的冷、热源温度范围而言,实际的地热发电循环效率只是其对应的卡诺循环效率的1/3左右。因此,对以上得到的数值进行打折(乘以1/3),可以估算出保守情况下我国干热岩资源年发电量为1.2×10^{16} kW·h,是我国2016年总发电量(6万亿千瓦时)的2 000倍,折合标准煤3.78×10^{12} t。

由此可见我国干热岩资源发电有巨大的潜力,如能大规模商业推广利用,将给我国地热发电行业带来新契机,并将明显改善我国的能源结构,产生巨大的社会经济效益。

4.2 复合地热发电系统

4.2.1 与干热岩资源匹配的发电系统

对于常规单级闪蒸地热发电系统(图4-3),来自干热岩的地热流体经生产井到达地面(井口),然后进入汽水分离器(闪蒸器),分离出的蒸汽进入汽轮机做功发电,分离出的尾水与来自冷凝器的液态水一起被回灌到地下的干热岩系统再次取热,完成"地下取热—地上做功—回灌地下—再次取热"的EGS循环。这里以单级闪

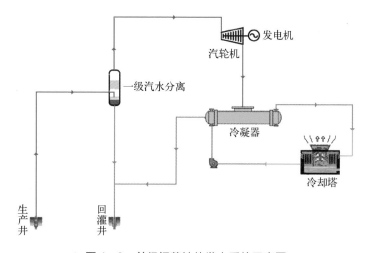

图4-3 单级闪蒸地热发电系统示意图

蒸(SF)地热发电系统(以下简称 SF 系统)为基准,与其他复合地热发电系统比较,并在此基础上绘制出便于应用的地热发电系统筛选图。

根据不同干热岩资源的条件及进口地热流体的温度及干度,这里提出了三种复合发电方案,如图 4-4、图 4-5 和图 4-6 所示,以实现充分利用干热岩资源,提高系统经济性的目的。

(1) 双级闪蒸(DF)地热发电系统(以下简称 DF 系统)

如图 4-4 所示,一级汽水分离后的高温地热水经过二级闪蒸,可以产生更多的水蒸气进入汽轮机做功发电。随后的详细计算和分析表明,此系统方案适用于热源温度较高,而干度较低的干热岩资源。

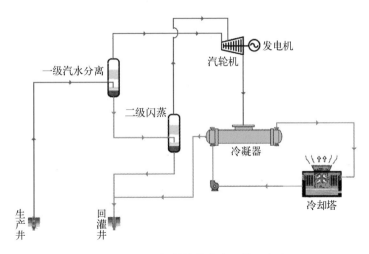

图 4-4 双级闪蒸地热发电系统示意图

(2) 单级闪蒸及 ORC 复合地热发电系统

此方案(图 4-5)是将单级闪蒸地热发电系统与 ORC 系统相结合的复合地热发电系统,简称 FORC 系统。一级汽水分离产生的高温地热水用作 ORC 系统的热源进行发电,ORC 系统相当于一个底循环。随后详细的计算和分析表明,该方案适用于热源温度和干度都相对较低的干热岩资源。就 ORC 系统而言,需要考虑热源温度与蒸发温度的匹配,并通过优化确定与最大净发电功率对应的最佳蒸发温度。

(3) 双级闪蒸及 ORC 复合地热发电系统(以下简称 DFORC 系统)

DFORC 系统是将双级闪蒸(DF)地热发电系统与 ORC 系统相结合的复合地热发

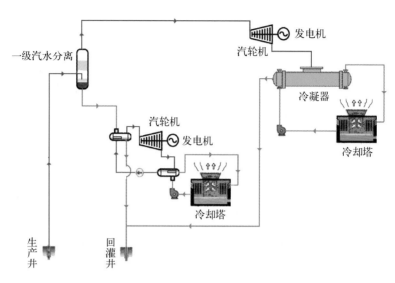

图4-5　单级闪蒸及ORC复合地热发电系统示意图

电系统。一级汽水分离后的地热水经二级闪蒸,得到的水蒸气进入汽轮机继续做功发电。二级闪蒸后的地热水进入ORC系统蒸发器,作为ORC系统(底循环)的热源,驱动ORC系统发电。随后详细的计算和分析表明,该系统适合于热源温度和干度较高的干热岩资源。

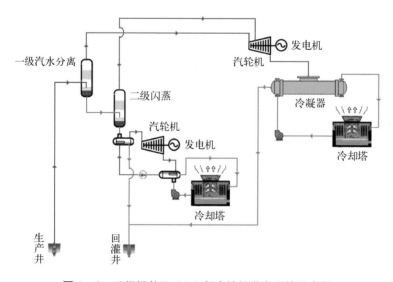

图4-6　双级闪蒸及ORC复合地热发电系统示意图

4.2.2　复合地热发电系统的优化与分析

（1）复合地热发电系统的优化

如上节所述,复合地热发电系统是在单级闪蒸地热发电系统的基础上,叠加底循环(二次闪蒸或 ORC)构成的。分析发现,闪蒸循环中的闪蒸温度和 ORC 中的工质蒸发温度对整个系统的发电量有很大影响,通过对上述两个参数的优化可以实现系统发电量的最大化。这里以复合地热发电系统净发电功率最大为目标函数,对不同复合地热发电系统进行优化和分析。

复合地热发电系统的优化是指在一定干热岩资源条件下,对选择方案的系统参数进行详细计算,优化决策参数的过程。在以下优化中,热源条件用热源温度(生产井井口地热流体温度)和热源干度(生产井井口地热流体干度)两个参数来体现,并且FORC 系统和 DFORC 系统中 ORC 的工质均为 R245fa。

双级闪蒸地热发电系统的优化结果如图 4-7 所示。

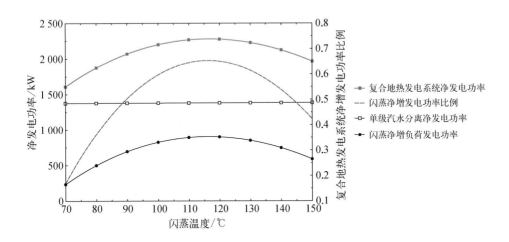

图 4-7　双级闪蒸地热发电系统的优化结果
（地热流体温度为 180℃,干度为 0.1,地热流体流量为 150 t/h）

当地热流体温度为 180℃,干度为 0.1,地热流体流量为 150 t/h 时,双级闪蒸地热发电系统的最佳闪蒸温度为 115℃,对应其最大净发电功率(图 4-7)。双级闪蒸地热发电系统存在最佳闪蒸温度的原因是,当闪蒸温度较低时,虽然闪蒸得到的蒸汽量较大,但闪蒸出的蒸汽温度和压力水平较低,系统的净发电功率也相应变小;而闪蒸温度过高时,闪蒸得到的蒸汽量又太少,会使系统净发电功率减小。所以综合考虑闪蒸蒸汽量与闪蒸蒸汽参数的影响,最佳闪蒸温度是双级闪蒸地热发电系统方案设计中必须优化的参数。需要说明的是图4-7~图4-9中一级汽水分离温度都假定为生产井井口地热流体温度,图文中所指闪蒸温度均为二级闪蒸温度。

图4-8是单级闪蒸及ORC复合地热发电系统的优化结果。从图中可以看出,该系统的净发电功率随ORC蒸发温度的变化而变化。此优化结果对应的热源参数是:地热流体温度为150 ℃,干度为0.2,地热流体流量为150 t/h。从ORC净增发电功率比例曲线可以看出,当蒸发温度在72~120 ℃之间时,使用FORC系统代替SF系统可以增加20%以上的净发电功率。同时还可以看出,对应最大净发电功率有一个最佳蒸发温度(100 ℃)。有两个关键参数影响ORC净增发电功率,一个是在ORC蒸发器中产生的有机工质的蒸汽质量流量;另一个是在蒸发器中产生的有机工质蒸汽的温度(蒸汽的可用能品位)。前者随蒸发温度的升高而减小,后者随蒸发温度的升高而升高。可见蒸发温度过高或过低都不好,因此不难理解为什么FORC系统存在一个与最大输出功对应的最佳蒸发温度。

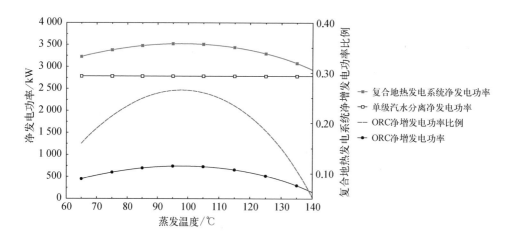

图4-8　单级闪蒸及ORC复合地热发电系统的优化结果
(地热流体温度为150 ℃,干度为0.2,地热流体流量为150 t/h)

在地热流体温度为180 ℃,干度为0.3,地热流体流量为150 t/h的情况下,如采用DFORC系统,整体优化闪蒸循环中的闪蒸温度和ORC中的工质蒸发温度,可得到如

图4-9所示的参数之间的关系及最佳工况点。在此热源情况下,最佳蒸发温度为95℃,整体优化得到的最佳闪蒸温度为150℃。

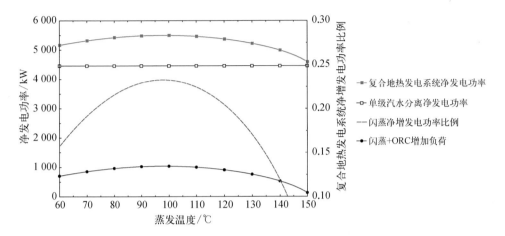

图4-9　双级闪蒸及 ORC 复合地热发电系统的优化结果

（地热流体温度为 180 ℃,干度为 0.3,地热流体流量为 150 t/h）

（2）复合地热发电系统的热力性能

与以上复合地热发电系统在某一确定工况下的模拟计算与优化方法相似,对复合地热发电系统其他工况也可以进行同样的计算和优化,分析该系统在多种工况下的适用性及系统性能。设计计算表明,双级闪蒸地热发电系统更适合于热源温度较高但热源干度(井口地热流体干度)不是很大的情况。图4-10显示不同热源温度、热源干度对系统净发电功率及净增发电功率比例的影响。

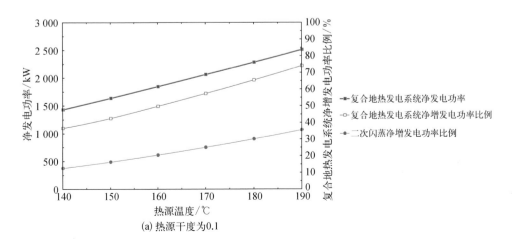

(a) 热源干度为0.1

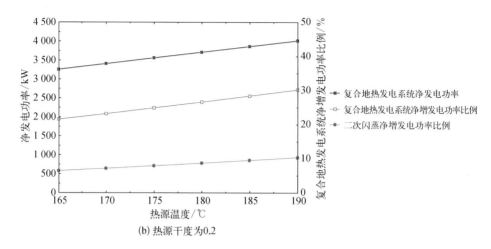

(b) 热源干度为0.2

图4-10 热源温度和热源干度对双级闪蒸地热发电系统发电功率的影响

从图4-10可以看出,与单级闪蒸地热发电系统相比,热源温度越高,复合地热发电系统的净发电功率越大,净增发电功率比例也越高。另外,复合地热发电系统的净增发电功率比例也受到热源干度的影响,干度较小时,热源温度的提高对系统净增发电功率比例的影响越大。如热源温度为150℃,热源干度为0.1时,DF系统比SF系统增加发电功率43%;当热源温度为180℃,热源干度为0.1时,DF系统比SF系统增加发电功率67%[图4-10(a)];若热源温度为180℃不变,而热源干度为0.2时,DF系统比SF系统增加发电功率约28%[图4-10(b)]。

(3)双级闪蒸及ORC复合地热发电系统的热力性能

热源温度、热源干度对DFORC系统发电功率的影响见图4-11。从图中可以看

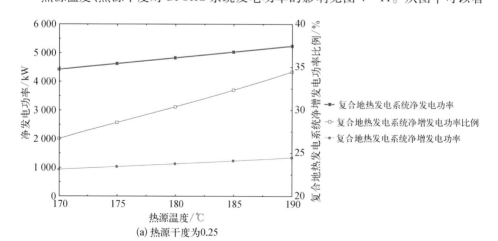

(a) 热源干度为0.25

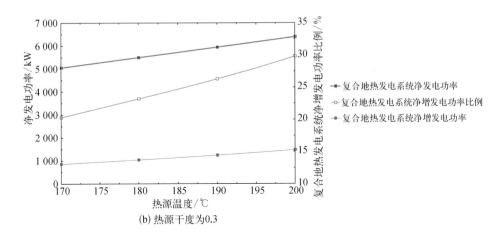

(b) 热源干度为0.3

图 4 - 11　热源温度和热源干度对 DFORC 系统发电功率的影响

出,DFORC 系统在热源干度较大时(分别等于 0.25 和 0.3 时),复合地热发电系统可以提供较大的发电功率。因此,DFORC 系统更适合热源干度较大的干热岩资源。

4.2.3　最佳地热发电系统的筛选

双级闪蒸地热发电系统简单可靠,易于控制维护,且投资较少;但在低温情况下,系统发电效率较低。ORC 系统相对复杂,造价较高,但在低温条件下的发电效率较高。因此,在不同的地热流体温度及干度情况下,DF 系统、FORC 系统和 DFORC 系统三者中哪个系统更优,需要进行详细的热力性能计算和对比才能确定。

为便于工程应用,这里采用绘制最佳地热发电系统筛选图的方法来确定最优地热发电系统。通过对这三种发电系统的热力性能进行比较分析,可以确定每种发电循环的最佳适用范围。系统的比较及绘制建立在各发电系统最优化设计的基础上,以系统净输出功率最大为目标函数,对系统闪蒸温度和蒸发温度进行优化,并以复合地热发电系统比单级闪蒸地热发电系统净输出功率至少高 20% 为基准条件。由于热源温度的不同,ORC 可能采用不同工质,这里针对三种有机工质(R245fa、R123 及 R152a)绘制了对应的发电系统适用的范围图。

图 4 - 12 是 ORC 工质为 R245fa 时三种发电系统的适用范围图。从图中可以看出最佳地热发电系统的选择取决于地热流体的温度和干度。

图 4 - 12 中纵坐标是热源(井口地热流体)温度,横坐标是对应的地热流体干

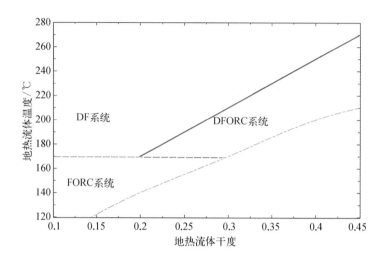

图4-12　发电系统（DF 系统、FORC 系统、DFORC
系统）的适用范围（ORC 工质：R245fa）

度,此图由四个区域组成:DF 系统应用区、FORC 系统应用区、DFORC 系统应用区,
以及绿色虚线下方区域,在绿色虚线下方区域内三种发电系统(DF 系统、FORC 系
统、DFORC 系统)均不能实现净发电功率高于单级闪蒸地热发电系统 20% 以上。
从图中可以看出,当地热流体干度一定时,其温度越高越适合采用复合地热发电系
统。当地热流体温度较高而干度相对不高时,采用 DF 系统有较高的净发电功率。
当地热流体温度和干度都较小时(左下方区域),则宜采用 FORC 系统,此时 ORC
系统作底循环的优越性就体现出来了,相比 DF 系统,FORC 系统的净发电功率更
高。图4-12 中蓝色虚线是一条水平等温线(170 ℃),是为防止 ORC 系统蒸发器
中有机工质出现热解而设置的 FORC 系统应用的上限温度值,是基于 R245fa 工质
临界温度及蒸发器设计而确定的。DFORC 系统的应用区域在图的右上方,对应较
高的地热流体干度和温度,在此情况下,利用 DF 系统并以 ORC 系统为底循环发
电,能提供更多的电力。

　　图4-13 和图4-14 是 ORC 工质分别为 R152a 及 R123 时发电系统(DF 系统、
FORC 系统、DFORC 系统)的适用范围图。从图中可以看出,ORC 系统工质差异性带
来的区别主要体现在蓝色虚线的位置(FORC 系统可应用的温度上限),其值主要取
决于所用有机工质的临界温度。

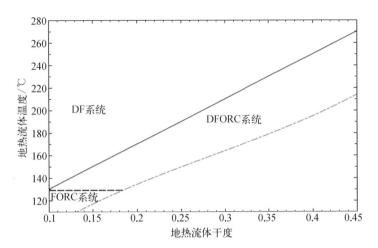

图 4-13 发电系统（DF 系统、FORC 系统、DFORC
系统）的适用范围（ORC 工质：R152a）

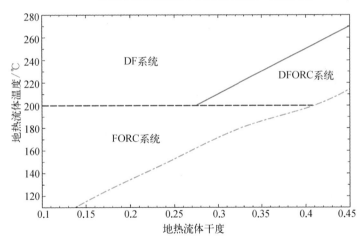

图 4-14 发电系统（DF 系统、FORC 系统、DFORC
系统）的适用范围（ORC 工质：R123）

4.3 技术经济性分析

4.3.1 平准化电力成本分析与比较

平准化电力成本（levelized electricity cost，LEC）衡量的是每得到一度电所需要的
费用，以此作为评判电站经济性好坏的指标，是目前国内外常用的技术经济性评价方

法。国内外有不少学者也用此方法评价太阳能和风能等可再生能源发电的经济性,为政府补贴政策的制定提供参考。近年来,越来越多的学者将此经济性评价方法应用到地热发电领域。平准化电力成本的计算公式为

$$LEC = \frac{COST \cdot CRF + COM}{\tau W_{net}} \qquad (4-2)$$

式中,COST 为地热电站开发成本,包括电站建设、设备等投资成本;COM 为系统年运行成本;τ 为年运行时间;W_{net} 为系统净发电功率;CRF 为资本回收因子。

其中,资本回收因子 CRF 可由下式计算:

$$CRF = \frac{(i+1)^n \cdot i}{(i+1)^n - 1} \qquad (4-3)$$

式中,i 为银行利率;n 为电站运行年限。

图 4 - 15 是不同热源条件下 DF 系统、FORC 系统和 DFORC 系统与 SF 系统的平准化电力成本比较。为准确并全面地分析增强型地热系统的成本,除了要计算系统地面部分的投资,还要考虑热储钻探、成井、试验,后期设备的运行、维护等全部的资金投入。

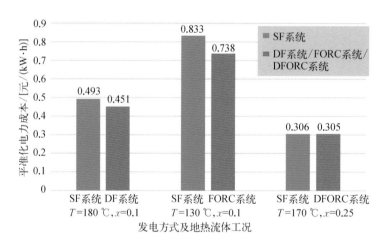

图 4 - 15　不同热源条件下 DF 系统、FORC 系统、DFORC
系统与 SF 系统的平准化电力成本比较

(T 为地热流体温度,x 为地热流体干度,地热流体流量均为 150 t/h)

从图 4 - 15 可以看出,在地热流体温度 T 为 180 ℃,地热流体干度 x 为 0.1,地热流体流量为 150 t/h 的工况下,SF 系统的平准化电力成本为 0.493 元/(kW·h),DF 系统的平准化电力成本为 0.451 元/(kW·h),可见在此工况下 DF 系统不仅可以提

高发电量,而且其技术经济性也优于 SF 系统。

在地热流体温度 T 为 130 ℃,地热流体干度 x 为 0.1,地热流体流量为 150 t/h 的工况下,SF 系统的平准化电力成本为 0.833 元/(kW·h),而 FORC 系统的平准化电力成本为 0.738 元/(kW·h),可见在热源温度较低时 FORC 系统的技术经济性也优于 SF 系统。

在地热流体温度 T 为 170 ℃,地热流体干度 x 为 0.25,地热流体流量为 150 t/h 的工况下,SF 系统的平准化电力成本为 0.306 元/(kW·h),DFORC 系统的平准化电力成本为 0.305 元/(kW·h),两者几乎一样。这主要是因为 DFORC 系统属于三级系统,其结构相对复杂且投资明显高于 SF 系统,虽然 DFORC 系统年发电量达 37.65× 10^6 kW,而 SF 系统年发电量只有 29.30× 10^6 kW,但前者较后者投资成本增加 16.4%、年运行成本增加 52.0%。但若从利用同样地热资源获得更多发电量的角度看,DFORC 系统仍然不失为一种选择。

由于三种发电系统所适用的地热流体工况范围不同,所以上述技术经济性分析未在三种发电系统间进行比较。为进行横向比较,可参考图 4 - 12,选择三种发电系统均可选的公共工况(地热流体温度 T 为 170 ℃,地热流体干度 x 为 0.2 的公共交界点)进行比较分析。不同发电系统的平准化电力成本在此相同热源条件下(T 为 170 ℃,x 为 0.2,流量为 150 t/h)的计算结果见图 4 - 16。从图中可以看出,DF 系统经济性优势最明显,其次是 FORC 系统。尽管 DFORC 系统的平准化电力成本略高于 FORC 系统,但仍明显优于 SF 系统。

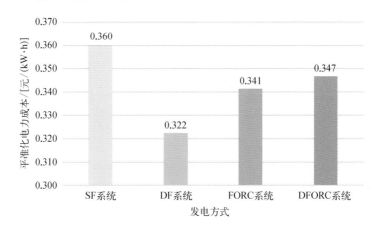

图 4 - 16　相同热源条件下 SF 系统、DF 系统、FORC 系统、
DFORC 系统的平准化电力成本比较

(地热流体条件:温度 T 为 170 ℃,干度 x 为 0.2,流量为 150 t/h)

4.3.2　投资回收期分析与比较

对电站进行技术经济性评价,应用投资回收期(payback period, PBP)也是常用的一种分析方法。电站投资回收期是假设电站年度净收益不变,计算电站需要运行多长时间可以偿还电站前期建设及电站运行过程中的资金投入。其公式可表示为

$$PBP = \frac{COST}{NE} \tag{4-4}$$

$$NE = Rev - COM \tag{4-5}$$

$$Rev = \tau \cdot W_{net} \cdot Rate \tag{4-6}$$

式中, NE 为年度净收益;Rev 为年度发电营收;COM 为系统年运行成本;Rate 为上网电价。

年运行时间为 7 000 h,上网电价为 0.4 元/(kW·h),采用与前一节平准化电力成本分析时一样的投资及运行成本对电站投资回收期的计算结果见图 4-17。

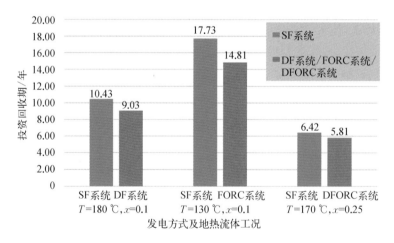

图 4-17　不同热源条件下 DF 系统、FORC 系统、DFORC
系统与 SF 系统的电站投资回收期比较

（T 为地热流体温度,x 为地热流体干度,地热流体流量均为 150 t/h）

由图 4-17 可知,在地热流体温度为 180 ℃,地热流体干度为 0.1,地热流体流量为 150 t/h 的工况下,SF 系统的投资回收期为 10.43 年,DF 系统的投资回收期为 9.03 年,

与图 4-15 中平准化电力成本分析结果一致,即 DF 系统技术经济性优于 SF 系统。

当地热流体温度较低(只有 130 ℃)时,若地热流体干度仍为 0.1,地热流体流量为 150 t/h,SF 系统及 FORC 系统的投资回收期会明显增加,分别为 17.73 年及 14.81 年,尽管后者的投资回收期比前者少了近 3 年,但整体而言当地热流体温度过低且干度不大时,增强型地热系统的技术经济性较差(投资回收期过长)。

在地热流体温度为 170 ℃,而地热流体干度较高(0.25),且地热流体流量仍为 150 t/h 的工况下,SF 系统及 DFORC 系统的投资回收期都明显减少,前者为 6.42 年,后者的投资回收期更短,仅为 5.81 年。由此可见,地热流体干度的大小对电站投资回收期的长短有着关键的影响。值得注意的是,尽管 DFORC 系统的投资回收期只略短于 SF 系统,但 DFORC 系统比 SF 系统的年度净收益高 20.7%,因此从多发电的角度看 DFORC 系统或许更具优势。

在相同热源条件下(地热流体温度为 170 ℃,地热流体干度为 0.2,地热流体流量为 150 t/h)对 4 种发电系统(SF 系统、DF 系统、FORC 系统、DFORC 系统)投资回收期的横向比较见图 4-18。

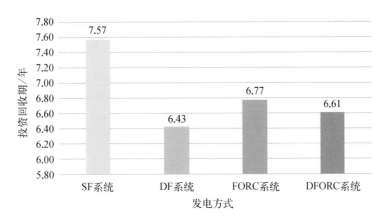

图 4-18　相同热源条件下 SF 系统、DF 系统、FORC
系统、DFORC 系统的投资回收期比较

(地热流体条件:温度 T 为 170 ℃,干度 x 为 0.2,流量为 150 t/h)

从图中可以看出,DF 系统的投资回收期最短,为 6.43 年;SF 系统的投资回收期最长,为 7.57 年;FORC 系统和 DFORC 系统的投资回收期接近,介于 DF 系统和 SF 系统之间,在 6.7 年左右。需要指出的是,采用 ORC 系统使电站投资增加,导致 DFORC 系统的投资回收期略长于 DF 系统,但在地热流体干度较大($x>0.2$)的情况下,DFORC 系统的净发电功率会明显增加,投资回收期有可能显著缩短,使 DFORC 系统比 DF 系统更有竞争力。

参考文献

[1] Lu X L, Zhao Y Y, Zhu J L, et al. Optimization and applicability of compound power cycles for enhanced geothermal systems[J]. Applied Energy, 2018, 229: 128 – 141.

[2] Zhao Y Y, Lu X L, Zhu J L, et al. A study on selecting optimum flash and evaporation temperatures for four geothermal power generation systems under different geofluid's conditions[J]. Energy Procedia, 2017, 142: 439 – 446.

[3] Zhu J L, Hu K Y, Zhang W, et al. A study on generating a map for selection of optimum power generation cycles used for Enhanced Geothermal Systems[J]. Energy, 2017, 133: 502 – 512.

[4] 蔡浩,朱煋秋,吴熙.基于平准化电力成本和现值法的风电系统技术经济分析[J].江苏大学学报(自然科学版),2016,37(4): 438 – 442, 490.

[5] 陈荣荣,孙韵琳,陈思铭,等.并网光伏发电项目的 LCOE 分析[J].可再生能源,2015,33(5): 731 – 735.

[6] 刘喜梅,白恺,邓春,等.大型风电项目平准化成本模型研究[J].可再生能源,2016,34(12): 1853 – 1858.

[7] 余杨.中国风能、太阳能电价政策的补贴需求和税负效应[J].财贸研究,2016,27(3): 106 – 116.

[8] Sanyal S K. Future of geothermal energy[C]. Proceedings of Thiry-Fifth Workshop on Geothermal Reservoir Engineering, Stanford, 2010.

[9] Beckers K F, Lukawski M Z, Anderson B J, et al. Levelized costs of electricity and direct-use heat from Enhanced Geothermal Systems[J]. Journal of Renewable and Sustainable Energy, 2014, 6(1): 013141.

[10] Astolfi M, Xodo L, Romano M C, et al. Technical and economical analysis of a solar – geothermal hybrid plant based on an Organic Rankine Cycle[J]. Geothermics, 2011, 40(1): 58 – 68.

[11] Zhang S J, Wang H X, Guo T. Performance comparison and parametric optimization of subcritical Organic Rankine Cycle (ORC) and transcritical power cycle system for low-temperature geothermal power generation[J]. Applied Energy, 2011, 88(8): 2740 – 2754.

[12] Walraven D, Laenen B, D'Haeseleer W. Minimizing the levelized cost of electricity production from low-temperature geothermal heat sources with ORCs: Water or air cooled? [J]. Applied Energy, 2015, 142: 144 – 153.

[13] 耿李姗.槽式太阳能集热性能与热发电系统成本研究[D].成都:西华大学,2013.

[14] Tzivanidis C, Bellos E, Antonopoulos K A. Energetic and financial investigation of a stand-alone solar-thermal Organic Rankine Cycle power plant[J]. Energy Conversion and Management, 2016, 126: 421 – 433.

[15] Wang X Q, Li X P, Li Y R, et al. Payback period estimation and parameter optimization of subcritical organic Rankine cycle system for waste heat recovery[J]. Energy, 2015, 88: 734 – 745.

第 5 章
复合热源地热发电系统

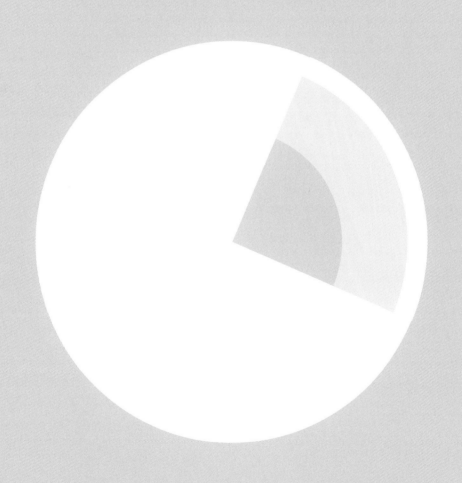

5.1　太阳能与地热能耦合发电系统

地热资源的特征是稳定性好,不受季节和天气的影响,可作为稳定的基础负荷,如用于发电,局域并网技术简单,对电网冲击较小,且具有供应全球能源需求的总储量。我国地热资源以中低温地热为主,储量巨大,但同时也增加了开采利用的难度。有机朗肯循环、卡琳娜循环、TFC(trilateral flash cycle)等是常见的中低温热源发电动力循环。同时,随着增强型地热系统等技术的进步,将深层地热提取出来进行发电也成为可能。但单独以地热为热源发电的系统的缺点也较明显:① 炎热干燥气候条件下冷却困难。多数地热资源位于干燥地区,水资源匮乏,因此,风冷是使用最多的冷却方式。然而,这些地区环境温度变化非常剧烈,在环境温度较高时空气冷凝器效果不佳,不能带走太多热量,这会导致热效率的大幅降低和输出功的波动,对区域电网电负荷用户造成冲击;② 地热热源温度或品位较低,整体发电效率较低;③ 长时间大规模开发利用地热资源,可能造成地质结构改变、地面沉降、地热资源衰减,主要表现为温度逐年下降和生产井流量减少,以及热污染问题等。

太阳能资源的特征是储量丰富,清洁安全,可持续且分布区域限制较小。我国是世界上太阳能资源最丰富的国家之一,全国各地太阳年辐射总量高达 3 350 ~ 8 370 MJ/(m^2·a),年辐射平均值为 5 860 MJ/(m^2·a)。按照年辐射总量大小可分为资源丰富带、较富带、一般带及贫乏带,大部分地区为较富带以上,其中青藏高原、甘肃北部、新疆南部等地区太阳能资源尤其丰富。利用太阳能发电的技术主要有光伏发电和光热发电两种。太阳能光伏发电依赖于高纯度的硅晶片,成本较高;太阳能光热发电的方式主要有塔式、槽式、碟式等。在聚光集热发电技术中,槽式太阳能光热发电系统已在 20 世纪 90 年代初期实现了商业化。但单独利用太阳能发电也有其局限性:① 太阳能能流密度较低,聚光成本高,占地面积大;② 受季节与天气影响较大,发电不稳定、不连续。

如果将中低温地热发电系统与槽式太阳能光热发电系统耦合,可以克服地热电站和太阳能电站受地理位置限制的缺点,使能量利用率更高,从而提高热效率,充分结合了两种能源的优势,弥补了各自独立发电的缺陷。世界上许多太阳能资源丰富区,同时也是地热资源集中的地区,两种能源的互补性,使其成为最好的耦合热源。具体如下。

（1）资源优势互补：干旱缺水地区的空气冷却地热电站在夏季、白天环境温度较高时，地热电站热效率和净输出功都降低，而太阳能白天辐照度较好，弥补了这个缺点；太阳能电站在无日照时，需依靠大规模的储能设备维持电力连续，地热能可以作为基础保障代替热储存系统。

（2）共享动力设备：耦合发电系统可以用同一套汽轮机、凝汽机、热交换器和工质泵等部件。通过适当的操作运行方案，当太阳能光照条件差，不足以用来发电时，系统设备也能够正常运行。

（3）提高系统效率：通过聚光获得的高品位太阳能，可提高地热水或有机朗肯循环工质的输入参数，从而提升做功能力，或通过增强热源利用率，使发电量增加。从地热电站角度出发，这种耦合集成还能够减缓地热资源的消耗和品质衰减，从而延长地热资源的开采寿命。

（4）控制电力成本：地热发电系统投资成本主要集中在钻井工程，太阳能发电系统投资成本主要集中在太阳能集热器；总体上太阳能的建设和运行成本较高，把较低资金消耗的地热能和太阳能耦合，可以很大程度上控制电力成本。

综上所述，太阳能与地热能耦合发电系统具有诸多优势，是可再生能源高效利用的重要研究课题，对我国环境保护和能源战略有着重要意义。

5.1.1 太阳能与地热能耦合发电系统模型的热力计算

1. 有机朗肯循环发电系统

有机朗肯循环是指用烷烃、氟利昂等有机物代替传统朗肯循环工质（水），在封闭的系统中循环使用。通常这些有机工质的沸点较低，在较低温度下即可蒸发，且系统结构简单，适宜于中低温热源发电。

（1）基本原理

独立的空气冷却有机朗肯循环发电系统的示意图见图 5-1，主要组成部件有蒸发器、汽轮机、空气冷却塔、工质泵及储液罐等。低温低压的液态有机工质，经过工质泵加压，成为高压工质后进入蒸发器，与热源地热水换热汽化，成为高温高压气态工质，接着进入汽轮机实现膨胀做功，带动发电机发电，发电膨胀后的低压气态工质在空气冷却塔中被冷凝后又变为液态，继续循环。地热流体经蒸发器换热后，温度降低，至地热回灌井。

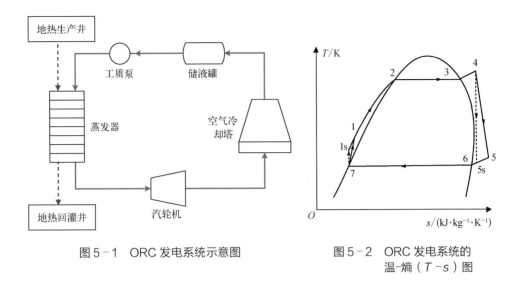

图 5-1　ORC 发电系统示意图　　　　　　图 5-2　ORC 发电系统的

温-熵（T-s）图

有机朗肯循环发电系统的温-熵（T-s）图见图 5-2。1→4 表示定压蒸发过程,工质在蒸发器中被地热热源加热,经历两相区,成为高温高压过热气体;4→5 表示膨胀过程,高温高压工质在汽轮机中膨胀,带动电动机做功,实现机械能转化为电能,其中 4→5s 表示理想的等熵膨胀过程,在工程实际中并不存在;5→6→7 表示定压冷凝过程,膨胀后的工质蒸汽(不考虑湿膨胀)在冷凝器中定压条件下被冷凝为低温低压液体;7→1 表示工质泵压缩过程,工质进入工质泵中被加压,成为高压工质,其中 7→1s 表示理想的等熵压缩过程。

（2）系统输出功与效率表达式

基于热力学第一定律和热力学第二定律可对单独的地热电站建立数学模型,热力学第一定律分析主要以系统能量守恒为核心,重点研究系统净输出功、系统热效率;热力学第二定律则从能量品质角度分析能量转换的情况,做㶲效率分析。系统各热力过程的数学模型如下。

假设工质吸热蒸发换热过程(1→4)无热量损失,工质吸热量为

$$Q_{\text{geo}} = m_{\text{wf}}(h_4 - h_1) = m_{\text{geo}}c_{\text{p, geo}}(T_{\text{geo, in}} - T_{\text{geo, out}}) \qquad (5-1)$$

式中,下角标 geo 表示热源地热水;m 表示质量流量,下角标 wf 表示有机工质;h 表示各个状态点的焓值,下角标的数字是图 5-2 中表示循环中工质的各个状态点;$c_{\text{p, geo}}$ 表示热源地热水的比热容,下角标 in、out 分别表示流体进口、出口。

有机工质的质量流量：

$$m_{wf} = \frac{m_{geo} c_{p,geo} (T_{geo,in} - T_2 - \Delta T_{pp})}{(h_4 - h_2)} \qquad (5-2)$$

式中，ΔT_{pp} 表示换热器窄点温差。

冷凝器换热方程为

$$Q_c = m_c c_{p,c} (T_{c,out} - T_0) = m_{wf}(h_5 - h_7) \qquad (5-3)$$

式中，下角标 c 表示冷空气；T_0 表示环境温度。

空气冷却塔需要的冷空气质量流量为

$$m_c = \frac{m_{wf}(h_6 - h_7)}{c_{p,c}(T_6 - \Delta T_p - T_0)} \qquad (5-4)$$

汽轮机的等熵效率定义为

$$\eta_t = \frac{h_4 - h_5}{h_4 - h_{5s}} \qquad (5-5)$$

式中，下角标 t 表示汽轮机。

汽轮机做功为

$$W_t = m_{wf}(h_4 - h_5) \qquad (5-6)$$

工质泵等熵效率定义为

$$\eta_p = \frac{h_{1s} - h_7}{h_1 - h_7} \qquad (5-7)$$

式中，下角标 p 表示工质泵。

工质泵消耗功率为

$$W_p = m_{wf}(h_1 - h_7) \qquad (5-8)$$

系统净发电功率为

$$W_{net} = W_t - W_p \qquad (5-9)$$

系统热效率为

$$\eta_{th} = \frac{W_{net}}{Q_{geo}} \times 100\% \qquad (5-10)$$

系统㶲效率为

$$\eta_{ex} = \frac{W_{net}}{m_{geo}\left[h_{geo,\,in} - h_{geo,\,out} - T_0(s_{geo,\,in} - s_{geo,\,out})\right]} \times 100\% \qquad (5-11)$$

式中，s 表示该状态点下工质的比熵。

2. 槽式太阳能集热系统

太阳能光热发电是利用太阳能聚光集热器将太阳辐射转化为热能，然后经过各种途径转换为电能供用户使用。目前太阳能光热发电在经济上和技术上比较可行的方式主要有槽式、塔式和碟式三种。槽式太阳能光热发电系统容量较大，适用于大规模发电，且结构紧凑，便于安装和维护。目前，槽式太阳能光热发电技术发展最为成熟，且已进入商业化阶段。

（1）基本原理

太阳能槽式集热器（parabolic trough collector，PTC）是聚光型太阳能集热系统的一种，主要原理是线聚焦，太阳光通过抛物柱面形反射镜聚焦到管状的接收器上，加热管内的传热工质（一般是水或有机合成油类），管内的流体流经换热器加热水（或有机工质）产生蒸汽，通过朗肯循环来发电。选用导热油作中间介质的太阳能槽式集热器实物图见图 5-3。

图 5-3　太阳能槽式集热器

世界上太阳能光热发电的项目主要集中在美国、西班牙、北非和中东地区。以色列 Luz 公司 1985 年起在美国加利福尼亚州的莫哈韦（Mojave）沙漠建成了 9 座槽式太阳能光热电站（solar electric generating systems，SEGS），单个电站装机容量从 14 MW 到 80 MW 不等，总装机容量达 354 MW，聚光器反射面的总面积超过 200 万平方米，实现了并网发电、商业化运行。该公司研制的 LS-1 到 LS-3 三代聚光集热器应用于 SEGS 系列电站，以下仿真模拟也以其中 SEGSⅢ、Ⅳ、Ⅴ、Ⅵ、Ⅶ运用的 LS-2 型聚光集热器结构参数为输入参数，集热器放置方式选用常见的南北水平放置，单轴从东向西跟踪阳光。

美国桑迪亚(Sandia)国家实验室的 Dudley 等在1994 年对不同形式的 LS - 2 型槽式集热器集热管进行了实验研究,他们在 AZTRAK 旋转实验平台上采用 LS - 2 型槽式集热器分别对真空吸收器、有空气的吸收器和光管吸收器进行了对比实验,测定了这三种吸收器在多种工况下的出口温度、热损失和 PTC 效率等数据,并拟合了相应的效率公式和入射角修正系数(incident angle modifier, IAM)公式,本节涉及太阳能槽式集热器的仿真全部以此为参照和依据。

(2)集热量与效率表达式

工质从太阳能热源吸收的总吸热量:

$$Q_{\text{solar}} = Q_{\text{collector}} - Q_{\text{loss, total}} - Q_{\text{loss, piping}} \tag{5-12}$$

式中,下角标 solar 表示太阳能热源,collector 表示槽式集热器吸收器,loss 表示热损失,piping 表示太阳能导热油管道,total 表示整个吸热管。$Q_{\text{collector}}$ 为槽式集热器吸收器吸收的有效太阳能辐射。

$$Q_{\text{collector}} = AI_{\text{b}} \eta_{\text{optical}} IAM(\theta) \tag{5-13}$$

式中,A 为聚光器开口面积;I_{b} 为太阳法向直射辐照度;η_{optical} 为槽式集热器光学效率。

槽式集热器光学效率与以下因素有关。

① 聚光器镜面反射率 ρ:考虑部分入射辐射没有被反射而是被吸收,这个参数取决于反光镜采用的材料,并且显著受到运行期间表面灰尘的影响。

② 形状因子 γ:它是镜面形状非完美抛物线或者安装校准误差的结果,所以不是所有被反射的辐射都能到达接收器吸收管;风速可能引起反射器、接收器的移动偏离设计角度和位置,故有消极影响。

③ 吸收管外玻璃管透射率 τ:它表示真空吸收管玻璃层对辐射的反射或吸收,受表面灰尘影响较大。

④ 吸收管表面吸收率 α:尽管吸收管表面涂有特殊材料,部分辐射依旧被反射,没有被吸收。

根据以上参数影响,文献中定义了光学效率:

$$\eta_{\text{optical}} = \rho \gamma \tau \alpha \mid_{\theta = 0^\circ} \tag{5-14}$$

式(5-14)中计算了入射角 θ 为 0° 且反射面绝对洁净时的槽式集热器峰值光学

效率。由于除参数 γ 以外,其他参数均受到入射角 θ 的影响,当入射角不是 0°时,引入入射角修正系数 $IAM(\theta)$,可较为准确地描述入射角对聚光过程的影响,包括太阳辐射密度减少(余弦损失)和槽式集热器光学性能下降(尤其是 τ 和 α)两部分。

5.1.2　太阳能与地热能耦合发电系统建模与特点分析

本节针对干旱缺水、地热能与太阳能丰富地区的空气冷却电站,构建太阳能与地热能耦合发电系统模型,地热资源定位为 150 ℃以下的中低温地热水,太阳能集热系统采用目前技术成熟、已实现商业化的槽式太阳能集热系统。将太阳能集热系统与地热 ORC 进行耦合,通过将太阳能热源引入系统的不同位置,承担循环工质的不同吸热阶段,建立四种耦合发电系统模型:蒸发-过热模型、预热模型、过热模型、预热-过热模型,研究每种模型的耦合电站的工作原理与特点。

1. 预热模型

预热模型中太阳能热量用于加热地热水,系统示意图见图 5-4。

对于地热水循环系统,地热生产井出口的地热水先进入太阳能预热器,与太阳能导热油换热,温度升高后与 ORC 系统蒸发器中的有机工质换热,最后灌入地热

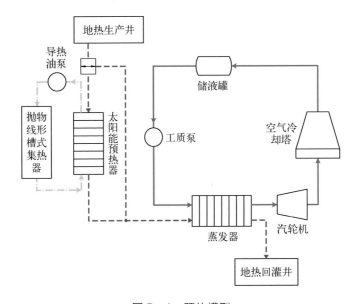

图 5-4　预热模型

回灌井。对于工质循环系统：工质经过升温后的地热水加热后，在蒸发器中完成相变过程，高温高压工质气体接着进入汽轮机实现膨胀做功，带动发电机发电，发电后，膨胀的低压气态工质在空气冷却塔中被冷凝后变为液态，继续循环；对于太阳能导热油循环系统，导热油在太阳能槽式集热器被加热，之后流入太阳能预热器，与地热水换热。

该模型的优点是结构简单，不改变原有 ORC 系统部件结构，调节较为灵活。太阳能不仅作为额外热源，还提升了地热热源的能源品位，有利于改善发电效率。缺点是不能忽略实际工程中的传热损失，太阳能导热油先与地热水换热，同样集热系统规模下，最终 ORC 系统有机工质吸收的来自太阳能的有效热减少了。

2. 预热-过热模型

预热-过热模型中太阳能热量用于加热有机工质，承担一部分工质从预热到相变、过热过程的热源。太阳能蒸发器与地热蒸发器并联，系统示意图见图 5-5。

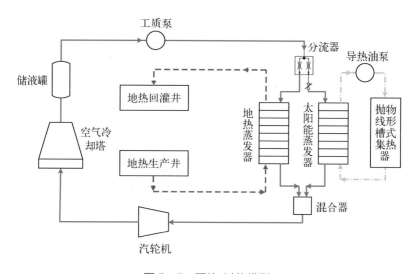

图 5-5　预热-过热模型

工质经过工质泵加压后，分为两部分，一部分进入地热蒸发器，与流出地热生产井的地热水换热，另一部分进入太阳能蒸发器，与太阳能集热系统导热油换热，两部分在相同的蒸发温度、压力下相变，过热至相同温度状态的过热蒸汽，经混合器混合后进入汽轮机膨胀做功，带动发电机发电。

采用预热-过热模型时,太阳能和地热能热量分别承担一部分工质从预热到过热全过程的热源,通过调节可以实现两个蒸发器出口工质达到不同温度、压力,在混合器中混合后进入汽轮机做功。

该模型的优点是地热蒸发器和太阳能蒸发器并联运行,可分别调节。缺点是工质分流和过热工质做功前的混合都增加了系统流道的复杂程度,增加了管道内的压损。

3. 蒸发-过热模型

蒸发-过热模型中太阳能热量用于加热有机工质,承担一部分工质从相变到过热过程的热源。地热水承担所有工质的预热,太阳能蒸发器与地热蒸发器并联,系统示意图见图 5-6。

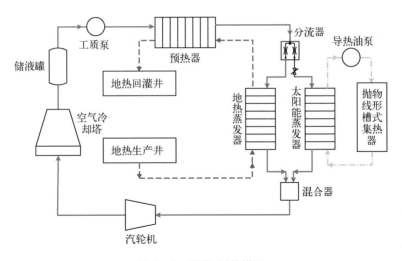

图 5-6　蒸发-过热模型

有机工质经过回灌前的地热水预热后,分为两部分,一部分进入地热蒸发器,与流出地热生产井的地热水换热,另一部分进入太阳能蒸发器,与太阳能集热系统导热油换热,在相同的蒸发温度下相变,过热至相同温度状态的过热蒸汽。

采用蒸发-过热模型时,地热能承担全部工质的预热,工质分别在太阳能蒸发器和地热蒸发器中相变、过热,以同样的压力和温度混合进入汽轮机。

该模型的优点是太阳能不仅作为第二热源增加系统发电量,由于地热蒸发器的窄点设计,当耦合太阳能增加系统工质流量后,预热器出口的地热水温度进一步降低,ORC 系统从地热水中获得更多热量。缺点与预热-过热模型一样,工质分流和过热工质做功前的混合都增加了系统流道的复杂程度。

4. 过热模型

过热模型中太阳能热量用于加热有机工质,承担工质过热过程的热源。太阳能过热器与地热蒸发器串联,系统示意图见图 5-7。

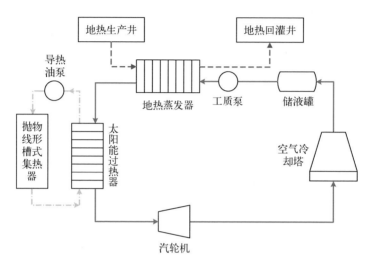

图 5-7 过热模型

有机工质经过地热蒸发器等压加热后相变至饱和态,进入太阳能过热器,与太阳能集热系统导热油换热,变为过热蒸汽,进入汽轮机膨胀做功。采用过热模型时,太阳能热量只承担工质过热部分吸热。

该模型的优点是同样规模的地热电站,需要匹配的太阳能规模较小。缺点是工质过热段吸热量占整个吸热相变过程中总热量的比例较小,不能充分发挥太阳能与地热能的协同增强效果。

5.1.3 太阳能与地热能耦合发电系统性能研究

本节的模拟计算通过 MATLAB 编程完成,有机工质物性参数来自 Refprop 9.0,拉萨逐时太阳法向直射辐照度及环境温度数据来自 TRNSYS 16 中各地典型气象年数据库动态仿真结果,太阳能集热器结构和材料参数来自美国 Sandia 国家实验室 Dudley 等在 1994 年对 LS-2 型槽式集热器的实验研究测试报告。用于仿真计算的主要参数见表 5-1,这些参数条件基本上是许多现有地热资源区域容易实现的典型条件。

表 5-1　用于仿真计算的主要参数

参　　数	取　值	参　　数	取　值
地热生产井流量/(kg/s)	30	地热生产井出口温度/℃	125
有机工质	异戊烷	镜面反射率 ρ	0.93
汽轮机等熵效率/%	75	吸收管表面吸收率 α	0.96
工质泵等熵效率/%	80	形状因子 γ	0.92
蒸发温度/℃	90	吸收管外玻璃管透射率 τ	0.95
聚光器开口宽度/m	5	导热油	Therminol 55
聚光器开口面积 A/m^2	2 000	导热油进口温度/℃	160
工质过热度/℃	3	导热油质量流量/(kg/s)	10

1. 不同耦合发电系统模型性能比较

拉萨夏至日、冬至日系统逐时净发电功率变化如图 5-8 所示。对于过热模型,有机工质异戊烷预热阶段、蒸发阶段和过热阶段从热源吸收的热量分别占整个吸热过程吸收热量的 32.1%、66.4% 和 1.5%,可以看到异戊烷潜热比显热大得多,而过热度与系统热效率是负相关的,之所以设计过热度最主要的原因是保证汽轮机组安全,避免汽轮机的水冲击和末级叶片的汽蚀。在保证与单独地热电站的装机规模、ORC 系统结构(无回热与再热)、地热资源品位一致的前提下,同样的过热度,耦合太阳能的过热模型不能充分地利用高品位太阳能能源,因而首先排除了过热模型。

耦合太阳能对发电性能的改善效果在夏季比在冬季更为显著,原因是一方面夏季受较高的环境温度影响,地热能输入量减少明显,而冬季环境温度较低,地热能输入量较高;另一方面,夏季平均太阳能辐照度 620.38 W/m² 优于冬季的 337.6 W/m²,太阳能输入量较高;除此之外,冬季由于阳光斜照,入射角比夏至日整体偏大,余弦损失效应明显。

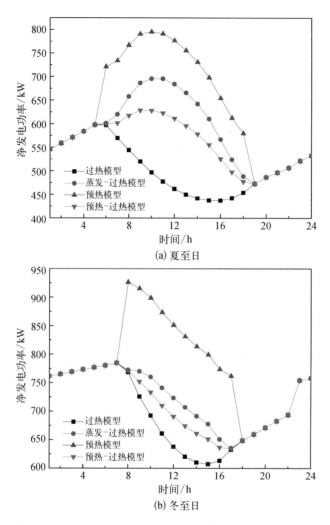

图 5-8　拉萨夏至日、冬至日系统逐时净发电功率变化

　　从热力性能改善效果看,太阳能-地热能耦合 ORC 电站比单独空冷地热 ORC 电站有更优的净发电功率,除过热模型不能充分利用太阳能外,预热模型、预热-过热模型和蒸发-过热模型均能显著改善白昼单独地热电站的电力生产,弥补了白昼环境温度升高对电站热力性能的影响;四种耦合发电系统模型净发电功率由高到低的顺序是预热模型>蒸发-过热模型>预热-过热模型>过热模型。

2. 太阳能集热聚光器开口面积对耦合发电系统性能的影响

　　如图 5-9 所示,耦合电站的逐时最优净发电功率与太阳能集热聚光器开口面积呈正相关,且当聚光器开口面积增加到 5 000 m² 时,夏至日逐时最优净发电功率出现明显峰值。

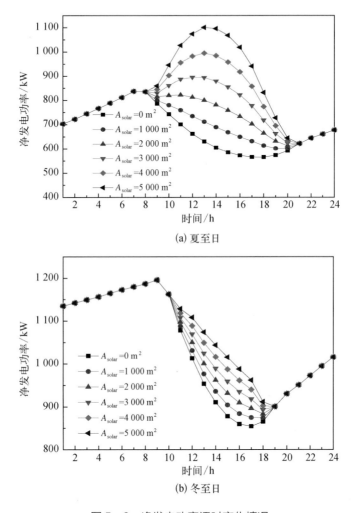

图 5-9　净发电功率逐时变化情况

拉萨夏至日环境温度变化范围是 9.72~25.72 ℃;太阳法向直射辐照度在当地时间 9~20 时可用于耦合电站发电,在 14 时左右达到峰值 1 111.0 W/m²;与单独地热电站全天净发电量 16 408.9 kW·h 相比,不同太阳能集热聚光器开口面积(0 m²,1 000 m², 2 000 m², 3 000 m², 4 000 m², 5 000 m²)下耦合电站全天净发电功率分别增加 4.10%、8.44%、13.02%、17.86% 和 22.95%。

拉萨冬至日环境温度变化范围是-7.03~8.85℃,太阳法向直射辐照度在当地时间 11~18 时可用于耦合电站发电,在 15 时左右达到峰值 756.9 W/m²;与单独地热电站全天净发电量 24 832.5 kW·h 相比,不同太阳能集热聚光器开口面积(0 m², 1 000 m²、2 000 m²、3 000 m²、4 000 m²、5 000 m²)下耦合电站全天净发电功率分别增加 0.65%、1.30%、1.96%、2.63%和 3.31%。

从数据结果分析,空气冷却地热电站发电量受环境气温变化影响较大,太阳能的输入很大程度上抵消了不利影响;由于夏季环境温度平均较高,同时也是太阳能光照条件较好的时段,因此耦合太阳能对空气冷却地热电站夏季发电性能的改善效果比在冬季更为明显。

3. 耦合发电系统全年仿真分析

为了全面地分析耦合发电系统相对于单独地热发电系统的优势,选取拉萨近年来全年气象数据进行仿真。拉萨地区环境温度和太阳直射辐射强度(DNI)的逐时变化如图 5-10 所示。拉萨地区的 DNI 高值区主要集中在夏季,即 5 月~8 月,低值区集中在冬季,即 12 月~次年 2 月。拉萨地区环境温度的年变化与 DNI 趋势基本一致,夏季温度高,冬季温度低。

图 5-11 是对耦合发电系统进行全年仿真的计算结果。由图可以看出,6 月份环境温度较高时,单独地热发电系统发电量较低,为 496 MW·h;1 月份环境温度较低

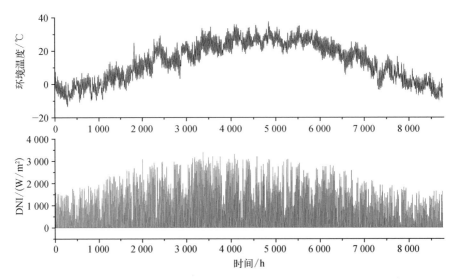

图 5-10 拉萨地区环境温度和 DNI 的逐时变化

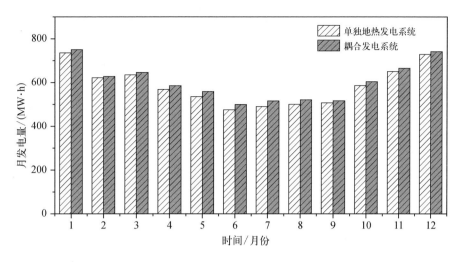

图 5-11　单独地热发电系统和耦合发电系统月发电量

时,单独地热发电系统发电量较高,为 736 MW·h。当耦合太阳能后,发电量得到提高,1 月份提高发电量的百分比最小,为 1.99%,7 月份提高发电量的百分比最大,为 5.12%。单独地热发电系统耦合太阳能后,在夏季 DNI 值较大时可以取得较好效果,这样可以弥补环境温度升高导致系统发电量降低的损失。

5.2　油田伴生地热发电系统

5.2.1　高含水期油田伴生地热梯级利用联产系统

我国大部分陆上油田都采用注水开发方式,经过长期开采,大部分油田都已进入高含水(含水率达到 80%)期或特高含水(含水率达到 90%)期,原油产量锐减,生产成本递增,采收率却只有 30% 左右,油藏内仍有大量油储未开采。高含水期油田已经不是油田而是水田,由于油井一般较深,蕴含丰富的中低温地热资源。合理开发利用油田伴生地热水资源或许可解决由于成井费用高导致地热电站经济性较差的问题。大量废油井或勘测井也可改造为地热井,与常规地热电站相比,油田伴生地热发电可以使用原有的回灌系统。

我国生产的大部分原油的特点为凝点高、含蜡高和黏性高,为了保证油气正常输送,需要对其进行加热以提高原油温度降低黏性。维温伴热系统是将从油井生产出来的油气水混合物从井口输送到转油站,其热源多以油田伴生气为燃料,在油田进入高含水期后,维温伴热系统的能耗占地面工程能耗的70%以上。采用地热水代替原油作为热源,不仅可以减少原油消耗,还可以回收大量原油,以提高高含水期油田的采收率,从而实现电、热、油联产。

如图5-12所示,高含水期油田伴生地热梯级利用联产系统由ORC发电子系统A、维温伴热子系统B和油回收子系统C组成,其中ORC发电子系统A由气液分离器、板式换热器、热水泵、蒸发器、螺杆膨胀机、发电机、冷凝器、工质泵、冷却塔和冷却水泵组成;维温伴热子系统B由一组波纹管换热器、循环泵和维温伴热站组成;油回收子系统C由除油罐和储油罐组成。随着油田的持续开采,含水率急剧上升,地热水中含有一部分伴生石油气,故地热流体先进入气液分离器分离出其中的气体,随后具有一定压力的地热水先发电,后再用来维温伴热,最后进行油和水的分离,水由回灌系统重新回灌。地热水的生产与回灌与传统的地热系统没有本质的区别,因此这两部分不再做详细介绍,其他三个系统的工作过程具体如下。

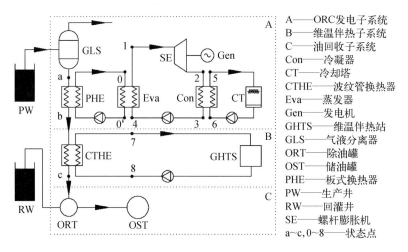

A——ORC发电子系统
B——维温伴热子系统
C——油回收子系统
Con——冷凝器
CT——冷却塔
CTHE——波纹管换热器
Eva——蒸发器
Gen——发电机
GHTS——维温伴热站
GLS——气液分离器
ORT——除油罐
OST——储油罐
PHE——板式换热器
PW——生产井
RW——回灌井
SE——螺杆膨胀机
a~c,0~8——状态点

图5-12   高含水期油田伴生地热梯级利用联产系统

ORC发电子系统的具体循环过程为地热水与工质之间采取间接换热的方式,即温度约为110 ℃的地热水先将热量传递给中间介质水,中间介质水再与工质进行换热,液态的工质在蒸发器中吸热产生饱和或具有一定过热度的蒸汽(过程为4→1),蒸汽进入螺杆膨胀机将热能转换为机械能(过程为1→2),后驱动发动机发电,发电后的乏汽进入冷凝器被冷却水冷却为液态(过程为2→3),经工质泵加压(过程为 3→4),后又进入蒸发器,从而开始下一个循环。

　　发电后地热水温度约为 90 ℃,由管程进入换热系统,与维温伴热子系统中温度约为 50 ℃ 的回水进行热量交换,将其加热到 85 ℃,换热站交换由四组波纹管换热器组成,其中换热管管径为 Ø25 mm。维温伴热后的温度约为 55 ℃ 的地热水由余压驱动进入除油罐,依靠原油与水的密度差,使之分离,其中的原油由油泵驱动进入储油罐,分离出来的温度约为 25 ℃ 的水被回灌到地下。

　　1. ORC 发电子系统

　　表 5-2 为某油田伴生地热梯级利用联产系统参数表。如图 5-13 所示,系统的㶲损失由四部分组成,分别为板式换热器的㶲损失、ORC 发电子系统的㶲损失、维温伴热子系统的㶲损失和油回收子系统的㶲损失,其中 ORC 发电子系统的㶲损失最大,其次是油回收子系统,维温伴热子系统的㶲损失最小。因此,减小 ORC 发电子系统㶲损失是提高整个系统㶲效率最有效的途径。

表 5-2　某油田伴生地热梯级利用联产系统参数表

参　　数	取值	参　　数	类型/取值
地热水含水率/%	98	冷却水出口温度/℃	33
地热水进口温度/℃	110	冷却水质量流量/(m³/h)	585
地热水进口压力/MPa	0.31	工质泵出口压力/MPa	0.47
维温伴热子系统地热水进口温度/℃	90	螺杆膨胀机进口压力/MPa	0.43
油回收子系统地热水进口温度/℃	55	螺杆膨胀机出口压力/MPa	0.18
地热水回灌温度/℃	25	工质	R123
地热水出口压力/MPa	0.17	蒸发器换热面积/m²	393.4
地热水质量流量/(m³/h)	250	冷凝器换热面积/m²	421.6
热水进口温度/℃	100	发电机效率/%	90
热水出口温度/℃	80	净发电功率/kW	270
热水质量流量/(m³/h)	250	热效率/%	3.96
冷却水进口温度/℃	28	㶲效率/%	19.64

基于油田地热发电系统实际运行性能,并结合 3.2 节,考查的工质为异戊烷和 R123,这两种工质的热力学性质如表 3－1 所示,由于实际系统中蒸发器的最高设计压力为 0.6 MPa,故系统中最高的蒸发压力也设定为 0.6 MPa。

如图 5－14 所示,工质在蒸发器内的对数平均温差(LMTD)均随蒸发压力的升高而降低。异戊烷和 R123 所对应的对数平均温差在最佳蒸发压力前后的斜率发生变化。热源在蒸发器进出口的温度和工质在蒸发器进口的温度均为定值,根据对数平均温差的计算公式可以看出,工质在蒸发器内的对数平均温差仅取决于工质在蒸发器出口的温度,即系统的蒸发压力。

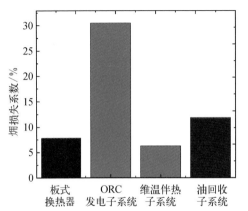

图 5－13　以 R123 为工质的油田地热发电系统各部件的㶲损失系数

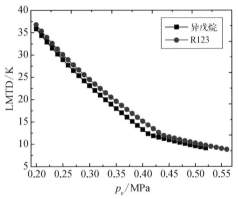

图 5－14　蒸发器内对数平均温差随蒸发压力的变化

如图 5－15 所示,异戊烷和 R123 的净发电功率随蒸发压力的升高先增大后减小,在最佳蒸发压力时存在最大净发电功率。异戊烷和 R123 的净发电功率最大值分别为 380.1 kW 和 272.2 kW,其中 R123 的净发电功率与实际电站的非常接近,这也从一个侧面进一步验证了数值模型的准确性。

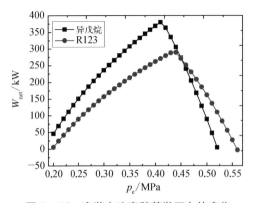

图 5－15　净发电功率随蒸发压力的变化

如图 5－16 所示,系统的热效率和㶲效率与图 5－15 中净发电功率随蒸发压力的变化情况相似,在热源流体进出口温

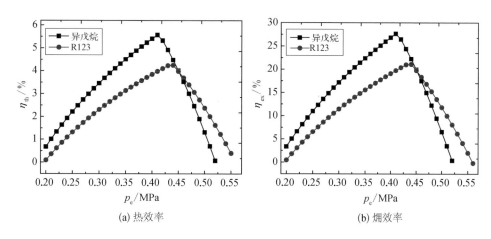

(a) 热效率　　　　　　　　　　　(b) 㶲效率

图 5-16　两种工质的系统效率随蒸发压力的变化

度一定的情况下,系统的热效率和㶲效率仅取决于系统的净发电功率,不再做详细分析。

如图 5-17 所示,异戊烷和 R123 的净发电功率与蒸发器换热面积的比值随蒸发压力的升高先增大后减小,也存在最佳比值。异戊烷和 R123 对应的最大比值分别为 1.23 kW/m² 和0.93 kW/m²。

需要特别说明的是,图 5-17 中净发电功率与蒸发器换热面积之比反映了发电系统的经济性,但并没有反映系统的技术性,会使地热资源不能充分利用;而系统的净发电功率、热效率和㶲效率作为目标函数会使地热水的出口温度偏高

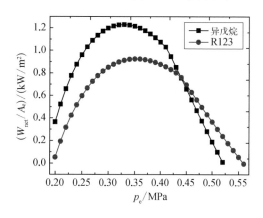

图 5-17　净发电功率与蒸发器换热面积之比随蒸发压力的变化

,无法反映系统的经济性,故上述四个参数都具有一定的片面性。为了同时反映系统的技术性和经济性,这里提出了一个新的无量纲的优化目标函数,具体如下:

$$f_{obj} = (W_{net}/W_{net, real})(\eta_{ex}/\eta_{ex, real})(A_{e, real}/A_e) \tag{5-15}$$

式中,$W_{net, real}$、$\eta_{ex, real}$ 和 $A_{e, real}$ 分别为地热电站实际的净发电功率、㶲效率和蒸发器换热面积。

如图 5-18 所示,优化目标函数与净发电功率(图 5-15)、热效率或㶲效率(图

5-16)、净发电功率和蒸发器换热面积之比(图5-17)的变化趋势相同,即异戊烷和R123对应的优化目标函数随蒸发压力的升高先增大后减小,中间存在最佳比值;在所研究的范围内,异戊烷和R123的最大比值分别为5.38和3.13。图5-19与图5-13中系统各部件的㶲损失系数的规律类似,ORC发电子系统的㶲损失最大,其次是油回收子系统,维温伴热子系统的㶲损失最小。尽管这四部分损失的大小顺序一致,但是以异戊烷为工质的发电系统的㶲损失系数由实际系统的28.2%(㶲损失为833.3 kW)降低到了24.5%(㶲损失为723.3 kW),降低了约15.1%。以异戊烷为工质的发电系统的净发电功率约为380 kW,净发电功率比以R123为工质的实际系统高了约40.7%。

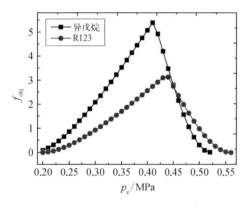

图5-18 系统优化目标函数随
蒸发压力的变化

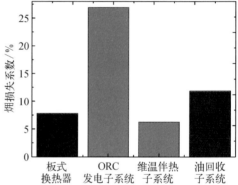

图5-19 以异戊烷为工质的油田地热发
电系统各部件的㶲损失系数

2. 维温伴热子系统

由表5-3可以看出,以燃油锅炉为热源的维温伴热子系统的燃油量为8 160 t/a。由于采用地热水取代了燃油锅炉,因此每年就可以少消耗8 160 t原油。除此之外,每年还可以减少大量的污染物排放。

表5-3 维温伴热子系统参数表

参　数	数　值	参　数	数　值
维温伴热回水温度/℃	50	地热水质量流量/(m³/h)	250
维温伴热供水温度/℃	85	对数平均温差/℃	5.40

参　　数	数　值	参　　数	数　值
维温伴热水质量流量/(m³/h)	280	原油净热值/(kJ/kg)	41 868
地热水进口温度/℃	90	锅炉的热效率/%	90
地热水出口温度/℃	51	原油消耗量/(t/a)	8 160

3. 系统经济性分析

从表 5-4 可以看出,由于采用地热水,每年多回收 3.46 万吨原油。油回收子系统是整个系统总收益的主要来源,占 80% 左右;采用地热水取代燃油锅炉节省的原油约占总收益的 18.8%,发电的收益仅为 1%。尽管发电所占的比例很小,但由于是将低品位的中温地热资源转变为电能,故对于改善我国的能源形势具有十分重要的意义。仅考虑发电的收益,系统的初投资回收期为 3.2 年左右。如果将原油的收益也考虑进来,系统的初投资回收期会大大缩短。因此,利用油田伴生地热水在技术上可行、经济上合理,可以实现电、热、油联产,值得大力推广。

表 5-4　系统初投资与年收益

参　　数	数　值	参　　数	数　值
系统初投资/美元	7.1×10^5	原油价格/(美元/桶)	110
含水率/%	98	电价/[美元/(kW·h)]	0.093
地热水质量流量/(m³/h)	250	ORC 发电子系统收益/(美元/年)	2.2×10^5
回收的原油/(t/a)	34 600	维温伴热子系统收益/(美元/年)	4.57×10^6
燃油锅炉原油消耗量/(t/a)	8 160	油回收子系统收益/(美元/年)	1.94×10^7
年发电量/(kW·h/a)	2.37×10^6	系统收益/(美元/年)	2.42×10^7

5.2.2　油田地热水串联与并联利用热电油联产系统研究

如图 5-20 所示,系统由生产井、ORC 发电子系统、维温伴热子系统、油回收子系统和回灌井组成,串联系统与并联系统的不同点在于:在串联系统中,地热水先发电,后温度降为 90 ℃再进行维温伴热;而在并联系统中,地热水分为两部分,一部分地热水用来发电,另一部分地热水用来维温伴热。

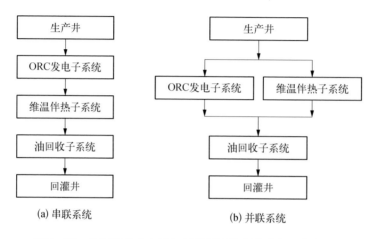

图 5 - 20　油田地热水串联与并联利用热电油联产系统流程图

对于串联系统而言,由于地热水在 ORC 发电子系统出口处的温度为 90 ℃,故 ORC 发电子系统利用的地热水温降仅为 20 ℃,由于热源的平均温度较高,对应的系统热效率也较高。对于并联系统而言,被用来发电的那一部分地热水的出口温度不受维温伴热子系统的限制,其温降可以很大。并联系统中 ORC 发电子系统热源的平均温度低于串联系统,对应的系统热效率也较低,但由于地热水可以提供更多的热量,故对应的净发电功率有可能会多于串联系统的净发电功率。串联系统与并联系统各有利弊,因此需要分析两者的适用条件,以充分利用宝贵的地热资源,本节采用的工质为 R245fa/异戊烷(0.45/0.55)。数值计算中采用的部件参数如表 5 - 5 所示。

1. 系统净发电功率

如图 5 - 21 所示,在 $m_{gw} = 1$ kg/s 和 $t_{gw, in} = 110$ ℃条件下,并联系统的净发电功率比串联系统大,而系统效率却低于串联系统;随着蒸发温度的升高,并联系统和串联系统的净发电功率均先增大后减小。并联系统在 $t_e = 78$ ℃时,净发电功率达到最大,为 9.97 kW。串联系统的净发电功率在低于最佳蒸发压力时近似为线性增长,而在高于最佳蒸发压力时近似为线性减小,串联系统在 $t_e = 94$ ℃时,净发电功率最大,为 7.0 kW。

表 5-5 数值计算中采用的部件参数

参　数	数　值	参　数	数　值
地热水质量流量/(m³/h)	3.6	工质在冷凝器进口处的温度/℃	33
环境温度/℃	25	工质泵等熵效率/%	60
夹点温差/℃	3	螺杆膨胀机等熵效率/%	60
冷却水进口温度/℃	28	热水泵等熵效率/%	75
冷却水出口温度/℃	38	冷却水泵等熵效率/%	75
工质在冷凝器出口处的温度/℃	42	发电机效率/%	80

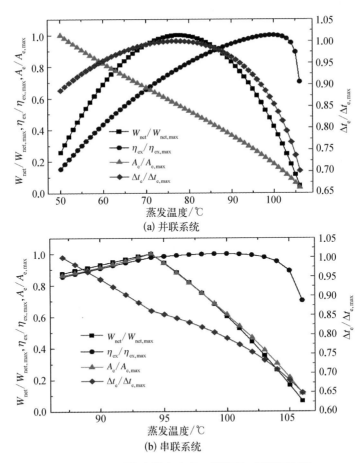

图 5-21 系统净发电功率、㶲效率、蒸发器对数
平均温差及换热面积随蒸发温度的变化

如图 5-21 所示,随着蒸发温度的升高,并联系统的㶲效率也是先增大后减小,中间存在最大值,在蒸发温度为 100 ℃时,㶲效率达到最大,为 41.94%。当蒸发温度在 50~78 ℃时,系统的净发电功率较小,因而㶲效率较小;当蒸发温度在 78~100 ℃时,尽管净发电功率是减小的,但是由于此时地热水的出口温度升高,因而导致㶲效率持续增大;当蒸发温度高于 100 ℃时,由于净发电功率太小,导致㶲效率迅速减小并趋于 0。对于串联系统,当蒸发温度在 87~93 ℃时,系统㶲效率较大,并随蒸发温度的升高而持续增大;当蒸发温度高于 93 ℃时,系统的净发电功率减小,而地热水出口温度升高,但是总体来说,净发电功率对系统的㶲效率的影响更大,因而系统的㶲效率持续减小。

如图 5-21 所示,随着蒸发温度的升高,并联系统蒸发器对数平均温差也同样呈现出先增大后减小的变化趋势,由于地热水出口温度持续升高,因而蒸发器工质进口处的换热温差增大;此外蒸发温度的升高使得蒸发器工质出口处的换热温差减小。当蒸发温度低于 75 ℃时,蒸发器工质进口处的换热温差对蒸发器对数平均温差的影响更大;而当蒸发温度高于 75 ℃时,蒸发器工质出口处的换热温差对蒸发器对数平均温差的影响更大。串联系统蒸发器工质进口处的换热温差对蒸发器对数平均温差的影响始终大于蒸发器工质出口处的换热温差对蒸发器对数平均温差的影响,因而串联系统蒸发器的对数平均温差与蒸发温度存在反比关系。并联系统的蒸发器换热面积随蒸发温度的升高持续减小,而串联系统的蒸发器换热面积随蒸发温度的升高呈现先增大后减小、中间存在最大值的变化趋势。

由表 5-6 可知,系统净发电功率正比于地热水进口温度,且在系统给定的地热水质量流量下,并联系统的净发电功率明显高于串联系统,但是两者的差值随地热水进口温度的升高而逐渐减小,这是由于地热水进口温度的升高逐渐降低了并联系统低温热源的优势。

表 5-6　串、并联系统在 m_{gw} =1 kg / s 和 $t_{gw, out}$ =90 ℃
条件下的净发电功率及最佳蒸发温度

地热水进口温度/℃	并联系统		串联系统	
	W_{net}/kW	$t_{e, opt}$/℃	W_{net}/kW	$t_{e, opt}$/℃
100	6.81	72	3.11	90
110	9.72	78	6.97	94
120	13.80	83	11.30	98

续表

地热水进口温度/℃	并联系统		串联系统	
	W_{net}/kW	$t_{e,opt}$/℃	W_{net}/kW	$t_{e,opt}$/℃
130	18.35	89	16.14	103
140	23.67	95	21.74	108
150	29.83	102	27.95	114

由表 5-7 可以看出,在系统给定的地热水质量流量下,并联系统的净发电功率更大,串、并联系统的净发电功率随地热水进口温度的升高而增大,串联系统随维温伴热地热水进口温度的升高而减小。

表 5-7　在 m_{gw} =1 kg／s 不同地热水和维温伴热地热水
进口温度条件下净发电功率及最佳蒸发温度

$t_{OGTHT,in}$	系统	$t_{gw,in}$=100 ℃		$t_{gw,in}$=110 ℃		$t_{gw,in}$=120 ℃		$t_{gw,in}$=130 ℃		$t_{gw,in}$=140 ℃		$t_{gw,in}$=150 ℃	
		W_{net}/kW	$t_{e,opt}$/℃	W_{net}/kW	$t_{e,opt}$/℃	W_{net}/kW	$t_{e,opt}$/℃	W_{net}/kW	$t_{e,opt}$/℃	W_{net}/kW	$t_{e,opt}$/℃	W_{net}/kW	$t_{e,opt}$/℃
90 ℃	串联	3.11	90	6.97	94	11.30	98	16.14	103	21.74	108	27.95	114
	并联	6.81	72	9.97	78	13.8	83	18.35	89	23.67	95	29.83	102
95 ℃	串联	1.52	93	5.47	97	9.81	101	14.83	106	20.33	111	26.61	117
	并联	6.81	72	9.97	78	13.8	84	18.35	89	23.67	95	29.83	102
100 ℃	串联	—	—	3.71	100	8.25	105	13.18	110	18.89	115	25.09	121
	并联	—	—	9.97	78	13.8	84	18.35	89	23.67	95	29.83	102
105 ℃	串联	—	—	1.83	104	6.36	108	11.43	113	17.02	118	23.24	124
	并联	—	—	9.97	78	13.8	84	18.35	89	23.67	95	29.83	102
110 ℃	串联	—	—	—	—	4.31	111	9.41	116	14.98	121	21.18	126
	并联	—	—	—	—	13.8	84	18.35	89	23.67	95	29.83	102

$t_{\text{OGTHT, in}}$	系统	$t_{\text{gw, in}} = 100\ ℃$		$t_{\text{gw, in}} = 110\ ℃$		$t_{\text{gw, in}} = 120\ ℃$		$t_{\text{gw, in}} = 130\ ℃$		$t_{\text{gw, in}} = 140\ ℃$		$t_{\text{gw, in}} = 150\ ℃$	
		W_{net} /kW	$t_{\text{e, opt}}$ /℃	W_{net} /kW	$t_{\text{e, opt}}$ /℃	W_{net} /kW	$t_{\text{e, opt}}$ /℃	W_{net} /kW	$t_{\text{e, opt}}$ /℃	W_{net} /kW	$t_{\text{e, opt}}$ /℃	W_{net} /kW	$t_{\text{e, opt}}$ /℃
115 ℃	串联	—	—	—	—	2.11	114	7.21	119	12.78	124	18.94	130
	并联	—	—	—	—	13.8	84	18.35	89	23.67	95	29.83	101
120 ℃	串联	—	—	—	—	—	—	4.83	121	10.44	127	16.59	133
	并联	—	—	—	—	—	—	18.35	89	23.67	95	29.83	102

2. 质量流量比

从以上分析中可以看出，单位质量流量条件下，并联系统的净发电功率更大，但是需要指出的是，这个结论是以两个系统中地热水质量流量相等为前提的，在实际情况下，并联系统中只有一部分地热水可以用来发电，故并联系统与串联系统的系统性能除了取决于各自自身的系统性能外，还取决于并联系统中用来发电的地热水所占的比例。为了更好地比较并联系统与串联系统的性能，定义了一个新的评价参数——质量流量比 r_{m}，即并联系统中用来发电的地热水所占的比例。并联系统与串联系统的净发电功率相等时对应的并联系统中用来发电的地热水所占的比例则为临界质量流量比 $r_{\text{m, cri}}$，其表达式为

$$r_{\text{m, cri}} = m_{\text{gw, ORC}}/m_{\text{gw}} \times 100\% \tag{5-16}$$

当临界质量流量比 $r_{\text{m, cri}}$ 较小(小于0.3)时，并联系统的性能优于串联系统；而当临界质量流量比 $r_{\text{m, cri}}$ 较大(大于0.8)时，串联系统的性能优于并联系统。

如图5-22所示，在维温伴热地热水进口温度一定时，$r_{\text{m, cri}}$ 与地热水进口温度成正比，而地热水进口温度一定时，$r_{\text{m, cri}}$ 与维温伴热地热水进口温度成反比，在地热水进口温度较高和维温伴热地热水进口温度较低时，对应的临界质量流量比较大，选用串联系统更适合；而当地热水进口温度较低和维温伴热地热水进口温度较高时，对应的临界质量流量比较小，并联系统更适合。每一个工况都对应一个具体的临界质量流量比，应根据实际情况选择合适的系统形式。

3. 烟效率比

烟效率比为串联系统烟效率与并联系统烟效率的比值，表征了系统的性能，烟效

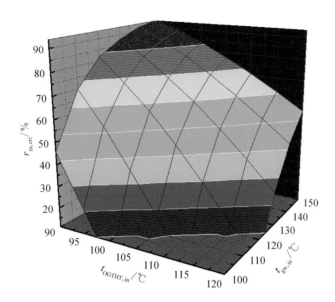

图 5-22　地热水临界质量流量比随地热水进口温度
和维温伴热地热水进口温度的变化

率比大于 1 时,串联系统的性能优于并联系统;㶲效率比小于 1 时,串联系统的性能
比并联系统的性能差;当㶲效率比等于 1 时,两种系统性能相当。

　　如图 5-23 所示,维温伴热地热水进口温度一定时,㶲效率比与地热水进口温度
成正比;而地热水进口温度一定时,㶲效率比与维温伴热地热水进口温度成反比;在
地热水进口温度较高和维温伴热地热水进口温度较低时,对应的临界质量流量比较
大,选用串联系统更适合,而当地热水进口温度较低和维温伴热地热水进口温度较高
时,对应的临界质量流量比较小,说明并联系统更适合。

　　4. 工程案例分析

　　由表 5-5 中的数据可以计算出,该发电系统单位质量流量地热水的净发电功率
仅为 3.89 kW/kg,而表 5-6 中所对应的净发电功率为 6.97 kW/kg,两者之间的差值主
要是由于在实际系统中地热水与工质之间采用了以热水为中间介质的间接换热方
式,因此实际系统的净发电功率大大降低。并联系统所对应的单位质量流量地热水
的净发电功率仅为 9.97 kW。可以计算出实际地热发电系统所对应的地热水质量流
量比为 0.39,而在此工况下,所对应的地热水临界质量流量比为 0.69。很显然,实际
系统的地热水质量流量比小于地热水临界质量流量比,因此采用串联系统更适合。

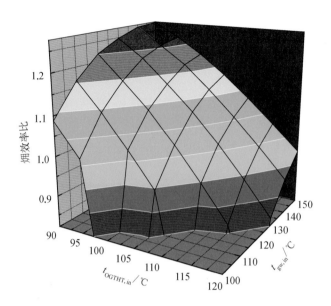

图 5‑23　㶲效率比随地热水进口温度和维
温伴热地热水进口温度的变化

5.2.3　油田伴生地热多联产系统研究

1. 多联产系统介绍

该系统由六个子系统组成：ORC 发电子系统、吸收式制冷子系统、维温伴热子系统、直接热利用子系统、间接热利用子系统和油回收子系统，如图 5‑24 所示。其中 ORC 发电子系统、维温伴热子系统和油回收子系统与 5.2.1 节中相同，不再详细介绍。吸收式制冷子系统利用 ORC 发电子系统的地热尾水和一部分未经利用的地热原水的混合液为系统热源。

维温伴热子系统排出的地热水温度约为 55 ℃，可将其直接作为低温热水地面辐射供暖系统的热源，低温热水地面辐射供暖系统的设计供、回水温度分别为 45 ℃、36 ℃。为了充分利用地热资源，图 5‑24 中 e 点的温度设为 37 ℃，仅比低温热水地面辐射供暖系统的设计回水温度高 1 ℃，居住建筑的冬季采暖设计热负荷约为 50 W/m² ，而建筑给水排水设计规范中推荐的居住建筑的生活热水用水定额为 40～80 L/（人·天），我们将居住建筑的生活热水用水定额为 60 L/（人·天）。

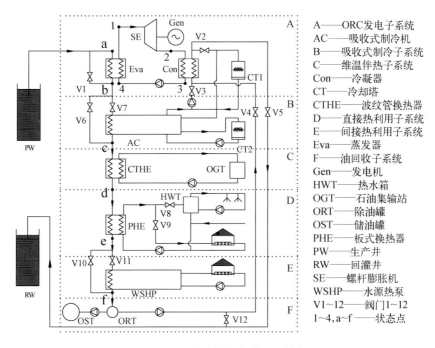

图 5-24 油田伴生地热多联产系统流程图

直接热利用子系统排出的地热水温度约为 37 ℃,采用水源热泵升高温度后用来供暖,为了充分利用地热水中所含的热量,采用多级热泵并联的方式,图 5-24 中 f 点的温度设为 15 ℃。系统中详细的阀门的启闭关系如下: 冬季阀门 1、2、7 和 10 关闭,阀门 3、4、5 和 11 开启,夏季与冬季正好相反。

2. 多联产系统性能分析

(1) 吸收式制冷子系统

如图 5-25 所示,随着冷凝温度的升高,溴化锂吸收式制冷机的性能系数(coefficient of performance, COP)降低。相同条件下,COP 与地热水进口温度成正比;当地热水进口温度高于 105 ℃时,COP 与冷凝温度之间近似存在线性降低的关系,而对于地热水进口温度在 90~105 ℃之间时,COP 与冷凝温度之间并不存在明显的线性关系。当地热水进口温度为 100 ℃时,COP 在 0.61~0.77 之间,而当地热水进口温度在 90 ℃时,COP 在 0.40~0.74 之间。需要说明的是,吸收式制冷机的地热水进口温度越高,需要旁通的地热原水越多,当地热水进口温度为 100 ℃时,需要旁通的地热原水为 100 m³/h,这就意味着 ORC 发电子系统中的地热水质量流量降低。

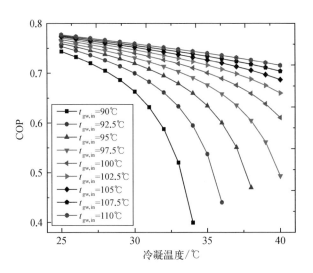

图 5-25   吸收式制冷机的 COP 随冷凝温度的变化

吸收式制冷机的 COP 与地热水进口温度和冷冻水出口温度之间存在正比关系。如图 5-26 所示，与 COP 类似，冷冻水质量流量与地热水进口温度和冷冻水出口温度之间也存在正比关系，这是由于在一个具体的地热水进口温度条件下，冷冻水质量流量与吸收式制冷机的 COP 之间存在正比关系。当地热水进口温度为 100 ℃时，冷冻水质量流量在 54~197 kg/s 之间。

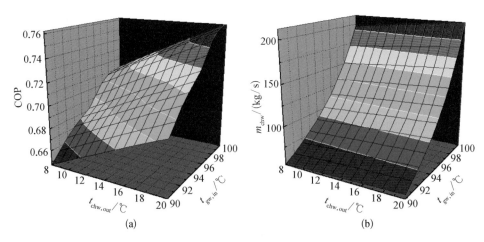

图 5-26   吸收式制冷机的 COP 和冷冻水质量流量随
冷冻水出口温度和地热水进口温度的变化

如图 5-27 所示,采用了吸收式制冷机作为 ORC 发电子系统的辅助冷源之后,ORC 发电子系统的冷却水进口温度与吸收式制冷子系统地热水进口温度之间存在反比关系,而与冷冻水出口温度之间存在正比关系。由此说明,较低的冷冻水出口温度并不利于 ORC 发电子系统的冷却水温度的降低,从而不利于 ORC 发电子系统的发电性能的提高。

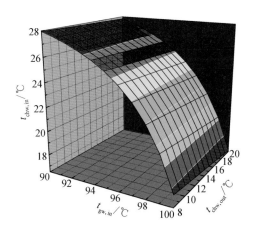

图 5-27　ORC 发电子系统冷却水进口温度随冷冻水出口温度和地热水进口温度的变化

如图 5-28 所示,在冷冻水出口温度为 8 ℃时,吸收式制冷机制冷量随制冷机地热水进口温度的升高而升高,一方面是地热水进口温度升高使得吸收式制冷机的 COP 随之升高;另一方面在吸收式制冷机排出的地热水温度一定的条件下,地热水进口温度升高实际上增加了吸收式制冷机的热源热量。因此,这两个因素综合作用,使得吸收式制冷机制冷量急剧增加。

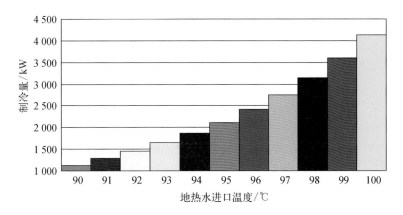

图 5-28　在冷冻水出口温度为 8 ℃时吸收式制冷机制冷量随制冷机地热水进口温度的变化

需要说明的是,吸收式制冷机既可以作为 ORC 发电子系统的辅助冷源,也可以用来为建筑物供冷。假定住宅建筑夏季的冷负荷为 90 W/m²,吸收式制冷子系统在不需要地热原水旁通的条件下,可以满足约 12 000 m² 的住宅建筑的夏季冷需求;此外,在旁通地热原水为 100 m³/h 时,吸收式制冷子系统的制冷量可以达到 4 430 kW,可以满足约 49 000 m² 的住宅建筑的夏季冷需求。

(2) ORC 发电子系统

系统参数均来自某实际地热电站,如表 5-8 所示。工质在冷凝器出口处的温度比冷却水的进口温度高 3 ℃,工质在冷凝器进口处的温度比冷却水的进口温度高 3 ℃。系统采用 R245fa/异戊烷(0.45/0.55)的混合物作为工质。

表 5-8　螺杆膨胀机进口饱和条件下模拟计算参数

参　　数	数　　值	参　　数	数　　值
地热水进口温度/℃	110	工质泵等熵效率/%	60
地热水出口温度/℃	90	螺杆膨胀机等熵效率/%	60
地热水质量流量/(m³/h)	250	热水泵等熵效率/%	75
夏季冷却水出口温度/℃	40	冷却水泵等熵效率/%	75
夏季冷却水进口温度/℃	30	发电机效率/%	80

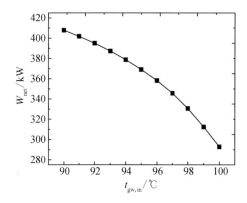

图 5-29　净发电功率随吸收式制冷机
地热水进口温度的变化

随着蒸发温度的升高,ORC 发电子系统的净发电功率先增大后减小,净发电功率最大为 391.8 kW。当蒸发温度低于或高于最佳蒸发温度时,净发电功率与蒸发温度之间分别近似为线性增大或减小的关系。吸收式制冷机作为 ORC 发电子系统辅助冷源使得净发电功率达到 407.8 kW,升高了约 4.08%。如图 5-29 所示,吸收式制冷机地热水进口温度反比于净发电功率,故通过提高旁通地热原水来提高吸收式制冷机地热水进口温度从而降低 ORC 发电子系统冷凝温度的方法并不可取。

冷却水的水量损失主要由三部分组成:蒸发损失、飘逸损失和排污损失,这三部分占循环水量的比例分别约为 1.2%、0.1% 和 0.4%,因此总的水量损失比例约为

1.7%。以冬季发电系统运行时间为 2 000 h 计算,冬季采用地热水取代冷却水作为 ORC 发电子系统的冷源后,每年可以节省约 9 000 m³ 的水资源。

（3）维温伴热子系统

维温伴热子系统的相关参数如表 5-9 所示,冬季和夏季维温伴热子系统的输入㶲效率分别为 93.1% 和 90.6%。假设燃油锅炉的热效率为 90%,采用地热水作为维温伴热子系统的热源每年可以节省约 8 160 t 原油,还可减少大量污染物的排放,故采用地热水取代燃油锅炉作为维温伴热子系统的热源具有很强的技术经济性,值得推广。

表 5-9　维温伴热子系统在冬季和夏季的参数

季节	参　　数	数值	季节	参　　数	数值
冬季	维温伴热供水温度/℃	85	夏季	维温伴热供水温度/℃	85
	维温伴热回水温度/℃	50		维温伴热回水温度/℃	50
	循环水质量流量/(m³/h)	250		循环水质量流量/(m³/h)	150
	地热水进口温度/℃	90		地热水进口温度/℃	90
	地热水出口温度/℃	55		地热水出口温度/℃	55
	地热水质量流量/(m³/h)	250		地热水质量流量/(m³/h)	150
	输入㶲/kW	1 467		输入㶲/kW	837.8
	输出㶲/kW	1 367		输出㶲/kW	759.3
	输入㶲效率/%	93.1		输入㶲效率/%	90.6

（4）直接热利用子系统

地热水经过发电、吸收式制冷和维温伴热之后,冬季和夏季的温度分别达到了 52.2 ℃ 和 62.0 ℃,此时,地热水可以作为冬季低温热水地面辐射供暖系统的热源和夏季生活热水供应系统的热源。如表 5-10 所示,冬季和夏季直接热利用子系统的输入㶲效率分别为 80.2% 和 54.3%。直接热利用子系统冬季可以满足 88 200 m² 的住宅建筑的供热需求和 47 300 人的夏季生活热水供应。

表 5‑10　直接热利用子系统在冬季和夏季的参数

季节	参　　数	数值	季节	参　　数	数值
冬季	伴热供水温度/℃	45.0	夏季	伴热供水温度/℃	45.0
	伴热回水温度/℃	36.0		伴热回水温度/℃	28.0
	循环水质量流量/(m³/h)	422.0		循环水质量流量/(m³/h)	426.5
	地热水进口温度/℃	55		地热水进口温度/℃	61.0
	地热水出口温度/℃	37.0		地热水出口温度/℃	30.0
	地热水质量流量/(m³/h)	250		地热水质量流量/(m³/h)	250
	输入㶲/kW	272		输入㶲/kW	311.5
	输出㶲/kW	218.2		输出㶲/kW	573.7
	输入㶲效率/%	80.2		输入㶲效率/%	54.3

（5）间接热利用子系统

图 5‑24 中 e 点的温度设为 37 ℃,如此低的温度无法直接利用,设置多级水源热泵系统吸收这部分地热水中的热量向建筑物供暖或提供生活热水,地热水的排水温度为 15 ℃,冬季间接热利用子系统的参数如表 5‑11 所示,间接热利用子系统冬季可以满足 170 000 m² 的住宅建筑的供热需求。

表 5‑11　冬季间接热利用子系统的参数

参　　数	数　值	参　　数	数　值
供热供水温度/℃	45	水源热泵的 COP	4
供热回水温度/℃	36	地热水质量流量/(m³/h)	250
地热水进口温度/℃	37	循环水质量流量/(m³/h)	814
地热水出口温度/℃	15		

（6）油回收子系统

特高含水期地热水含水率为 98%,该多联产系统年运行时间约为 8 000 h,很容易计算出每年可以回收原油约 34 600 t。

（7）多联产系统经济性

如表 5 - 12 所示，整个多联产系统的初投资达到了 1.137 4 亿元人民币，其中油井和维温伴热子系统约占到了初投资的 80%。而每年的收益达到了 2 747 万元人民币，其中来自原油的收益达到了 70.6%，而发电的收益所占的比例最小，仅为 5% 左右，尽管如此，地热发电对于缓解我国的能源供需矛盾仍具有一定的作用。整个系统的投资回收期仅为 3.74 年。

表 5 - 12　多联产系统的初投资和年收益

项目	参数	数值/元	项目	参数	数值/元
初投资	油井	5.05×10^7	年收益	发电	1.61×10^6
	吸收式制冷子系统	3.81×10^6		直接热利用子系统	2.21×10^6
	维温伴热子系统	4.55×10^7		间接热利用子系统	4.25×10^6
	直接热利用子系统	4.41×10^6		油回收子系统	1.94×10^7
	间接热利用子系统	8.50×10^6			
	油回收子系统	1.02×10^6			

综上所述，地热多联产系统达到了充分利用地热资源的目的，该系统具有很强的技术经济性，值得推广应用。

参考文献

[1] Zhou C. Hybridisation of solar and geothermal energy in both subcritical and supercritical Organic Rankine Cycles[J]. Energy Conversion and Management, 2014, 81: 72 - 82.

[2] Dudley V E, Kolb G J, Mahoney A R, et al. Test results: SEGS LS - 2 solar collector[R]. Sandia National Laboratories, 1994.

[3] Manzolini G, Giostri A, Saccilotto C, et al. Development of an innovative code for the design of thermodynamic solar power plants part A: Code description and test case[J]. Renewable Energy, 2011, 36(7): 1993 - 2003.

[4] Kuyumcu O C, Serin O, Ozalevli C C, et al. Design and Implementation of the geothermal hybrid geothermal and solar thermal power system[C]. Geothermal Resources Council Annual

Meeting, 2014.

[5] Guo Z Y, Zhu H Y, Liang X G. Entransy-A physical quantity describing heat transfer ability[J]. International Journal of Heat and Mass Transfer, 2007, 50(13/14): 2545 – 2556.

[6] Bejan A. Constructal-theory network of conducting paths for cooling a heat generating volume[J]. International Journal of Heat and Mass Transfer, 1997, 40(4): 779 – 811, 813 – 816.

[7] Erek A, Dincer I. An approach to entropy analysis of a latent heat storage module [J]. International Journal of Thermal Sciences, 2008, 47(8): 1077 – 1085.

[8] Cheng X T, Liang X G, Guo Z Y. Entransy decrease principle of heat transfer in an isolated system[J]. Chinese Science Bulletin, 2011, 56(9): 847 – 854.

[9] Mikielewicz D, Mikielewicz J. A thermodynamic criterion for selection of working fluid for subcritical and supercritical domestic micro CHP [J]. Applied Thermal Engineering, 2010, 30(16): 2357 – 2362.

[10] Barbier E. Geothermal energy technology and current status: An overview[J]. Renewable and Sustainable Energy Reviews, 2002, 6(1/2): 3 – 65.

[11] Garg P, Kumar P, Srinivasan K, et al. Evaluation of isopentane, R-245fa and their mixtures as working fluids for organic Rankine cycles [J]. Applied Thermal Engineering, 2013, 51 (1/2): 292 – 300.

[12] Li T L, Zhu J L, Zhang W. Cascade utilization of low temperature geothermal water in oilfield combined power generation, gathering heat tracing and oil recovery[J]. Applied Thermal Engineering, 2012, 40: 27 – 35.

[13] 田玉江.油田集输系统利用地热伴热技术研究[D].青岛: 中国石油大学,2009.

[14] Li K W, Zhang L Y, Ma Q K, et al. Low temperature geothermal resources at Huabei oilfield, China[C]. Geothermal Resources Council Annual Meeting, 2007.

[15] Li T L, Zhu J L, Zhang W. Comparative analysis of series and parallel geothermal systems combined power, heat and oil recovery in oilfield[J]. Applied Thermal Engineering, 2013, 50(1): 1132 – 1141.

[16] Li T L, Zhu J L, Zhang W, et al. Thermodynamic optimization of a neoteric geothermal poly-generation system in an oilfield[J]. International Journal of Energy Research, 2013, 37 (15): 1939 – 1951.

[17] 李太禄.中低温地热发电有机朗肯循环热力学优化与实验研究[D].天津: 天津大学,2013.

第 6 章
地热发电汽轮机与螺杆膨胀机

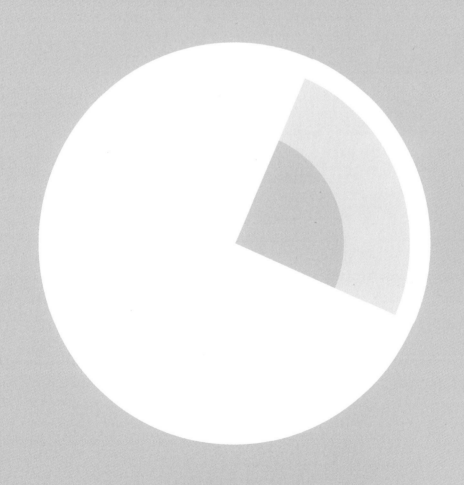

6.1　地热发电汽轮机

汽轮机是以蒸汽为工作介质,将蒸汽的热能转换为机械能的旋转机械,广泛应用于发电、驱动等领域。从 1884 年英国的 Charles Parsons 制成世界上第一台实用的反动式汽轮机以来已有一百多年的历史。长期以来,火力发电汽轮机向着大功率、高参数、高效率的方向发展,目前,国内首台 1 000 MW 超超临界两次中间再热汽轮机已经投入运行,主蒸汽压力为 30 MPa、温度为 600 ℃、两次再热温度均为 610 ℃,热耗率验收(THA)工况发电热耗达到 7 070 kJ/(kW·h)。

相对于火力发电汽轮机来说,地热发电汽轮机的功率取决于地热源能够提供的蒸汽的流量,其进口压力比较低,而且大多数为对应压力的饱和蒸汽,因此,地热发电汽轮机以满足工程需要为原则。

根据汽轮机内部气流的流动形式,汽轮机分为轴流式汽轮机、径流式汽轮机两种,而径流式汽轮机分为向心式汽轮机和离心式汽轮机两种,如图 6-1 所示。

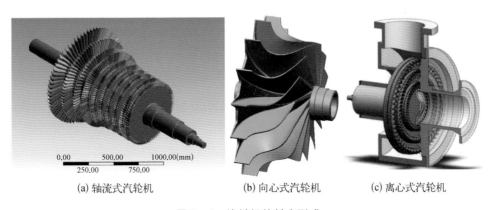

| (a) 轴流式汽轮机 | (b) 向心式汽轮机 | (c) 离心式汽轮机 |

图 6-1　汽轮机的基本形式

汽轮机由多个汽轮机的级来构成,汽轮机的级由喷嘴叶栅(静叶栅)和动叶栅构成,无论是轴流式汽轮机还是径流式汽轮机,都可以是单级的,也可以是多级的。

6.1.1　轴流式汽轮机

在轴流式汽轮机的一个级组中,工质在喷嘴叶栅中膨胀加速,将压降所释放的热能转化为动能,然后高速工质推动动叶栅旋转,将动能及部分热能转化为机械能,从而对外做功。单级轴流式汽轮机流量较小,为了简化装置多采用背压机,导致热效率较低,因而输出功率较小。相较于单级轴流式汽轮机,多级轴流式汽轮机具有功率大且效率高的优势。在工业应用领域通常是将多个汽轮机级叠置为一台多级轴流式汽轮机,从而实现大功率输出。多级轴流式汽轮机的新蒸汽温度和压力高,各级焓降较小,可以使得每级都能处在最佳速比范围内,且中间级的余速动能均能被利用,因而多级轴流式汽轮机的效率明显高于单级轴流式汽轮机。

多级轴流式汽轮机从结构上可以分为冲动式汽轮机和反动式汽轮机两种类型,这两类汽轮机在工业中均有应用。在纯冲动式汽轮机中,工质仅在喷嘴叶栅中膨胀加速,而在动叶栅中不膨胀加速,仅改变气流角度。在反动式汽轮机中,工质在喷嘴和动叶中的焓降近似相等。与反动式汽轮机相比,纯冲动式汽轮机各级的比功率较大,最佳速比较小,且叶栅损失较大。因而,为了降低叶栅损失,冲动式汽轮机各级也带一定的反动度,即工质的膨胀加速过程大部分在喷嘴中完成,仅有少部分在动叶中完成,该类型的冲动级称为带反动度的冲动级。

按照工作特性,汽轮机级可以分为速度级和压力级,多级轴流式汽轮机通常同时包含速度级和压力级,速度级以利用蒸汽动能为主,其焓降大,喷嘴出口速度高,也称为调节级,该级通常采用双列复速级;压力级内焓降较小,效率高。

1. 结构形式

图 6-2 为一台典型的多级冲动式轴流式汽轮机,包括一个速度级和八个压力级。速度级采用双列复速级,其包括两列喷嘴和两列动叶,每个压力级包括一列喷嘴和一列动叶。高温高压的工质首先通过主调节阀进入工质室,然后经过调节阀进入第一级速度级做功,使热能得到充分利用,再依次进入各压力级做功,最终乏汽通过向下排气管道流出汽轮机。在图 6-2 中,带动叶片的叶轮安装在汽轮机主轴上,各叶轮之间安装带喷嘴叶片的隔板。为了尽可能地减少汽轮机的工质泄漏,在汽轮机的两个轴端、隔板与轮毂间隙、叶顶与汽缸间隙均安装有汽封。

图 6-3 为多级轴流式汽轮机焓-熵图。图中包括了高温高压工质在调节阀内的等焓节流过程、速度级和压力级内的膨胀过程、排气管道中的等焓节流过程。工质在双列复速级内的焓降远高于其他压力级。图 6-3 中 h_i 和 h_s 分别为单级轴流式汽轮机的有效焓降和等熵焓降,H_i 和 H_s 分别为多级轴流式汽轮机的有效焓降和等熵焓降,其中有效焓降 H_i 已减去了末级的余速损失。

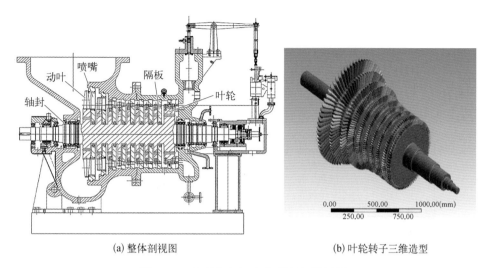

(a) 整体剖视图　　　　　　　　　　(b) 叶轮转子三维造型

图 6-2　典型的多级冲动式轴流式汽轮机

2. 基本热力学设计方法

采用一元流动模型对多级轴流式汽轮机进行基本热力学设计,确定各个状态点的热力参数及喷嘴叶栅和动叶栅的主要几何参数。首先级内流动需满足假设条件:定常流动、一元轴对称流动、绝热流动。

多级轴流式汽轮机的热力计算流程如图6-4所示。通常是已知多级轴流式汽轮机进口压力和温度、出口压力、工质质量流量来对汽轮机进行设计计算。因为缺乏足够的叶栅试验数据资料,需要预先假定喷嘴叶栅速度系数、动叶栅速度系数、速比、喷嘴出口气流角、动叶出口相对气流角、反动度和部分进气度,然后展开初步热力学计算。最后需要通过气动计算检验初步设计结果是否合理,校验所取的各种损失系

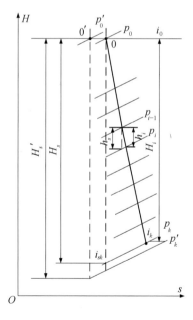

图 6-3　多级轴流式汽轮机焓-熵图

数及速度系数是否合理,误差较大时需要进一步迭代计算,直到满足误差要求为止。

根据图6-4的设计流程,各个步骤中涉及的参数及主要公式如下。

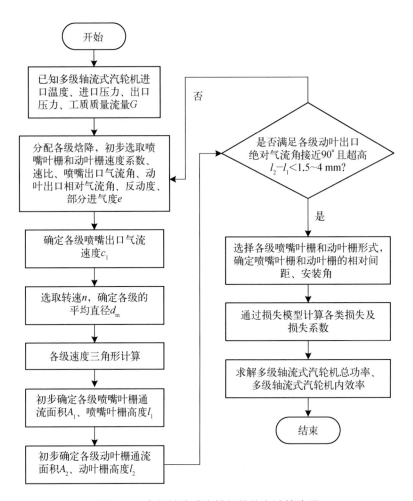

图6-4 多级轴流式汽轮机的热力计算流程

（1）设计参数选取范围

喷嘴叶栅速度系数 φ：$0.95 \sim 0.98$

动叶栅速度系数 ψ：$0.9 \sim 0.95$

反动度 Ω：冲动级（$0 \sim 0.1$）、反动级（0.5）

速比 x_a：冲动级（$0.45 \sim 0.485$）、反动级（$0.75 \sim 0.85$）、双列复速级（$0.22 \sim 0.25$）

喷嘴出口气流角 α_1：$10° \sim 20°$

动叶出口相对气流角 β_2：$20° \sim 40°$

部分进气度 e：$e=1$ 为全周进气；为了减少鼓风损失，部分进气时推荐部分进气

度 $e > 0.15 \sim 0.2$。

（2）计算喷嘴出口气流速度 c_1

各级喷嘴理想出口气流速度 c_{1s} 和喷嘴出口实际气流速度 c_1 可以由下式推出：

$$c_{1s} = \sqrt{2 \cdot (1 - \Omega) \cdot h_s^*} \tag{6-1}$$

$$c_1 = \varphi \cdot c_{1s} \tag{6-2}$$

式中，h_s^* 为级的理想等熵。

（3）计算各级的平均直径 d_m

各级的设计速比应在最佳速比范围内，各级平均直径处的圆周速度 u 及平均直径 d_m 可以由下式计算：

$$u = \frac{\pi \cdot d_m \cdot n}{60} = c_1 \cdot \frac{u}{c_1} = c_1 \cdot x_a \tag{6-3}$$

$$d_m = \frac{60 \cdot u}{\pi \cdot n} \tag{6-4}$$

（4）计算各级速度三角形

① 单列级

图 6-5 为多级轴流式汽轮机中单列级的速度三角形，其动叶栅进口速度三角形参数（α_1，β_1，c_1，u_1，w_1）和出口速度三角形参数（α_2，β_2，c_2，u_2，w_2）由以下公式计算得到。

动叶栅的进口速度三角形：

$$c_1 = \varphi \cdot \sqrt{2 \cdot (1 - \Omega) \cdot h_s^*} \tag{6-5}$$

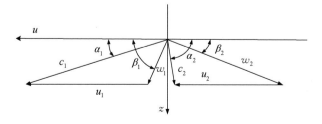

图 6-5　多级轴流式汽轮机中单列级的速度三角形

$$u_1 = \frac{\pi \cdot d_{\mathrm{m}} \cdot n}{60} \qquad (6-6)$$

$$w_1 = \sqrt{c_1^2 + u_1^2 - 2u_1 \cdot c_1 \cdot \cos \alpha_1} \qquad (6-7)$$

$$\tan \beta_1 = \frac{c_1 \cdot \sin \alpha_1}{c_1 \cdot \cos \alpha_1 - u_1} \qquad (6-8)$$

动叶栅的出口速度三角形：

$$w_2 = \varphi \sqrt{2 \cdot \Omega \cdot h_s^* + w_1^2} \qquad (6-9)$$

$$u_2 = \frac{\pi \cdot d_{\mathrm{m}} \cdot n}{60} \qquad (6-10)$$

$$c_2 = \sqrt{w_2^2 + u_2^2 - 2u_2 \cdot w_2 \cdot \cos \beta_2} \qquad (6-11)$$

$$\tan \alpha_2 = \frac{w_2 \cdot \sin \beta_2}{w_2 \cdot \cos \beta_2 - u_2} \qquad (6-12)$$

② 双列复速级

图 6-6 为多级轴流式汽轮机中双列复速级的速度三角形，其第一列动叶栅进口速度三角形参数（α_1, β_1, c_1, u_1, w_1）和出口速度三角形参数（α_2, β_2, c_2, u_2, w_2），第二列动叶栅进口速度三角形参数（α_1', β_1', c_1', u_1', w_1'）和出口速度三角形参数（α_2', β_2', c_2', u_2', w_2'）由以下公式计算得到，其中 α_1' 和 β_2' 需要由设计人员单独选取。

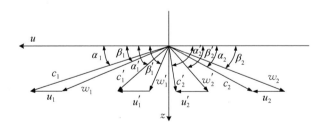

图 6-6　多级轴流式汽轮机中双列复速级的速度三角形

第一列动叶栅进口速度三角形：

$$c_1 = \varphi \cdot \sqrt{2(1 - \Omega) \cdot h_s^*} \qquad (6-13)$$

$$u_1 = \frac{\pi \cdot d_m \cdot n}{60} \tag{6-14}$$

$$w_1 = \sqrt{c_1^2 + u_1^2 - 2u_1 \cdot c_1 \cdot \cos \alpha_1} \tag{6-15}$$

$$\tan \beta_1 = \frac{c_1 \cdot \sin \alpha_1}{c_1 \cdot \cos \alpha_1 - u_1} \tag{6-16}$$

第一列动叶栅出口速度三角形：

$$w_2 = \varphi \cdot \sqrt{2 \cdot \Omega \cdot h_s^* + w_1^2} \tag{6-17}$$

$$u_2 = \frac{\pi \cdot d_m \cdot n}{60} \tag{6-18}$$

$$c_2 = \sqrt{w_2^2 + u_2^2 - 2u_2 \cdot w_2 \cdot \cos \beta_2} \tag{6-19}$$

$$\tan \alpha_2 = \frac{w_2 \cdot \sin \beta_2}{w_2 \cdot \cos \beta_2 - u_2} \tag{6-20}$$

第二列动叶栅进口速度三角形：

$$c_1' = \varphi' \cdot \sqrt{2 \cdot \Omega_2 \cdot h_s^* + c_2^2} \tag{6-21}$$

$$u_1' = \frac{\pi \cdot d_m' \cdot n}{60} \tag{6-22}$$

$$w_1' = \sqrt{c_1'^2 + u_1'^2 - 2 \cdot u_1' \cdot c_1' \cdot \cos \alpha_1'} \tag{6-23}$$

$$\tan \beta_1' = \frac{c_1' \cdot \sin \alpha_1'}{c_1' \cdot \cos \alpha_1' - u_1'} \tag{6-24}$$

第二列动叶栅出口速度三角形：

$$c_2' = \sqrt{w_2'^2 + u_2'^2 - 2 \cdot u_2' \cdot w_2' \cdot \cos \beta_2'} \tag{6-25}$$

$$u_2' = \frac{\pi \cdot d_m' \cdot n}{60} \tag{6-26}$$

$$w_2' = \psi' \cdot \sqrt{2 \cdot \Omega_3 \cdot h_s^* + w_1'^2} \tag{6-27}$$

$$\tan \alpha_2' = \frac{w_2' \cdot \sin \beta_2'}{w_2' \cdot \cos \beta_2' - u_2'} \tag{6-28}$$

（5）计算各级喷嘴叶栅高度 l_1

根据喷嘴叶栅几何参数及连续方程可以得到喷嘴叶栅通流面积：

$$A_1 = \frac{G \cdot v_1}{c_1} \tag{6-29}$$

$$A_1 = z_1 \cdot l_1 \cdot t_1 \cdot \sin \alpha_1 \tag{6-30}$$

式中，v_1 为喷嘴出口处工质比容，m^3/kg；z_1 为喷嘴数；t_1 为喷嘴节距。

部分进气度 e 为工质流过的喷嘴叶栅在平均直径处所占弧长与平均直径处的圆周长度之比，即

$$e = \frac{z_1 \cdot t_1}{\pi \cdot d_m} \tag{6-31}$$

整理以上公式，可以得到喷嘴叶栅的高度 l_1 为

$$G \cdot v_1 = z_1 \cdot l_1 \cdot t_1 \cdot c_1 \cdot \sin \alpha_1 = \pi \cdot d_m \cdot e \cdot l_1 \cdot c_1 \cdot \sin \alpha_1 \tag{6-32}$$

$$l_1 = \frac{G \cdot v_1}{\pi \cdot d_m \cdot e \cdot c_1 \cdot \sin \alpha_1} \tag{6-33}$$

（6）计算各级动叶栅高度 l_2

根据动叶栅几何参数及连续方程可以得到动叶栅通流面积：

$$A_2 = \frac{G \cdot v_2}{w_2} \tag{6-34}$$

$$A_2 = z_2 \cdot l_2 \cdot t_2 \cdot \sin \beta_2 \tag{6-35}$$

式中，v_2 为动叶出口处工质比容，m^3/kg；z_2 为动叶数；t_2 为动叶节距。

通过整理以上公式可以得到动叶栅的高度：

$$l_2 = \frac{G \cdot v_2}{\pi \cdot d_m \cdot e \cdot w_2 \cdot \sin \beta_2} \tag{6-36}$$

（7）计算喷嘴叶栅相对间距、动叶栅相对间距及安装角

根据喷嘴叶栅和动叶栅的几何参数可以得到喷嘴有效的数目 z_1，需要将计算结

果取整数。

$$z_1 = \mathrm{int}\left(\frac{\pi \cdot d_\mathrm{m} \cdot e}{t_1} \right) \tag{6-37}$$

$$t_1 = \frac{\pi d_\mathrm{m}}{z_1} \tag{6-38}$$

同时,动叶栅整个圆周需要安装的叶片数为

$$z_2 = \mathrm{int}\left(\frac{\pi \cdot d_\mathrm{m}}{t_2} \right) \ , \ t_2 = \frac{\pi d_\mathrm{m}}{z_2} \tag{6-39}$$

喷嘴相对间距 $\bar{t}_1$ 和动叶相对间距 $\bar{t}_2$ 为

$$\bar{t}_1 = \frac{t_1}{b_1} \tag{6-40}$$

$$\bar{t}_2 = \frac{t_2}{b_2} \tag{6-41}$$

通过相对间距 $\bar{t}_1$、$\bar{t}_2$ 和气流角 α_1、β_2 在叶形特性曲线中查找到相应的喷嘴叶栅和动叶栅安装角 α_s、β_s。

（8）通过损失模型计算各类损失及损失系数

① 喷嘴损失 h_n

$$h_\mathrm{n} = \frac{c_{1s}^2 - c_1^2}{2} \tag{6-42}$$

② 动叶损失 h_b

$$h_\mathrm{b} = \frac{w_{2s}^2 - w_2^2}{2} \tag{6-43}$$

③ 末级余速损失 h_{c2}

在多级轴流式汽轮机中,中间级的余速均被下一级利用,因此仅有最后一级存在余速损失。

$$h_{c2} = \frac{c_2^2}{2} \tag{6-44}$$

④ 叶轮摩擦损失 N_f

根据斯托多拉(Stodola)经验公式可以得到叶轮的两个端面产生的摩擦损失为

$$N_f = k_1 \cdot \left(\frac{u}{100}\right)^3 \cdot d_{\mathrm{m}}^2 \cdot \rho \tag{6-45}$$

式中，k_1 在 1~1.3 范围内取值；ρ 为叶轮前后的平均密度，kg/m³。

叶轮的摩擦损失系数 ξ_f 为

$$\xi_f = \frac{N_f}{G \cdot h_s^*} \tag{6-46}$$

⑤ 鼓风损失 N_v

只在部分进气的多级轴流式汽轮机中存在鼓风损失，它是由不进气的动叶片在工质中运动产生的，采用以下经验公式计算。

$$N_v = 2.1 \cdot k \cdot (1-e) \cdot d_{\mathrm{m}} \cdot l_2^{1.5} \cdot \left(\frac{u}{100}\right)^3 \cdot \rho \cdot 10^3 \tag{6-47}$$

式中，k 为比例常数，参见文献[1]第二章。

鼓风损失系数 ξ_v 为

$$\xi_v = \frac{N_v}{G \cdot h_s^*} \tag{6-48}$$

⑥ 弧端损失 N_{en}

在部分进气的多级轴流式汽轮机中，动叶从喷嘴不进气弧段旋转至进气弧段，然后又离开进气弧段，在该过程中产生的能量损失称为弧端损失，损失的位置在不进气弧段至进气弧段过渡区和进气弧段至不进气弧段的过渡区。采用以下公式计算弧端损失。

弧端损失为

$$N_{\mathrm{en}} = G \cdot h_s^* \cdot \xi_{\mathrm{en}} \tag{6-49}$$

弧端损失系数为

$$\xi_{\mathrm{en}} = k_3 \cdot \frac{B_2 l_2 + 0.6 B_2' l_2'}{d_{\mathrm{m}} \cdot l_1 \cdot e \cdot \sin \alpha_1} \cdot \eta_u \cdot n \cdot \frac{x_{\mathrm{a}}}{\sqrt{1-\Omega}} \tag{6-50}$$

式中，k_3 为常数 0.135；B_2 为动叶的宽度，mm；l_1 为静叶高度，mm；l_2，l_2' 为动叶高度，

mm;Ω 为反动数;η_u 为轮周效率;n 为喷嘴组数;对于单列级 $B'_2 = 0$。

（9）计算多级轴流式汽轮机总功率、多级轴流式汽轮机内效率

级的轮周效率 η_u:

$$\eta_u = G \cdot (h_s^* - h_n - h_b - h_{c2}) \tag{6-51}$$

多级轴流式汽轮机总功率 N_{total}:

$$N_{total} = G \cdot \left(H_s - \sum_{i=1}^{k} h_{n,i} - \sum_{i=1}^{k} h_{b,i} - h_{c2} \right) - \sum_{i=1}^{k} N_{f,i} - \sum_{i=1}^{k} N_{v,i} - \sum_{i=1}^{k} N_{en,i} \tag{6-52}$$

多级轴流式汽轮机内效率（总静效率）$\eta_{oi,\,total}$:

$$\eta_{oi,\,total} = \frac{G \cdot \left(H_s - \sum_{i=1}^{k} h_{n,i} - \sum_{i=1}^{k} h_{b,i} - h_{c2} \right) - \sum_{i=1}^{k} N_{f,i} - \sum_{i=1}^{k} N_{v,i} - \sum_{i=1}^{k} N_{en,i}}{G \cdot H_s} \tag{6-53}$$

式中,k 为多级轴流式汽轮机的级数;H_s 为多级轴流式汽轮机总的等熵焓降,J/kg; h_s^* 为级的等熵焓降,J/kg。

6.1.2　径流式汽轮机

在径流式汽轮机内部,气流沿着半径方向流动,根据工质流动的方向可分为离心式汽轮机和向心式汽轮机两种类型。

1. 向心式汽轮机

向心式汽轮机的特点是结构紧凑,成本相对较低,适用于小容积流量的场合。由于容积流量小,为了提高效率,向心式汽轮机均采用高转速设计。近年来,很多高等院校、研究院所及制造厂等研发单位针对向心式汽轮机进行了大量的研究,其应用除传统工质(燃气、空气、水蒸气)外,在有机工质、氨水、氦气及二氧化碳等工质中也得到了广泛应用。

相较于单级轴流式汽轮机,单级向心式汽轮机有如下优点。① 在小容积流量工况时可以获得较高的效率。结构设计得当,可以降低汽轮机的余速损失等。② 在设计中,对动叶的气动性能要求相对较低。动叶流线的精确度、表面粗糙程度等对汽轮

机的效率影响不大,故使得向心式汽轮机的制造工艺相对简单,成本较低。同时在实际运行中,表面污垢沉积等对效率的影响相对较小。③ 向心式汽轮机结构简单,结构部件数目较少,结构紧凑。

(1) 向心式汽轮机的结构

向心式汽轮机主要由蜗壳、静叶及动叶三部分组成,其立体图和剖面图如图 6-7所示。设定蜗壳进口为状态点 1,静叶进口为状态点 2,静叶出口为状态点 3,动叶进口为状态点 4,动叶出口为状态点 5。

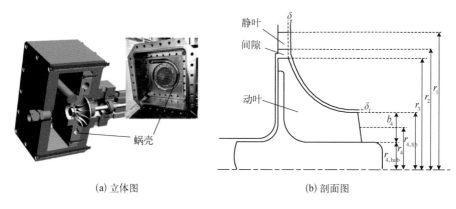

(a) 立体图   (b) 剖面图

图 6-7   向心式汽轮机结构示意图

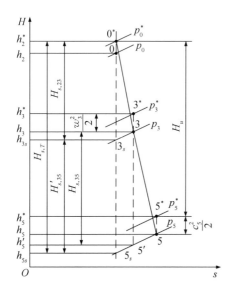

图 6-8   向心式汽轮机膨胀过程的焓-熵图

向心式汽轮机膨胀过程的焓-熵图如图 6-8所示,从静叶进口开始,设定向心式汽轮机静叶进口的工质滞止温度为 T_2^*,滞止压力为 p_2^*,以一定速度 c_2 流入静叶。工质在静叶喷嘴中加速,静叶出口气体的速度为 c_3,温度和压力分别为 T_3 和 p_3。随后气流以 w_3 的相对速度流入动叶,继续膨胀将内能转化成机械能输出。静叶进口和动叶进口间有一个小的间隙(一般小于 5 mm)。由于静叶出口和动叶进口间的损失较小,因此在图中近似地认为动叶进口点 4 的状态等同于静叶出口点 3 的状态。工质在动叶出口处压力下降为 p_5,温度下降为 T_5,在动叶出口中径

D_5 上气流的相对流速为 w_5。随后,工质从动叶排出,通过扩压器等排入大气或者流入下一部件继续后续膨胀。

向心式汽轮机的速度三角形如图 6-9 所示。不同于轴流式汽轮机,向心式汽轮机在叶轮进口有较大的负冲角,这样有利于抑制叶轮进口区域吸力面侧的分离。

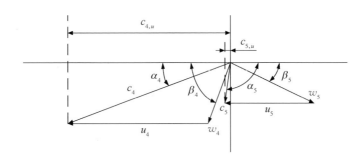

图 6-9　向心式汽轮机的速度三角形

（2）向心式汽轮机的热力设计

向心式汽轮机的热力计算通过预计算、方案比较和实际计算来确定其各个特征点上的热力参数及流通部分主要零件的基本尺寸。

基本的热力计算通常是按照一元流动来处理的。因为缺乏足够的依据和数据资料,某些参数需要进行预先设定,包括喷嘴的速度系数(静叶系数)、工作轮的速度系数(动叶系数)、喷嘴出口角、工作轮出口叶片角、反动度、轮径比、相对轴向间隙等。

值得注意的是,在热力计算的基础上确定的基本尺寸,并不一定都是合理的。特别是按一元流动方法求得的流道形状不一定都符合实际流动要求。因此应做进一步的气动计算。通过气动计算检验流道是否合理,校验所取的各种损失系数,尤其是速度系数。

（3）参数分析

在向心式汽轮机的一维设计中,为简化计算,可做以下假设:① 不考虑进口蜗壳和出口扩压器的影响;② 假定喷嘴和工作轮的速度系数不变;③ 不考虑次要的流动损失。

已知变量:工质质量流量;汽轮机进口总温、总压;出口静压;转速。

设计变量:静叶系数、动叶系数、反动度、速比、动叶进口绝对气流角、轮径比、动叶出口相对气流角。

约束变量：动叶进口相对叶高：$\dfrac{b_4}{2 \cdot r_4}$，推荐范围为 0.02~0.2。进口攻角：动叶

进口叶片角 $-\beta_4$，推荐范围为 $-20° \sim 10°$。加速因子：$\dfrac{w_5}{w_4}$，推荐范围为 1.2~1.7。相对

根径：$\dfrac{r_{5,h}}{r_4}$，推荐范围为 0.15~0.35。

结构特征数：$\bar{L}^2 \cdot \{1 / [\phi^2 \cdot (1 - \Omega) \cdot \cos(\pi - \beta_5)^2 - 1]\}$，推荐范围为 0.1~0.5。

需计算的值：轮周功；轮周效率。

计算流程：

向心式汽轮机的热力设计流程如图 6-10 所示。

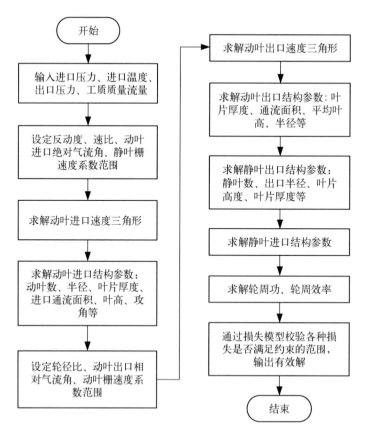

图 6-10　向心式汽轮机的热力设计流程

根据图 6-10 的热力设计流程,各个步骤涉及的主要公式介绍如下。

① 求解理想等熵焓降和气流速度

理想等熵焓降和气流速度由以下公式推出:

$$\Delta H_s = H_0 - H_{5,s} \tag{6-54}$$

$$C_a = \sqrt{2 \cdot \Delta H_s} \tag{6-55}$$

② 求解动叶进口速度三角形和动叶进口状态参数

a. 动叶进口速度三角形

设定速比 x_a 的范围为 0.55~0.7,静叶栅速度系数 $\varphi = 0.92$,动叶进口绝对气流角 α_4 的范围为 14°~20°。

可求得静叶进口轮周速度和实际速度分别为

$$u_4 = x_a \cdot C_a \tag{6-56}$$

$$c_4 = \phi \cdot \sqrt{2 \cdot (1 - \Omega) \cdot \Delta H_s} \tag{6-57}$$

从而可求得 w_4。

b. 动叶进口状态参数

由已知条件可求得静叶理想焓降为

$$\Delta H_{N,s} = (1 - \Omega) \cdot \Delta H_s \tag{6-58}$$

动叶进口等熵滞止焓值为

$$h_{4s,s} = h_0 - \Delta H_{N,s} \tag{6-59}$$

$$s_{4s,s} = s_0 \tag{6-60}$$

$$h_{4,s} = h_0 - 0.5 \cdot c_4^2 \tag{6-61}$$

$$p_4 = p_{4,s} \tag{6-62}$$

由此可推出动叶进口的状态参数 T_4, S_4, ρ_4, α_4, V_4。

③ 求解动叶进口马赫数和结构参数

动叶进口通流面积:

$$A_4 = G / [D_{4,s} \cdot (c_4 \cdot \sin \alpha_4)] \tag{6-63}$$

动叶数(需圆整):

$$Z_R = \pi/30 \cdot (20 + \alpha_4) \cdot \tan\left(\frac{\pi}{2} - \alpha_4\right) \tag{6-64}$$

动叶进口半径:

$$r_4 = 60 \cdot u_4/(2 \cdot \pi \cdot N) \tag{6-65}$$

动叶进口叶片厚度:

$$t_4 = 0.02 \cdot r_4 \tag{6-66}$$

动叶进口叶高:

$$b_4 = A_4/(2 \cdot \pi \cdot r_4 - t_4 \cdot Z_R) \tag{6-67}$$

④ 求解动叶出口速度三角形和动叶出口状态参数

已求得静叶出口处的焓值,可推出动叶等熵焓降,通过转焓守恒定律,可推出动叶出口处理想的相对速度。

设定:动叶栅速度系数 ψ(一般范围为 $0.75 \sim 0.94$)。

轮径比 $\bar{L}$ 的范围为 $0.35 \sim 0.5$。

动叶出口相对气流角 β_5 的范围为 $125° \sim 145°$。

转焓守恒:

$$I_4 = I_5 \tag{6-68}$$

$$I_4 = h_4 + c_4^2/2 - 2 \cdot \pi \cdot N \cdot r_4 \cdot c_4 \cdot \cos \alpha_4 \tag{6-69}$$

a. 速度三角形

$$r_5 = \bar{L} \cdot r_4 \tag{6-70}$$

$$u_5 = 2 \cdot \pi \cdot r_5 \cdot N/60 \tag{6-71}$$

$$w_5 = \psi \cdot \sqrt{w_4^2 + 2 \cdot \Omega \cdot \Delta H_s - (u_4^2 - u_5^2)} \tag{6-72}$$

b. 状态参数

$$\Delta H_{R,s} = \Omega \cdot \Delta H_s \tag{6-73}$$

$$h_{5,s} = I_5 + 2 \cdot \pi \cdot \psi/60 \cdot r_5 \cdot c_5 \cdot \cos(\pi - \alpha_5) \tag{6-74}$$

$$p_{5,s} = p_{out} \tag{6-75}$$

由此可求出动叶等熵出口状态参数 $T_{5,s}$，$S_{5,s}$，$\rho_{5,s}$，$\alpha_{5,s}$，$V_{5,s}$，$\gamma_{5,s}$。

同时，可求出动叶出口处滞止焓：

$$h_{5\cdot} = h_5 + 0.5 \cdot w_5^2 \tag{6-76}$$

$$s_{5\cdot} = s_5 \tag{6-77}$$

由此可求出动叶出口滞止状态参数 $T_{5\cdot}$，$S_{5\cdot}$，$\rho_{5\cdot}$，α_5，$V_{5\cdot}$，$\gamma_{5\cdot}$。

⑤ 求解动叶出口马赫数和结构参数

动叶出口马赫数可表示为

$$\overline{Ma}_5 = c_5/a_{5,s} \tag{6-78}$$

$$Ma_5 = w_5/a_{5,s} \tag{6-79}$$

动叶出口结构参数可依次通过以下公式求得或者设定。

动叶出口叶片厚度：

$$t_5 = 0.015 \cdot r_4 \tag{6-80}$$

动叶出口通流面积：

$$A_5 = G/(c_5 \cdot \sin\alpha_5 \cdot \rho_{5,s}) \tag{6-81}$$

动叶出口平均叶高：

$$b_5 = A_5/(2 \cdot \pi \cdot r_5 - Z_R \cdot t_5) \tag{6-82}$$

动叶出口叶根半径：

$$r_{5,h} = r_5 - 0.5 \cdot b_5 \tag{6-83}$$

动叶出口叶顶半径：

$$r_{5,sh} = r_5 + 0.5 \cdot b_5 \tag{6-84}$$

动叶叶顶轴向间隙：

$$\delta_{R,z} = 0.05 \cdot b_4 \tag{6-85}$$

动叶叶顶径向间隙：

$$\delta_{R,r} = 0.05 \cdot b_4 \tag{6-86}$$

动叶背面轴向间隙:

$$\delta_{R,b} = 0.05 \cdot b_4 \tag{6-87}$$

⑥ 求解静叶出口结构参数和静叶出口状态参数

设定静叶叶片数 Z_N(动叶叶片的 1.2~1.6 倍之间)。

静叶出口的结构参数可由以下公式推出。

静叶出口半径:

$$r_3 = r_4 + 2 \cdot b_4 \cdot \sin\alpha_4 \tag{6-88}$$

静叶出口叶高:

$$b_3 = b_4 \tag{6-89}$$

静叶出口叶片厚度:

$$t_3 = 0.05 \cdot b_3 \tag{6-90}$$

设定静叶进口速度的法向分量为 $c_{3,m}$,可求出静叶进口切向分量和静叶进口绝对速度为

$$c_{3,u} = c_{4,u} \cdot r_4/r_3 \tag{6-91}$$

$$c_3 = \sqrt{c_{3,m}^2 + c_{3,u}^2} \tag{6-92}$$

由此可求得静叶出口处的理想焓值:

$$h_{3,s} = h_{5,s} + 0.5 \cdot c_4^2 - 0.5 \cdot c_3^2 \tag{6-93}$$

同时:

$$s_{3,s} = s_{5,s} \tag{6-94}$$

因此可求得静叶出口的各个理想状态参数: $T_{3,s}$, $p_{3,s}$, $\rho_{3,s}$, $\alpha_{3,s}$, $V_{3,s}$。

⑦ 求解静叶进口的结构参数和状态参数

主要结构参数可由以下公式推出。

静叶进口半径:

$$r_2 = 1.25 \cdot r_3 \tag{6-95}$$

静叶进口叶高：

$$b_2 = b_3 \tag{6-96}$$

静叶进口叶片厚度：

$$t_2 = 2 \cdot t_3 \tag{6-97}$$

⑧ 理论计算轮周功和轮周效率

轮周功：

$$W_u = 0.5 \cdot G \cdot [\, c_4^2 - c_5^2 + u_4^2 - u_5^2 - (w_4^2 - w_5^2) \,] \tag{6-98}$$

轮周效率：

$$\eta_u = W_u / (G \cdot \Delta H_s) \tag{6-99}$$

⑨ 损失模型

常见的损失模型可分为两类，基于焓值和压力值的损失模型，即将各项损失归一化处理后建立与总焓降或与总压的关系。下面将推荐几种损失模型。

a. 静叶损失

$$\xi_N = \frac{1}{2 \cdot Re_N^{0.2}} \cdot \left[\frac{3 \cdot \tan\left(\dfrac{\pi}{2} - \alpha_3\right)}{(s_3 / L_{ch,N})} + \frac{s_3 \cdot \cos\left(\dfrac{\pi}{2} - \alpha_3\right)}{b_3} \right] \tag{6-100}$$

其中：

$$Re_N = D_3 \cdot b_3 \cdot c_3 / v_3 \tag{6-101}$$

静叶弦长：

$$L_{ch,N} = \text{静叶平均稠度} \cdot \text{静叶平均节距}$$

静叶平均节距：

$$In_N = 2 \cdot \pi \cdot r_Z / Z_N \tag{6-102}$$

b. 动叶损失

动叶攻角损失：

$$\xi_{R,i} = \left(\frac{w_4 \cdot \sin i}{w_5} \right)^2 \tag{6-103}$$

动叶流道损失：

$$\xi_{R,p} = K_p \left\{ \left(\frac{L_{p,R}}{D_R} \right) + 0.68 \cdot \left[1 - \frac{\bar{r}_5^2}{r_4^2} \right] \cdot \frac{\cos\beta_{5,b}}{(b_5/L_{ch,R})} \right\} \cdot \frac{(w_4^2 + w_5^2)}{w_5^2} \quad (6-104)$$

式中，$L_{p,R}$ 为动叶通道的平均长度；D_R 为动叶平均直径；$\beta_{5,b}$ 为动叶出口叶片角；$K_p = 0.11$，若 $\dfrac{r_4 - r_{5t}}{b_5} < 0.2$，$K_p$ 需要乘以一个系数 2，即 $K_p = 0.22$。

动叶弦长可近似表示为

$$L_{ch,R} = \frac{L_{Z,R}}{\cos\bar{\beta}_5} \quad (6-105)$$

式中，$\tan\bar{\beta}_5 = \dfrac{1}{2}(\tan\beta_4 + \tan\beta_5)$。

动叶尾缘损失：

动叶尾缘损失基于相对压损计算，压力损失为

$$\Delta p = \frac{\rho_5 \cdot w_5^2}{2} \cdot \left[\frac{Z_R \cdot t}{\pi \cdot (r_{5t}, r_{5h}) \cdot \cos\beta_5} \right]^2 \quad (6-106)$$

动叶从进口到出口的压损转换成损失系数，即动叶尾缘损失系数为

$$\xi_{R,t} = \frac{2}{\gamma \cdot Ma_5^2} \cdot \frac{\Delta p}{p_5} \quad (6-107)$$

动叶漏气损失：

动叶中由泄漏引起的损失系数可表示为

$$\xi_{R,\delta} = \frac{u_4 \cdot Z_R \cdot (K_a \cdot \delta_{R,Z} \cdot C_Z + K_r \cdot \delta_{R,r} C_r + K_{ar} \cdot \sqrt{\delta_{R,Z} \cdot C_Z \cdot \delta_{R,r} \cdot C_r})}{8 \cdot \pi}$$

$$(6-108)$$

式中，$K_a = 0.4$；$K_r = 0.75$；$K_{ar} = -0.3$；

$$C_z = \frac{1 - \dfrac{r_{5s}}{r_4}}{c_{4,m} \cdot b_4} \quad (6-109)$$

$$C_r = \frac{r_{5s}}{r_4} \cdot \frac{(L_{R,Z} - b_4)}{c_{5,m} \cdot r_5 \cdot b_5} \tag{6-110}$$

轮盘摩擦损失：

由轮盘摩擦造成的损失，其损失系数可由下式计算得出：

$$\xi_{R,w} = \frac{K_f \cdot \bar{\rho}_R \cdot u_4^3 \cdot r_4^2}{2 \cdot G \cdot w_5^2} \tag{6-111}$$

式中，$\bar{\rho}_R = \dfrac{\rho_4 + \rho_5}{2}$。

当 $\overline{Re}_R < 10^5$ 时，

$$K_f = 3.7 \cdot \frac{(\delta_b / r_4)^{0.1}}{\overline{Re}_R^{0.5}} \tag{6-112}$$

当 $\overline{Re}_R \geqslant 10^5$ 时，

$$K_f = 0.012 \cdot \frac{(\delta_b / r_4)^{0.1}}{\overline{Re}_R^{0.2}} \tag{6-113}$$

得出动叶流道的损失总和为

$$\xi_R = \xi_{R,i} + \xi_{R,p} + \xi_{R,t} + \xi_{R,\delta} + \xi_{R,w} \tag{6-114}$$

c. 余速损失

$$\xi_v = \frac{c_5^2}{2g\Delta H_s} \tag{6-115}$$

在选择向心式汽轮机设计方案时不应片面地将最大轮周效率视为唯一的依据，因为该种旋转设备的设计约束还包括其他多个气动参数约束和一些结构参数约束，比如，向心式汽轮机的反动度 Ω 不能设置为 0，否则气流会因为不能克服科氏力做功，无法顺利流出流道；为了保证汽轮机效率，速比 x_a 应在推荐的最佳速比范围内。因此向心式汽轮机设计方案的选择自由度是非常有限的。当设计者已根据实际要求完成基本设计约束的建立时，才能开始筛选汽轮机的设计方案。

下面介绍一种利用速比-反动度(x_a-Ω)图完成向心式汽轮机设计方案筛选的过程：① 列出向心式汽轮机的初始设计数据。② 根据生产经验与试验数据确定叶轮结构及其主要参数。③ 决定静叶的结构形式及出口气流理想马赫数的极大值与极小值，并求出相应的反动度。④ 规定动叶进口气流冲角许用范围，计算出最大速比与最小速度,绘制边界线。⑤ 确定最大许用周向速度,计算最大速比。⑥ 根据最低轮周效率和选择的动叶进口绝对气流角在图中找出相应的等效率线。⑦ 计算反动度系数极小值,在图上找出相应的等反动度系数值。然后利用上述过程获得设计方案选择区,对备选方案进行热力计算,校验通流部分的几何尺寸是否合理,最后求出汽轮机轮周效率、功率和流量。具体过程见图 6-11,此图显示了汽轮机可行方案的形成过程和各参数在此过程中所起的具体作用,以图解的形式展示了在向心式汽轮机中各种气动参数与结构参数之间的关系。

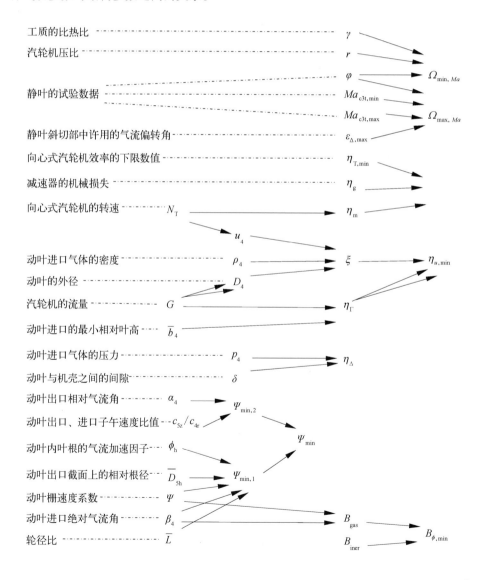

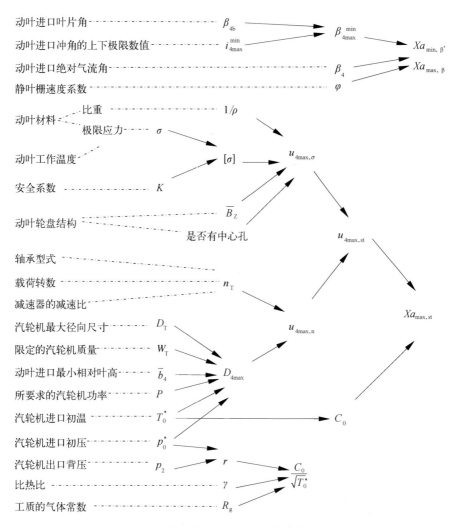

图 6-11　向心式汽轮机气动、结构参数之间的关系

图中符号说明：

$Ma_{c3t,\,min}$：静叶出口理想马赫数极小值

$Ma_{c3t,\,max}$：静叶出口理想马赫数极大值

$\Omega_{min,\,Ma}$：反动度极小值

$\Omega_{max,\,Ma}$：反动度极大值

$\eta_{u,\,min}$：汽轮机轮周效率下限值

ξ：动叶能量损失系数

η_Γ：部分进气损失系数，当全周进气时，$\eta_\Gamma = 1$

η_Δ：漏气损失系数

η_Γ：有效效率或轮周效率

ψ_{min}：动叶栅速度系数极小值

$B_{\phi, min}$：反动度系数极小值

B_{iner}：惯性反动度系数

B_{gas}：气动反动度系数

$Xa_{max, st}$：由结构因素限值得到的最大速比

$Xa_{min, \beta}$：由动叶进口气流冲角限值得到的最小速比

$Xa_{max, \beta}$：由动叶进口气流冲角限值得到的最大速比

$\bar{B}_Z$：轮盘相对轴向宽度，等于叶轮轴向宽度/叶轮直径之比

$u_{4max, \sigma}$：根据动叶材料许用应力及结构确定的最大许用周向速度

$u_{4max, n}$：根据轴承最高许用转速和叶轮外径确定的最大许用周向速度

D_{4max}：动叶最大许用外径

C_0：假想膨胀速度

2. 离心式汽轮机

离心式汽轮机是 Ljungstrom 和 Parsons 于 20 世纪初开发的一种用来膨胀蒸汽的膨胀技术，离心式汽轮机技术具有的几个特征使这种配置在特定场合的应用具有优势。

离心式汽轮机中工作流体的流动如图 6-12 所示，流体在轴向上进入涡轮盘中心，并通过安装在单个盘上的一系列级径向膨胀。在最后一个转子排出时，气流通过径向扩散器，然后通过蜗壳输送到系统的换热器或冷凝器。

（1）离心式汽轮机的特点

根据欧拉方程，汽轮机单级比功可表示为

$$w_s = u_1 c_1 - u_2 c_2 \qquad (6-116)$$

式中，下标 1, 2 分别代表级的进、出口；u、c 分别代表圆周速度和绝对气流速度。向心式汽轮机在进口处具有较高的圆周速度，而在出口处具有较低的圆周速度，从而可以实现的单级比功较大；在离心式汽轮机中，进口处的圆周速度较低，出口处的圆周速度较高，从而每级的比功较小。

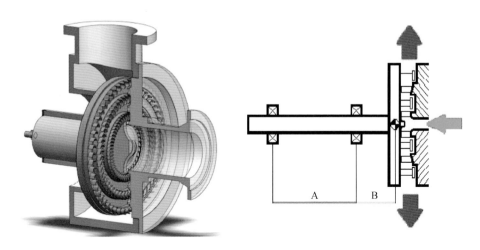

图 6-12　离心式汽轮机示意图

此外,根据热力学,在气体膨胀过程中,相对分子质量小的流体(如水)的膨胀具有高焓降、高体积流量和高体积比的特征。因此,以水蒸气为工质的离心式汽轮机面临着一个严重的限制:必须通过多级才能将流体的焓降转换为机械能。

在有机朗肯循环中,有机工质的相对分子质量大,导致其焓降、体积流量和体积比明显低于水蒸气,离心式汽轮机技术的固有局限性得到降低,因此,离心式汽轮机在有机朗肯循环中的应用逐渐发展起来,并显现出其优势。

在有机朗肯循环中,与传统的轴流式汽轮机相比,离心式汽轮机表现出若干机械和流体动力学差异。

(2) 机械学分析

轴流式汽轮机只有一个级安装在单个轮盘上,出于转子动力学的原因,轴流式汽轮机中的这种布置将级数限制为最多 3 级。相反地,离心式汽轮机允许将多个级(最多 7 个)布置在同一盘上。

由于减小了轴承与汽轮机重心之间的距离,因此这种单盘/多级配置的优点可以最大限度地减少轴承上的振动以及静态和动态载荷。这些特征可以减少维护并延长旋转组件的使用寿命。

离心式汽轮机中由于沿叶片跨度的圆周速度是恒定的,速度三角形是恒定的,叶片应该是棱柱形而不是扭曲的。这种等高叶片的设计更加简单可靠。

(3) 流体动力学分析

离心式汽轮机的横截面与半径成比例地增加,因此在膨胀过程中,与轴流式汽轮机相比,离心式汽轮机的体积流量性能更好。这意味着可以在最后阶段使用较低的叶片,从而带来明显的机械优势,而在第一阶段使用较高的叶片,从而减少二次损失和泄漏损失。

第一级叶片具有更好的宽高比,因此它们不需要部分进汽,从而避免了与部分进汽有关的额外损失。

因为可以实现更高的体积流量比,从而在保持相同的冷凝压力的同时,允许在汽轮机进口处,有更高的压力,可增加热力循环效率。

由于可采用单盘/多级配置,流体的单级焓降较低,所以离心式汽轮机可运行于亚声速或跨声速级。

离心式汽轮机的以上特点使其叶型损失、二次流损失、环形损失都比较低,泄漏量也比较少,相比同样参数的轴流式汽轮机,可达到更高的效率。

(4)典型机组

离心式汽轮机这些理论上的优势已在地热发电厂(如 Bagnore 电厂)的第一个有机工质离心式汽轮机中得到了验证。

Bagnore 电厂离心式汽轮机设计参数如表 6-1 所示,Bagnore 电厂汽轮机设计对比如表 6-2 所示。

表 6-1 Bagnore 电厂离心汽轮机设计参数

参　　数	单　　位	数　　值
工　　质	—	戊烷
质量流量	kg/s	18.6
进口温度	℃	15.6
进口压力	bar	8.0
出口静压	bar	1.1
等熵焓降	kJ/kg	75.4
容积膨胀率	—	7.7
压　　比	—	7.27

表 6 - 2　Bagnore 电厂汽轮机设计对比

参　　数	单　位	轴流式汽轮机	离心式汽轮机
转　　速	r/min	3 000	3 000
级　　数	—	2	4
轴　　长	mm	940	800
磁盘直径	mm	886~910	740
叶　　高	mm	最小：13；最大：44	最小：36；最大：54
设计效率	—	80%	84.5%

　　基于离心式汽轮机具有效率高、结构设计简单可靠、运行维护费用低等特点，离心式汽轮机可被广泛推广到采用高相对分子质量工质、中低温热源的各类发电系统中，例如，有机工质驱动的工业低温余热发电、地热发电、太阳能中温热发电等。

　　离心式汽轮机采用的是悬臂结构，因此，限制了其功率、转速的范围，只能应用于上述包括地热发电在内的特定场合，大功率汽轮机都是多级轴流式结构。

　　目前，离心式汽轮机的开发研制工作做得比较多的是意大利意能公司，国内某研究所在进行开发与研制，在所承担的高技术船舶科研计划项目中，设计完成了 800 kW 级氨水混合工质的单级离心式汽轮机，并已经得到应用。

6.1.3　密封技术

　　泄漏直接影响汽轮机的功率和效率。高压部分工质泄漏，减少了进入汽轮机的工作介质流量，直接影响汽轮机的功率；背压式汽轮机排汽部分泄漏将损失工质；凝汽式汽轮机的低压部分处于真空状态，空气泄漏进入汽轮机内部将影响汽轮机的排气压力，破坏凝汽器的真空，降低汽轮机的效率。另外，调节阀和主汽门阀杆泄漏也会直接影响汽轮机的效率和功率。

　　因此，无论是背压式汽轮机还是凝汽式汽轮机，都需要增加密封系统，防止工质泄漏,提高汽轮机的效率。

常用的密封形式包括接触式机械密封、改进的接触式机械密封、曲径式汽封、布莱登可调式汽封、阻尼密封和介质密封等。

1. 接触式机械密封

接触式机械密封利用密封体与轴之间的紧密接触防止工作介质的泄漏,补偿机构的弹力(或磁力)作用在密封体上,保证密封体与轴紧密接触。常用接触式机械密封由静止密封体(静环)、旋转轴、弹性压紧部件及其他辅助元件等组成。旋转轴和静止密封体可根据它们是否具有轴向补偿能力而称为补偿环或非补偿环。在汽轮机中最常见的接触式机械密封是炭精环密封(图6-13),炭精环与轴紧密接触,外圈弹簧施加紧力,炭精环磨损后需要及时更换,以减少泄漏。接触式机械密封适用于低速小型的汽轮机。

图6-13　炭精环密封实物图

2. 改进的接触式机械密封

改进的接触式机械密封包括刷式密封和指尖密封。

(1)刷式密封

刷式密封是一种性能优良的密封装置,不仅能有效降低间隙处的泄漏损失,还能在一定程度上改善转子系统的稳定性,从而使机组更加高效稳定地运行。刷式密封由刷环和转子跑道组成,刷环包括前板、背板和刷丝束,采用熔焊或者其他工艺方法将刷丝束固定在前板和背板之间。刷式密封的结构和刷环实物图如图6-14、图6-15所示。前板处于密封流体高压侧(上游),背板处于密封流体低压侧(下游)。刷丝直径一般为 0.05~0.07 mm,具有一定的回弹性,对转静子之间瞬态径向间隙变化或转子偏心运动具有很强的适应性,不会显著增大密封间隙。同时,刷丝均匀紧密有序地排列,为了更好地适应轴的瞬时大幅度径向位移,刷丝与径向中心线呈 30°~60° 的轴向安装夹角,也可以减轻刷丝尖端的摩擦和磨损。此外,为了减少刷丝对轴表面的磨损,转子跑道表面一般涂有 0.1~0.25 mm 的耐磨涂层,涂层材料可为铬基合金、钨基合金、Al_2O_3 陶瓷、ZrO_2 等。当机组转速较高时,刷丝束与轴表面摩擦产生的大量热量沿着刷丝径向传导,极大地影响了刷丝束的使用寿命。

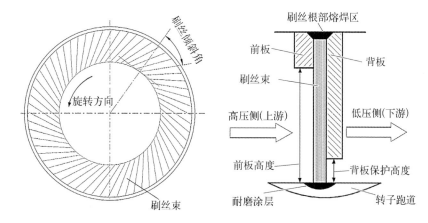

图 6‑14　刷式密封的结构示意图

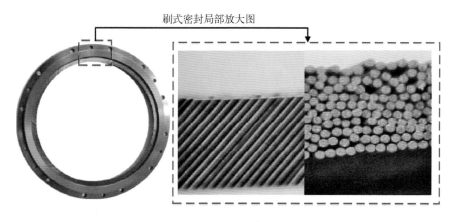

图 6‑15　刷环实物图

刷式密封有闭合密封内孔与转子跑道间隙的作用,依靠排列紧密的刷丝束阻碍流体流动而达到密封效果,密封原理是刷丝束破坏流体流动而造成流动的不均匀性,形成较大的流动阻力,迫使流体改变流动方向而产生横向流动,阻力增大了流体横向流过刷丝束的总压降,形成横向流,从而实现极低的泄漏率。流体经过刷丝束时,其基本流动形式有射流、周向流、横向流和旋涡流。由于流体在不均匀刷丝间隙处流动的多样性,其流动不再均匀,使得流体产生了自密封效应。刷式密封主要用作航空发动机、地面燃气轮机、汽轮机和压缩机的动密封部位。

（2）指尖密封

指尖密封是一种新型的柔性密封形式，由刷式密封衍生而来，被称为革命性的密封技术，主要应用于旋转机械的静态和动态气路密封，也可用作轴承的封油结构。其结构与刷式密封类似，由指尖片，前、后挡板，前后定距环和铆钉等元件组成，结构如图6-16所示。

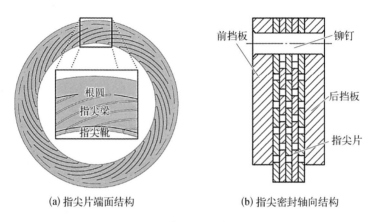

(a) 指尖片端面结构   (b) 指尖密封轴向结构

图6-16　指尖密封基本结构

指尖密封可以分为接触式指尖密封和非接触式指尖密封。为了减少各指尖梁之间的泄漏，接触式指尖密封装配时各个指尖片是相互交错叠置的，其工作原理与刷式密封类似，不过片状的指尖梁的柔性要比刷丝小得多，并且克服了刷丝易断和制造工艺困难等缺点。与其他传统密封装置相比，指尖密封具有泄漏小、寿命长、制造费用低的特点。一般情况下，接触式指尖密封与转子为过盈配合装配，此时指尖片与转子面之间的接触压力较大，在转子偏心运动和膨胀变形的作用下，指尖密封的磨损现象非常显著。

为了解决接触式指尖密封的磨损问题，美国提出了非接触式指尖密封。与接触式指尖密封不同的是除了高压指尖片外，与后挡板接触的为一片低压密封片，低压密封片的末端在轴向延伸出一个指尖靴（指尖梁的自由端），配合在转子面加工出的螺旋槽上，在转子转动时指尖靴与转子间形成一层气膜，使指尖靴与转子分离，从而避免指尖密封的磨损消耗。

3. 曲径式汽封

曲径式汽封属于迷宫式汽封，其形式多样但密封原理相似。根据其特点，可以按照齿形、加工工艺、结构等进行分类。按照齿形分类,可分为平齿汽封、高低齿汽封和枞树齿汽封等;按照加工工艺分类,可分为整体隔板式汽封、镶嵌式汽封和薄片式汽封;按照结构分类,可分为刚性汽封和弹性汽封。弹性汽封是指弧段侧的背部设有弹性装置,可以是弹簧片,可以是拉伸弹簧,也可以是起到调整作用的垫片;刚性汽封则与弹性汽封相对,由于缺少弹性装置,通常只适用于中压缸。通常情况下,汽轮机在不同压力段采用的汽封形式往往不同,整车隔板式汽封适用于高压缸,镶嵌式汽封适用于低压缸;不同结构的汽封往往也采用不同的制造材料。

曲径式汽封的密封原理:在汽封中,蒸汽首先通过汽封齿尖与转子之间的狭小缝隙,然后进入两个汽封齿间隔形成的小室,接下来蒸汽沿着汽封齿通过下一个狭小缝隙重复上述过程。当蒸汽通过第一个汽封齿尖的狭小缝隙时,通流面积减小,气流压力降低,气流速度增加形成高速气流,当高速气流进入小室,通流面积突然变大,气流速度降低,气流转向并冲击在小室的壁面上,同时也会产生涡流耗散等现象,速度降低近似为零,蒸汽的动能在摩擦和撞击下转换为热能;当气流经过多个狭小缝隙和小室时,不断重复上述过程,气流压力持续降低。当蒸汽通过最后一个汽封齿后,蒸汽压力已经降至大气压水平,从而有效减少漏气量。如果压差保持不变,随着汽封齿数量的增多,每个齿前后压差减小,漏气量也减少。但是由于存在间隙,泄漏总是存在的,汽封只能减少漏气,而不能避免漏气。

曲径式汽封具有构造简洁、造价小、安全性高等优势,是以水蒸气为工作介质的汽轮机和螺杆膨胀机的基本密封形式。曲径式汽封亦有其不足之处,具体表现如下。

(1)传统曲径式汽封的漏气面积较大,漏气量也较大。虽然蒸汽是绝热节流,但是其做功能力降低,可用能减少。

(2)由于汽轮机在通过临界转速时,无论机组是启动还是停机过程,转子的振动值都会增大,当汽封径向的间隙设置不大时,汽封齿就极易遭受磨损。

(3)因汽轮机轴封蒸汽泄漏量大,转子被蒸汽加热的面积增大,导致转子温度升高,机组胀差增加,使汽轮机大轴外凸部位和汽封齿之间的位移产生变化,由此引起汽封齿出现倒伏现象,致使漏气量持续变大,导致密封效果无法得到有效保障。

(4)汽封齿和大轴在相互接触摩擦的过程中会形成大量热量,使大轴局部温度过高,严重的话会使得大轴变弯,因此在进行机组检修的过程中,发电企业一般通过增加汽封径向间隙的方式保障机组可靠、安全运行,而这样的做法就不能兼顾到机组的热耗,会导致发电成本增加。曲径式汽封内环形腔室的不均匀特性,是导致汽流激振的主要因素。另外,如果机组出现汽流激振,故障则不易消除,只会导致汽轮机被迫停机,影响发电企业正常运营。

4. 布莱登可调式汽封

布莱登可调式汽封技术经过运行几年后开缸检查,证明汽封确实在运行中伸缩自如,而且未被磨损。因此可以说这一技术的有效性和可靠性已经被实践证实了。

可调式汽封的弧段结构与传统汽封的弧段结构基本相同,只是进气面上铣出一道引气槽,其目的是使汽封弧段背面压力(汽封体沟槽内部压力)等于进气侧压力。在汽封弧段的端面上钻孔装入圆柱螺旋弹簧,其上下汽封环中间各有两只共四只圆柱螺旋弹簧。弹簧的推力使得汽封弧段在没有蒸汽压力时呈开启状;汽封弧段与汽封体之间一般设计有 2.5～3.0 mm 的退让距离,故汽封齿与轴就有 3 mm 以上的间隙。因此布莱登可调式汽封设计不同于原有的传统汽封设计,主要区别在于用四只圆柱螺旋弹簧取代了十二片平板弹簧片。

布莱登可调式汽封结构的特点如下。

(1)减小了汽封环后背弧在槽道内的轴向宽度,减轻了汽封环的锈死危害。

(2)汽封环进气侧中心部分加工有进气槽道,使蒸汽直达汽封块后背弧。

(3)在汽封块端部加工了弹簧孔。

(4)取消了传统背撑弹簧片式汽封后背弧的弹簧压片。

布莱登可调式汽封,可根据汽轮机主蒸汽流量的变化,设定不同位置汽封环的关闭时间。这样就可以使汽轮机启停过临界转速,启动温度梯度最大时,汽封环离开汽轮机轴,汽封间隙最大,避免汽封与轴动静碰磨;当汽轮机运行工况稳定或带一定负荷时,汽封环闭合,汽封间隙达较小值,由于汽封间隙在启停过程中可调,汽封闭合时间隙可以在大修安装中调整到制造厂家给定的最小值,减小了级间汽封和轴端汽封漏气量,提高了机组运行的安全经济性。

布莱登可调式汽封的优点是机组启动过程中径向温度梯度大,产生较大变形和转子达到第一临界转速(最易发生汽封碰磨工况)时,汽封环打开,汽封间隙最大,可避免汽封与轴动静碰磨;当汽轮机运行工况稳定或带一定负荷时,汽封环闭合,汽封间隙达较小值,这对于电网调峰范围大、机组启停频繁无疑是安全可靠的。而汽封改造所获效益大小,则取决于改造后汽封调整的间隙,即改造后与改造前比较,汽封间隙越小效益越大。

5. 阻尼密封

阻尼密封属于改进的迷宫式密封,其结构特点是具有光滑的转子面和粗糙的静子面,能有效消除密封内的轴向流动,比迷宫式密封有更大的阻尼系数。常见的阻尼密封有蜂窝阻尼密封(静子面上开正六边形孔)、孔型阻尼密封(静子面上开圆形孔)和袋型阻尼密封(静子面上开方形槽)。阻尼密封广泛应用于压气机、燃气轮机和汽轮机,对提高转子稳定性和解决汽流激振故障具有显著效果。

(1) 蜂窝阻尼密封

蜂窝阻尼密封是一种先进的非接触式阻尼密封,不仅密封特性好,还具有优良的转子动力特性,其结构如图6-17所示。蜂窝阻尼密封由高温合金密封与背板组成,通过高温真空钎焊连接。蜂窝阻尼密封安装在静止部件上,如汽轮机的缸体、静叶和隔板套上。蜂窝阻尼密封与转动部件一起构成密封结构,主要结构形式有蜂窝-光滑面、蜂窝-迷宫齿两种,分别应用于不同透平机械和密封位置及条件。

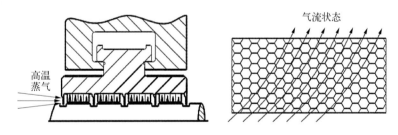

图6-17　蜂窝阻尼密封结构

蜂窝阻尼密封的六角形蜂窝芯格具有阻尼作用。蜂窝阻尼密封是旋涡能量耗散型密封,沿轴向进入密封腔室的蒸汽流立即充满蜂窝芯格,气流被芯格分解形成气体旋涡,在蜂窝芯格端面与轴径表面的径向间隙处由于转子高速旋转而形成一层气膜,有效阻止气流的轴向泄漏,使其具有优异的密封效果。由于吸收流体动能而产生强烈的阻尼作用,可有效抑制气流的自激振荡,降低次同步振荡水平,消除转子不稳定的问题,确保汽轮机组轴系稳定安全运行。此外,蜂窝阻尼密封由于材质较软,对转子轴系几乎没有磨损伤害,其本身耐磨损能力强,强度高,使用寿命较长。将蜂窝阻尼密封安装在汽轮机低压缸末级叶片的顶部密封上,不仅能提高整机效率,还可以通过蜂窝网孔吸附蒸汽水滴,有效除湿,最大限度地减少叶片水蚀,延长叶片使用寿命,确保机组安全运行。

蜂窝阻尼密封同时具有以下缺点:蜂窝孔壁厚一般为 0.05～0.1 mm,深度为 1.6～6.0 mm,其材质较软,硬度较低,使其容易变形和损伤,影响其使用寿命;蜂窝阻尼密封的安装精度要求比曲径式汽封高,在汽轮机轴发生径向振动时,容易刮花轴甚至发生抱轴现象,从而导致轴的动平衡失调而停机;蜂窝带容易发生局部脱落和碰磨等。

蜂窝阻尼密封适用于航空发动机、燃气轮机、汽轮机和其他透平机械的轴封。

(2)孔型阻尼密封

孔型阻尼密封与蜂窝阻尼密封相似,不同之处是孔型阻尼密封用圆形的孔洞代替六边形孔洞,比蜂窝阻尼密封成本更低。孔型阻尼密封制造工艺简单,在圆周面内的孔可以通过机械工具方便获得(例如用手端铣或通过电流加工成孔),这种容易制造的特点使得孔型阻尼密封由更软的材料制成,在接触的情况下对转子产生的损坏更小,不像蜂窝阻尼密封由相对坚硬的材料制成,使得转子更容易受磨损伤害,这种特性使得孔型阻尼密封比蜂窝阻尼密封应用范围更广。

孔型阻尼密封比齿形迷宫式密封有更大的阻尼,拓宽了一阶临界频率的对数衰减和稳定范围,具有提高转子稳定性的作用。孔型阻尼密封广泛应用于多级离心压缩机。

(3)袋型阻尼密封

不同于迷宫式密封,袋型阻尼密封静子面沿轴向由一系列交替排列的基本腔室和二次腔室组成,针对传统的迷宫式密封内周向流动较为强烈、易产生激振的问题,袋型阻尼密封的基本腔室中沿周向布置了一些挡板,将其分割为等弧度的袋型腔室,如图 6-18 所示。基本腔室的周向挡板能有效抑制流体的周向流动,减小交叉刚度,从而降低转子振动幅度,解决透平机械转子系统振动失稳的问题。与蜂窝阻尼密封和孔型阻尼密封相比,袋型阻尼密封具有结构简单、制造成本低、安装方便、耐腐蚀和寿命长

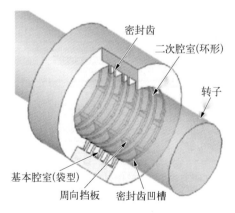

密封齿
二次腔室(环形)
转子
基本腔室(袋型)
周向挡板
密封齿凹槽

图 6-18 袋型阻尼密封示意图

等优点,而且对迷宫式密封进行简单改造(在周向加挡板)便可获得,可轻易实现对迷宫式密封的改造升级。袋型阻尼密封主要应用于多级离心压缩机,以解决转子系统亚同步振动问题,提高转子系统的稳定性。

6. 介质密封

对于采用有机朗肯循环或者其他工作介质的动力循环系统,介质泄漏导致运行成本增加,有些介质可能是易燃易爆的,有些介质可能对环境具有破坏作用,对人体有害。因此,需要做到零泄漏或者泄漏趋向于零,介质密封是一种主要方式。

常用的介质密封为干气密封,也可以采用其他介质来实现密封。

(1) 干气密封

干气密封是将开槽密封技术用于气体密封的一种轴端密封,属于非接触式密封。

当端面外侧开设有流体动压槽的动环旋转时,流体动压槽把外径侧(称之为上游侧)的高压隔离气体泵入密封端面之间,由外径至槽径处的气膜压力逐渐增加,而自槽径至内径处的气膜压力逐渐下降,因端面膜压增加使所形成的开启力大于作用在密封环上的闭合力,在摩擦副之间形成很薄的一层气膜从而使密封工作在非接触状态下。所形成的气膜完全阻塞了相对低压的密封介质泄漏通道,实现了密封介质的零泄漏或零逸出。

干气密封与一般机械密封的平衡型集装式结构一样,但端面设计有所不同,表面上有几微米至十几微米深的沟槽,端面宽度较宽。与一般润滑机械密封不同,干气密封在两个密封面上产生了一个稳定的气膜。这个气膜具有较强的刚度,使两个密封端面完全分离,并保持一定的密封间隙,这个间隙不能太大,一般为几微米。密封间隙太大,会导致泄漏量增加,密封效果较差;而密封间隙太小,容易使两个密封端面发生接触,因为干气密封的摩擦热不能及时散失,端面接触无润滑,将会很快引起密封变形、端面过度发热,从而导致密封失效。这个气膜的存在,既有效地使端面分开,又使相对运转的两个端面得到了冷却,两个端面非接触,故摩擦、磨损大大减小,使密封具有寿命长的特点,从而延长主机的寿命。

开槽的密封面,分为两个功能区:外区域和内区域。气体进入开槽的外区域,这些槽将压缩进入的气体在槽根部形成局部的高压区,使端面分开,并形成一定厚度的气膜。为了获得必要的泵送效应,动压槽必须开在高压侧。开槽的密封间隙内的压力增加对干气密封的工作是至关重要的,它将保证即使在轴向载荷较大的情况下,密封也能形成一个不被破坏的稳定气膜。密封的内区域是平面的,靠它的节流作用限制了泄漏量。密封工作时端面气膜形成的开启力与由弹簧和介质作用力形成的闭合力达到平衡,从而实现了非接触运转。干气密封的弹簧力是很小的。其主要目的是当密封不受压或不工作时能确保密封的闭合,防止意外发生。

干气密封根据结构形式,可分为单端面干气密封、串联式干气密封和双端面干气密封。

① 单端面干气密封:适用于少量工质泄漏的无危害工况。

② 串联式干气密封:适用于允许少量工质泄漏的工况。

③ 双端面干气密封:适用于不允许工质泄漏,但允许少量阻封气进入机内的工况。

其结构分别如图 6-19、图 6-20 和图 6-21 所示。

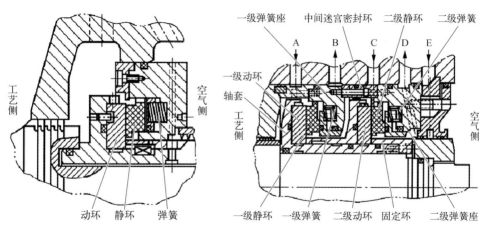

图 6-19　单端面干气密封结构示意图　　　图 6-20　串联式干气密封结构示意图

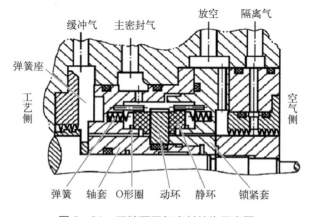

图 6-21　双端面干气密封结构示意图

干气密封的端面槽型结构很大程度上影响密封性能,是干气密封的核心技术之一。常见的槽型结构可分为单向旋转槽和双向旋转槽,典型的几种槽型结构如图6-22所示。

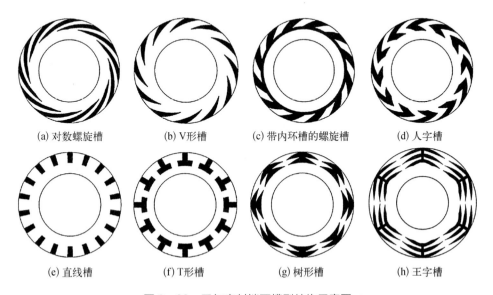

(a) 对数螺旋槽　　　(b) V形槽　　　(c) 带内环槽的螺旋槽　　　(d) 人字槽

(e) 直线槽　　　(f) T形槽　　　(g) 树形槽　　　(h) 王字槽

图6-22　干气密封端面槽型结构示意图

（2）端面密封

端面密封是流体机械中最主要的旋转轴密封,结构如图6-23所示。密封端面在工质压力和补偿机构共同作用下保持贴合并相对滑动,从而达到减少工质泄漏的目的。端面密封作为常用的旋转轴密封,具有泄漏量小、工作可靠、无须日常维护等一系列优点,在现代工业生产中得到广泛应用。端面密封除了用于流体机械的旋转轴密封,也常被用于高温、高压、高速、易燃、易爆和腐蚀性介质的工况中,并取得了良好的密封效果。

端面密封的工作原理:密封动静环配合面垂直于旋转轴,动环在弹簧力(或其他类型的补偿机构)和密封介质静压力提供的闭合力共同作用下,与静环端面紧密贴合,并随着旋转轴转动而与静环端面发生相对滑动。动静环辅助密封圈属于静密封,阻止了密封介质沿轴向间隙的泄漏。配合的密封端面构成了端面密封的主密封,也称为摩擦副,是端面密封的核心部件。摩擦副磨损后在弹簧和密封介质静压力的推动下实现补偿,始终保持两个密封端面的紧密贴合。端面密封的摩擦磨损主要集中

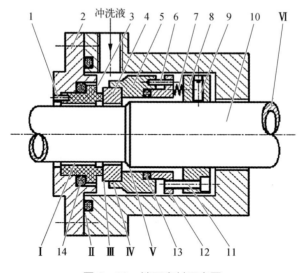

图6-23　端面密封示意图

1—防转销;2—压盖;3—静环;4—动环;5—动环座;6—传动销;7—弹簧;8—弹簧座;9—紧定螺钉;10—轴套;11—传动螺钉;12—推环;13—动环O形圈;14—静环O形圈;Ⅰ、Ⅱ、Ⅲ、Ⅳ、Ⅴ、Ⅵ—泄漏点

于动静环配合面,对轴系的其他结构零件不造成损伤,补偿机制大大减小了端面的摩擦磨损对泄漏率的影响,极大地延长了其使用寿命。

　　根据密封端面的接触状态,端面密封分为接触式端面密封和非接触式端面密封。当密封端面间隙不大于表面粗糙度均方根的 3 倍或小于 1 μm 时,为接触式端面密封,此时密封端面长时间处于混合润滑或边界润滑状态。非接触式端面密封的密封端面间隙一般大于 2 μm,在正常运行工况下密封端面间存在一层完整的流体膜,即密封动静环端面不发生接触,密封长时间处于全膜润滑状态。接触式端面密封结构简单、泄漏率小,但端面间存在严重的摩擦磨损;而非接触式端面密封虽然泄漏率大,但密封使用寿命长,具有较好的稳定性和可靠性。

　　(3) 螺旋密封

　　螺旋密封是一种动压反输型密封,高速旋转时将带动动静套之间毫米级甚至微米级的黏性流体旋转。由于存在黏性力,不仅能在间隙间产生一定的液膜加强端面间的润滑和密封,更重要的是产生泵送效应。当泵送效应等于被密封介质压力时,则实现了完全密封状态。螺旋密封的优势体现在其非接触性上,磨损得以大大降低,因此可以保证 ORC 系统的长期运转。另外,当密封介质压力不大和空间受限时,螺旋密封的优势更加突出。螺旋密封已经成功地在高速离心压缩机、空间装置及核动力装置等领域得到应用,并且在一般的酸碱泵和输油泵上也引入了螺旋密封。虽然在螺旋密封领域有很多研究成果,但是存在理论公式偏差较大、缺少可控性论证、结构紧凑性优化等问题。

螺旋密封与传统机械密封最大的区别在于它是非接触型的,通过在轴套或静套上开矩形、三角、圆等规则与不规则槽来实现非接触性。当螺旋密封在高速旋转时,在轴套或者静套上加工出的槽就会产生泵压效应,产生密封效果。螺旋密封的非接触特点使其工作寿命大大延长,特别适合应用于易燃、易爆、剧毒、有腐蚀性工质的密封。在 ORC 系统中,有机工质具有一定的毒性和腐蚀性,因此螺旋密封适用于 ORC 透平轴端的密封系统。

螺旋密封除了具有泵压效应,当螺旋密封套高速旋转时,螺旋槽的存在可将动能转换为压力能,实现能量交换。当使用润滑油作为密封介质时,由于油的高黏度,还会在动静密封套间隙中产生一层很薄的油膜,有效润滑动静密封套端面,加强其密封性能。

图 6-24 为螺旋密封的结构示意图,分为螺杆式螺旋密封和螺套式螺旋密封两种。如图 6-24(a)所示,螺旋槽开在杆上为螺杆式螺旋密封,按照图中所示的方向旋转,液膜受到螺旋旋转产生的压力,向右移动,阻止了液体向左边泄漏,从而达到密封的目的。如图 6-24(b)所示,螺旋槽开在静套上为螺套式螺旋密封,同理,液膜层将受到向右的轴向力从而实现密封。

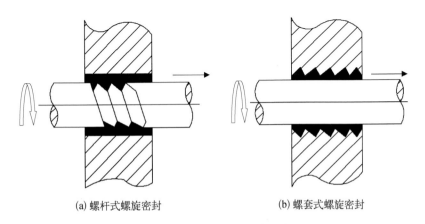

(a) 螺杆式螺旋密封   (b) 螺套式螺旋密封

图 6-24 螺旋密封的结构示意图

螺旋密封须满足零泄漏的要求,即泵送流量与泄漏流量相等,$Q_P = Q_L$,从而到达零泄漏。

$$
\begin{aligned}
Q_P &= \frac{1}{2}v \cdot \pi D \cdot h \cdot K_1 \cdot \sin \alpha \cdot \cos \alpha \\
&= \frac{\pi D \cdot c^3 \cdot \Delta p \cdot \cos^2 \alpha \cdot [K_1(K_1-1)K_2^3 \cdot \mathrm{tg}^2 \alpha - 1]}{12\mu L(K_1-1)}
\end{aligned}
\tag{6-117}
$$

式中,v 为壳壁处的液体相对于螺旋轴旋转的圆周速度,$\mathrm{m \cdot s^{-1}}$;μ 为液体的动力黏度,$\mathrm{Pa \cdot s}$;L 为螺旋长度,m;Δp 为密封压差,Pa;α 为螺旋角,度;D 为螺旋外径,mm;h 为螺旋槽深,mm;c 为动静套间隙,mm。

定义相对槽宽 $K_1 = \dfrac{b_g}{b_e + b_g}$,

定义相对槽深 $K_2 = \dfrac{h + c}{c}$。

式中,b_e 为螺旋齿宽,mm;b_g 为螺旋槽宽,mm。

把上式简化,可得

$$
\Delta p = \frac{6\mu Lv \cdot h \cdot \mathrm{tg}\,\alpha(K_1-1)}{c^3[K_1(K_1-1)] \cdot K_2^3 \mathrm{tg}^2 \alpha - 1}
\tag{6-118}
$$

又由于 $h = c(K_2 - 1)$,有

$$
\Delta p = \frac{6\mu Lv \cdot \mathrm{tg}\,\alpha(K_2-1)}{c^2\left(K_2^3 \mathrm{tg}^2 \alpha - \dfrac{1}{K_1^2 - K_1}\right)}
\tag{6-119}
$$

令 $K = \dfrac{6(K_2-1)\mathrm{tg}\,\alpha}{K_2^3 \mathrm{tg}^2 \alpha - \dfrac{1}{K_1^2 - K_1}}$,

K 被称为密封系数,可求得

$$
\Delta p = \frac{\mu LvK}{c^2}
\tag{6-120}
$$

式(6-120)为螺旋密封的封液能力计算公式,也称为克里斯公式,是螺旋密封的设计原则之一,针对其存在的不足,后续进行了比较多的修正。

6.2　地热发电螺杆膨胀机

6.2.1　螺杆膨胀机发展历史

螺杆膨胀机属于回转容积式膨胀机,其利用工质膨胀导致工作腔室容积变化而做功,兼有活塞式膨胀机和透平膨胀机两者的特点,适用于流量和功率相对较小的工况。它可以利用蒸汽、气液混合物甚至热水作为工质,并且对工质清洁度要求不高,能够将低品位热能转化为高品位机械能或电能。螺杆膨胀机结构简单,零部件数量少,几乎没有易损件,设备维护方便,因此设备可靠、寿命长。螺杆膨胀机适用于工业废热废气、地热、太阳能、生物质能等领域,可以回收工业余热用于蒸汽发电或用于可再生能源发电。螺杆膨胀机主要分为单螺杆膨胀机和双螺杆膨胀机两种类型。双螺杆膨胀机通过相互啮合的阴、阳螺杆和机壳形成封闭的容积可变的工作腔室来实现膨胀。单螺杆膨胀机通过两个形似涡轮截面的星轮和螺杆的啮合,并和机壳组成封闭的容积可变的工作腔室来实现膨胀。

早在 1952 年,H. R. Nillsen 就开始对螺杆膨胀机进行研究,并取得了螺杆膨胀机作为动力机的专利,但之后螺杆膨胀机的研究进展得非常缓慢,发表的文章也不多。直到 20 世纪 70 年代初,能源危机的出现使得地热能、太阳能和工业余热的开发和利用受到关注,作为一种有效的低品位能源动力机,螺杆膨胀机才重新得到重视。螺杆膨胀机作为气液两相膨胀机的尝试始于 1971 年,1973 年美国水热电力公司的 R.Sprankle 获得了螺杆膨胀机用于地热发电的专利。Sprankle 用双螺杆膨胀机膨胀湿蒸汽或者恒压热水作为回收功的一种方式,主要回收来自液体或低干度部分的地热盐水的功,两相流体的膨胀又称为全流过程,因此这种方案又称为全流方案。1971 年至 1973 年,美国水热电力公司将两台双螺杆压缩机改造为膨胀机,并分别在加利福尼亚州帝王谷(Imperial Valley)和墨西哥 Cerro Prieto 进行了现场试验。

20 世纪 80 年代初,在国际能源组织(IEA)的资助下,美国水热电力公司设计、制造了 1 MW 大型双螺杆膨胀机发电机组,并分别在新西兰、意大利和墨西哥进行了机组的性能及可靠性试验。1980 年至 1983 年期间,在墨西哥、意大利和新西兰先后开展了 1 MW 螺杆膨胀机发电机组在地热井口的现场试验研究工作。该项工作的目的是为螺杆膨胀机的可靠性和运行性能提供可信的数据，并评估其实际应用的性价比。在试验中，地热水蒸气进气压力为 0.44~1.52 MPa，进气干度在 0~1 之间，进气质量流量为 6.62~176.62 t/h，排气压力为 0.021~0.276 MPa，阳转子转速为 2 500~4 000 r/min。实验结果表明螺杆膨胀机的发电功率为 110~933 kW，效率为 40%~50%。在许多运行工况下显示螺杆膨胀机的效率随着输出轴功率的增加呈指数增加，而螺杆膨胀机进口流体品质以及进出口压力比对效率的影响较小，并且螺杆膨胀机的最佳转速随着输出轴功率的不同而不同。1985 年，日本学者对以空气为工质的双螺杆膨胀机进行了理论分析和试验研究，通过在双螺杆膨胀机实验装置上安装测量系统，真实地记录了双螺杆膨胀机做功过程的工质参数变化，得到实际双螺杆膨胀机的示功图，并利用理想膨胀机示功图导出了双螺杆膨胀机的效率和功率表达式，将螺杆膨胀机的研究引向对机内过程的实验研究和理论分析相结合的阶段。近年来，英国伦敦城市大学对双螺杆膨胀机开展了大量的研究工作，他们从双螺杆膨胀机的几何特性、设计原则和设计实例入手，建立了一维数学模型和 CFD 模型来分析其性能，以及将应用于螺杆压缩机的三维数值模拟的方法对双螺杆膨胀机的做功性能进行了仿真模拟，计算的数据与实验测量的数据非常相近，结果表明高压进气口的设计非常关键，会直接影响双螺杆膨胀机的输出功率，泄漏对双螺杆膨胀机的性能也有非常大的影响。

我国对气液两相双螺杆膨胀机的探索与研究开始于 20 世纪 80 年代，天津大学首先对利用小型双螺杆压缩机（转子直径为 80 mm，长度为 120 mm）改造而成的全流螺杆膨胀机进行性能和试验研究。由于机型尺寸较小，泄漏影响大，所以螺杆膨胀机的效率和功率较小，分别为 38% 和 3.2 kW，且转速对泄漏和效率的影响较大。随后，天津大学又进行了较大尺寸全流螺杆膨胀机（转子直径为 315 mm，长度为 535 mm）的设计与研究，该机组的最大功率可达 400 kW，效率可达 70%。研究结果表明，双螺杆膨胀机适用于热水和低品质蒸汽，在地热发电中具有广阔的应用前景。我国学者在对螺杆压缩机研究的基础上，持续开展了对螺杆膨胀机的研究工作，包括 ORC 系统中的双螺杆膨胀机的理论和实验研究、螺杆膨胀机的余热回收与低温发电性能研究，以及螺杆膨胀机的变工况运行及气液两相性能研究等。目前，我国已有多家企业拥有螺杆膨胀机的设计、制造和调试等全部技术能力，建设了规模较大的螺杆膨胀机生产基地，拥有数十项国家专利，并建立了螺杆膨胀机国家技术标准体系。

6.2.2　螺杆膨胀机工作原理及特点

　　双螺杆膨胀机由一对螺杆转子、缸体、轴承、同步齿轮、密封组件及连轴件等组成。汽缸呈两圆相交的"∞"字形,两根按一定传动比反向旋转相互啮合的螺旋形阴、阳螺杆转子平行置于汽缸中,两转子啮合时保持一个很小的间隙。工质的膨胀空间由两转子相邻的齿槽及包围齿槽的壳体组成,形成齿间容积。双螺杆膨胀机的运转从吸气过程开始,气体在封闭的齿间容积中膨胀做功,最后移至排气过程。双螺杆膨胀机的工作周期是由吸气过程、膨胀过程和排气过程组成的,在每个齿间容积中不间断地重复这三个过程,从而产生连续的动力。在双螺杆膨胀机机体末端,分别开设一定形状和大小的孔口,一个是吸气孔口,一个是排气孔口。阴、阳螺杆转子和汽缸之间形成的呈 V 字形的两个齿间容积随着转子的回转而变化,同时,其位置在空间也不断移动。图 6-25 为双螺杆膨胀机结构俯视图,图 6-26 为双螺杆膨胀机结构正视图。

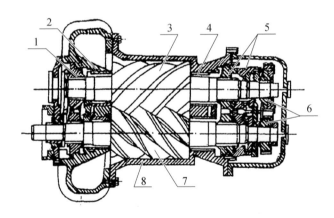

图 6-25　双螺杆膨胀机结构俯视图
1—径向轴承;2—密封;3—阴螺杆转子;4—密封组件;
5—径向止推轴承;6—同步齿轮;7—阳螺杆转子;8—缸体

　　双螺杆膨胀机工作过程由吸气过程、膨胀过程和排气过程组成,见图 6-27。吸气过程[图 6-27(a)]:高压气体由吸气孔口进入由阴、阳螺杆转子和汽缸之间形成的 V 字形齿间容积,推动阴、阳螺杆转子反向旋转;而齿间容积不断扩大,于是不断进气;当这两个齿间容积后面一齿切断吸气孔口时,这两个齿间容积的吸气过程也就结束,膨胀过程开始。膨胀过程[图 6-27(b)]:在吸气过程结束后的齿间容积内充满

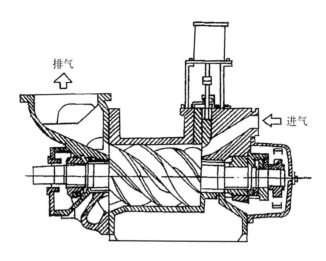

图 6-26 双螺杆膨胀机结构正视图

着高压气体,在压力差作用下形成一定转矩,阴、阳螺杆转子便朝相互背离的方向反向旋转,于是齿间容积不断扩大,气体膨胀,阴、阳螺杆转子旋转对外做功;经过一定转角后,阴、阳螺杆转子齿间容积脱离,再转一个角度,当阴螺杆转子齿间容积的后齿从阳螺杆转子齿间容积中离开时,阴、阳螺杆转子齿间容积达到最大值,膨胀过程结束,排气过程开始。排气过程[图 6-27(c)]:当膨胀过程结束时,齿间容积与排气孔口接通;随着转子的回转,两个齿间容积因齿的侵入不断缩小,将膨胀后的气体向排气孔口推赶;气体经排气孔口排出,直到齿间容积达到最小值为止[图 6-27(d)]。阴、阳螺杆转子啮合所形成的每两个齿间容积里的气体周而复始地进行上述三个过程,所以双螺杆膨胀机便不停地运转。

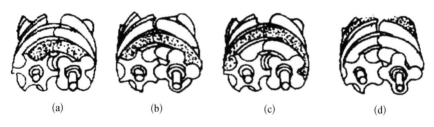

（a）   （b）   （c）   （d）

图 6-27 双螺杆膨胀机工作过程

从螺杆膨胀机的工作原理来看,螺杆膨胀机与活塞式膨胀机一样,同属于容积式膨胀机;从螺杆膨胀机的运动形式来看,螺杆膨胀机转子与透平膨胀机转子一样,做高速旋转运动。所以螺杆膨胀机兼有容积式和旋转式两种动力机的特点。螺杆膨胀机的技术特点如下。

（1）螺杆膨胀机通常为干式运转,在干式螺杆膨胀机中,由于阴、阳螺杆转子齿面间,齿顶与缸孔存在着间隙,因而内泄漏损失要大些,特别是在低转速下,容积效率较低。

（2）螺杆膨胀机是一种能够同时适用于过热蒸汽、饱和蒸汽、汽水两相湿蒸汽及热水的热动力机,它还适用于低温有机工质。

（3）螺杆膨胀机对工作介质品质要求不高,适用于含盐垢的流体,不怕结垢和污染介质,能除垢自洁;未能除去的剩余污垢可以起到减小间隙、降低泄漏损失的作用,从而有利于提高机组效率。

（4）螺杆膨胀机适合于热源参数大范围波动的工况,在热源压力、温度和流量大范围波动的情况下,内效率基本不变,能保持机组稳定、安全运行。

（5）螺杆膨胀机运行操作简单,运行时不暖机、不盘车,直接冲转启动,操作简单,不会造成飞车等生产安全事故,并可以手动、自动和远程监控。

（6）螺杆膨胀机没有曲轴、活塞连杆机构及复杂的配汽机构,零部件少,检修简单方便,设备维护容易,并且长期运行无须大修;由于基本无易损件,所以运转可靠,寿命长。

（7）结构简单安装容易。螺杆膨胀机结构非常简单,安装容易,占地面积小,通用性强,可以整机快装和移动,很适合工业余热的特点和发电利用。

6.2.3　螺杆膨胀机几何模型

双螺杆膨胀机阴、阳螺杆转子的齿面和其轴线垂直面的交线称为转子型线,转子型线设计是阴、阳螺杆转子设计的基础。双螺杆膨胀机的阴、阳螺杆转子实际上并不会直接接触,而是通过同步齿轮来传递动力。而阴、阳螺杆转子的型线对于两个转子之间以及转子与机壳之间的泄漏间隙影响很大。为了使双螺杆膨胀机高效率地运行,阴、阳螺杆转子必须满足齿轮啮合定律,即在任意转角,通过两转子型线接触点的公法线必须通过节点,尽可能地减小泄漏面积。

1. 转子型线的发展过程

初期的转子型线都是对称圆弧型线,只由圆弧组成。对称型线的转子方便设计和生产制造,但是泄漏比较严重。第二代型线设计中加入摆线,转子齿顶中心线两侧的齿曲线不同,称为不对称型线,其典型代表为 SRM - A 型线。不对称型线和对称型线相比,最大的优势是泄漏三角形的面积大大减小。1980 年后,由于计算机辅助设计在螺杆压缩和螺杆膨胀机中的运用,多样化的第三代不对称型线涌现出来。其中性能优良的有全部由圆弧组成的 SRM - D 型线、由椭圆组成的复盛型线,还有日立型线、GHH 型线等。相对于第二代型线,第三代不对称型线的优点是齿曲线均由圆弧、椭圆及抛物线等曲线构成,有效减小了泄漏面积和齿面磨损。

一般双螺杆膨胀机采用4/6 齿组合,即阳螺杆转子4 个齿,阴螺杆转子6 个齿,同时两者外径相同。喷油和无油的双螺杆膨胀机采用这种配置均能取得令人满意的运行效率。近年来,根据不同的应用场合,5/6 齿、5/7 齿、4/5 齿、3/5 齿逐步得到应用。高压力比和大螺旋角的双螺杆膨胀机适合采用 5 齿阳螺杆转子。对于中等的压力比,4/5 齿的双螺杆膨胀机是比较好的选择。而 3/5 齿双螺杆膨胀机适用于低压力比和高转速的场合,因为它的传动比高,所需要的传动轴转速小。

随着螺杆膨胀机计算机辅助几何建模和对其工作过程的数值模拟的发展,新的转子型线的探索和设计越来越经济和高效。数值分析将成为螺杆膨胀机运行优化设计强有力的工具。

2. 转子型线方程

螺杆膨胀机转子型线种类繁多,但是目前设计方法基本可以归结为三类。第一种方法称为"转子法",应用此方法的型线有 SRM 型线、日立型线和复盛型线等。该设计方法首先选取一个转子坐标系,从而得到对应的转子在该坐标系下的齿曲线方程,再根据包络原理推导啮合条件的方程式,然后将其代入原齿曲线方程,经过坐标变换就可以解出该转子的共轭齿形方程及啮合线方程。第二种方法称为"齿条法",是在齿条坐标系上布置一个转子的齿曲线方程,然后计算出其共轭齿形及阴、阳螺杆转子的啮合线方程。这两种方法是当前型线设计的主流方法,需要先确定转子型线才能求取啮合线方程。第三种方法称为"啮合线法",是由 Zaytsev 提出的一种型线设计方法。先设计出一条阴、阳螺杆转子啮合曲线,然后利用啮合线方程,根据包络原理及坐标变换来计算出满足该啮合曲线的阴、阳螺杆转子的型线。

下面着重介绍型线设计的"转子法",主要包括双螺杆膨胀机阴、阳螺杆转子坐标系的建立,阴、阳螺杆转子坐标系之间的变换,转子的齿曲线及其共轭曲线的计算。

(1)坐标系的建立

为了对阴、阳螺杆转子型线进行清楚的数学表达式描述,需要建立如图 6 - 28 所示的四个平面坐标系。

①　$O_1X_1Y_1$：固结在阳螺杆转子上的
静坐标系。

②　$O_2X_2Y_2$：固结在阴螺杆转子上的
静坐标系。

③　$O_1x_1y_1$：固结在阳螺杆转子上的
动坐标系。

④　$O_2x_2y_2$：固结在阴螺杆转子上的
动坐标系。

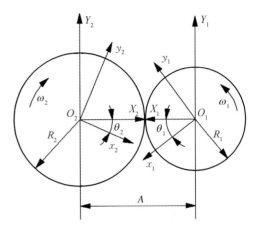

图 6-28　转子坐标系

在坐标系中,下角标 1 表示阳螺杆
转子;下角标 2 表示阴螺杆转子;θ 代表
转角;ω 代表转子角速度;R 代表转子节圆半径;A 为两转子中心距。

因为双螺杆膨胀机的阴、阳螺杆转子是进行定传动比啮合运动的,根据齿轮啮合
定律可得

$$\frac{\omega_2}{\omega_1} = \frac{\theta_2}{\theta_1} = \frac{R_1}{R_2} = \frac{z_1}{z_2} = i \qquad (6-121)$$

而

$$\theta_1 + \theta_2 = (1+i)\theta_1 = k\theta_1 \quad R_1 + R_2 = A \qquad (6-122)$$

式中,z 为转子齿数;i 为传动比。

（2）坐标变换

双螺杆膨胀机转子型线上的每一点都可以在图 6-28 中的四个坐标系中表示,不
同坐标系之间的变换关系如下。

①　动坐标系 $O_1x_1y_1$ 与静坐标系 $O_1X_1Y_1$ 之间的变换：

$$\begin{cases} x_1 = X_1\cos\theta_1 - Y_1\sin\theta_1 \\ y_1 = X_1\sin\theta_1 + Y_1\cos\theta_1 \end{cases} \qquad (6-123)$$

或

$$\begin{cases} X_1 = x_1\cos\theta_1 + y_1\sin\theta_1 \\ Y_1 = -x_1\sin\theta_1 + y_1\cos\theta_1 \end{cases}$$

② 动坐标系 $O_2x_2y_2$ 与静坐标系 $O_2X_2Y_2$ 之间的变换：

$$\begin{cases} x_2 = X_2\cos(i\theta_1) - Y_2\sin(i\theta_1) \\ y_2 = X_2\sin(i\theta_1) + Y_2\cos(i\theta_1) \end{cases} \tag{6-124}$$

或

$$\begin{cases} X_2 = x_2\cos(i\theta_1) + y_2\sin(i\theta_1) \\ Y_2 = -x_2\sin(i\theta_1) + y_2\cos(i\theta_1) \end{cases}$$

③ 静坐标系 $O_1X_1Y_1$ 与静坐标系 $O_2X_2Y_2$ 之间的变换：

$$\begin{cases} X_1 = A - X_2 \\ Y_1 = Y_2 \end{cases} \tag{6-125}$$

④ 动坐标系 $O_1x_1y_1$ 与动坐标系 $O_2x_2y_2$ 之间的变换：

$$\begin{cases} x_1 = -x_2\cos(k\theta_1) - y_2\sin(k\theta_1) + A\cos\theta_1 \\ y_1 = -x_2\sin(k\theta_1) + y_2\cos(k\theta_1) + A\sin\theta_1 \end{cases} \tag{6-126}$$

或

$$\begin{cases} x_2 = -x_1\cos(k\theta_1) - y_1\sin(k\theta_1) + A\cos(i\theta_1) \\ y_2 = -x_1\sin(k\theta_1) + y_1\cos(k\theta_1) + A\sin(i\theta_1) \end{cases}$$

（3）齿曲线及其共轭曲线

根据双螺杆膨胀机阴、阳螺杆转子啮合特性，如果已经知道其中一个转子的型线组成齿曲线，就可以计算出另一个转子的型线方程。

假定组成阴螺杆转子型线的一段齿曲线方程为

$$\begin{cases} x_2 = x_2(t) \\ y_2 = y_2(t) \end{cases} \quad t_{f1} \leqslant t \leqslant t_{f2} \tag{6-127}$$

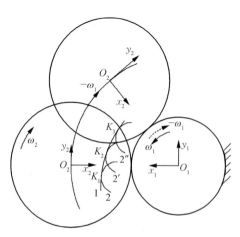

图 6-29　共轭曲线求解示意图

如图 6-29 所示，为了计算与阴螺杆转子齿曲线 2 相对应的阳螺杆转子齿曲线 1，即曲线 2 的共轭曲线，给阴、阳螺杆转子同时施加$-\omega_1$的旋转角速度。此时阳螺杆转子将停止转动,而阴螺杆转子会以旋转角速度 ω_1 环绕阳螺杆转子转动,并且以旋转角速度 ω_2 做自转,即行星运动。

在不同的瞬间,齿曲线 2 也会随着阴螺杆转子的转动而变换位置,形成一簇曲线,如图 6-29 中曲线 2、2′、2″所示。根据啮合定律,阳螺杆转子上与曲线 2 对应的齿曲线 1 在每一个位置,都应该与曲线簇中的一条曲线相切。所以,曲线簇 2、2′、2″的包络线 1 就是阴螺杆转子齿曲线 2 的共轭曲线。

根据阳螺杆转子上的动坐标系 $O_1 x_1 y_1$ 与阴螺杆转子上的动坐标系 $O_2 x_2 y_2$ 之间的坐标变换关系,可以将阴螺杆转子上的齿曲线 2 变换为

$$\begin{cases} x_1 = x_1(t,\ \theta_1) \\ y_1 = y_1(t,\ \theta_1) \end{cases} \tag{6-128}$$

式中,t 为齿曲线 2 的参数;θ_1 为曲线簇中某一条曲线位置的位置参数。

根据包络的定义可知,曲线簇中的任意一条曲线总会与包络线相切于一点。由此可得曲线簇的包络条件式:

$$\theta_1 = \theta_1(t) \tag{6-129}$$

将包络条件式代入曲线簇方程式(6-127)可以得到曲线簇的包络线方程:

$$\begin{cases} x_1 = x_1(t,\ \theta_1(t)) \\ y_1 = y_1(t,\ \theta_1(t)) \end{cases} \tag{6-130}$$

该包络线上任一点 $M(x_1,\ y_1)$ 的切线斜率为

$$\frac{\mathrm{d}y_1}{\mathrm{d}x_1} = \frac{\left(\dfrac{\partial y_1}{\partial t} + \dfrac{\partial y_1}{\partial \theta_1} \dfrac{\partial \theta_1}{\partial t} \right) \mathrm{d}t}{\left(\dfrac{\partial x_1}{\partial t} + \dfrac{\partial x_1}{\partial \theta_1} \dfrac{\partial \theta_1}{\partial t} \right) \mathrm{d}t} \tag{6-131}$$

曲线簇中与包络线 1 在 M 点相切的某条曲线的切线斜率为

$$\frac{\mathrm{d}y_1}{\mathrm{d}x_1} = \frac{\dfrac{\partial y_1}{\partial t}}{\dfrac{\partial x_1}{\partial t}} \tag{6-132}$$

公切线斜率相等,所以式(6-131)与式(6-132)右边相等,整理可得

$$\frac{\partial x_1}{\partial t}\frac{\partial y_1}{\partial \theta_1} - \frac{\partial x_1}{\partial \theta_1}\frac{\partial y_1}{\partial t} = 0 \tag{6-133}$$

式(6-133)就是包络条件式(6-129)的隐函数表达式$f(t,\theta_1)=0$。至此,可以求得与阴螺杆转子齿曲线2相啮合的阳螺杆转子齿曲线方程,即

$$\begin{cases} x_1 = x_1(t, \theta_1(t)) \\ y_1 = y_1(t, \theta_1(t)) \\ f(t, \theta_1) = 0 \end{cases} \tag{6-134}$$

同样,如果知道阳螺杆转子型线组成的齿曲线段:

$$\begin{cases} x_1 = x_1(t) \\ y_1 = y_1(t) \end{cases} \quad t_{m1} \leqslant t \leqslant t_{m2} \tag{6-135}$$

也可以计算得到包络条件并且求出阴螺杆转子上与其啮合的齿曲线方程:

$$\begin{cases} x_2 = x_2(t, \theta_1(t)) \\ y_2 = y_2(t, \theta_1(t)) \\ f(t, \theta_1) = 0 \end{cases} \tag{6-136}$$

3. 转子与机壳的几何模型

根据设计好的阴、阳螺杆转子型线和双螺杆膨胀机的基本几何参数,利用 PROE 的可变曲面扫描命令建立阴、阳螺杆转子的实体几何模型。根据某机型双螺杆膨胀机的基本几何参数(表6-3,其中各泄漏间隙均为冷态值),建立阴、阳螺杆转子实体几何模型,如图6-30所示。

表6-3 某机型双螺杆膨胀机基本几何参数

	齿数	扭转角 /(°)	外径 /mm	长度 /mm	内容积比	接触线间隙 /mm	齿顶间隙 /mm	进气端面间隙 /mm
阳螺杆转子	4	300	510	840	4.05	1	0.7	0.5
阴螺杆转子	6	200						

工质通过进气孔口流入双螺杆膨胀机，膨胀做功后再流经排气孔口排出。进、排气孔口的位置、形状对工质的质量流量和膨胀机的效率影响很大。双螺杆膨胀机进气孔口一般只有轴向孔口，而排气孔口则包含径向孔口和轴向孔口。设计进气孔口和排气孔口的基本要求如下。

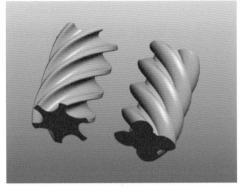

图 6-30　双螺杆膨胀机阴、阳螺杆转子三维图

（1）吸气过程应该尽早开始以减少吸气封闭容积，同时进气孔口应在啮合线范围以外，以防止进气孔口与处于排气过程的工作腔室接通。

（2）进气结束角由设计的内容积比确定。

（3）为了减少流动损失，进、排气孔口面积要尽量取到最大，气流通道的变化要平缓光滑。

（4）当基元容积达到最大值时开始排气过程，同时排气孔口应在啮合线范围以外，以防止排气孔口与处于膨胀过程的工作腔室接通。

根据进气孔口设计基本要求设计的进气孔口几何模型如图 6-31 所示，此进气孔口根据一定的内容积比确定。曲线段 8-1-2 为啮合线形状，曲线段 2-3、7-8 分别为阴、阳螺杆转子齿根圆周。曲线段 4-5-6 与双螺杆膨胀机机壳内圆周壁相重合。曲线段 6-7 是阳螺杆转子旋转方向齿的前段型线，曲线段 3-4 是阴螺杆转子旋转方向齿的前段型线。曲线段 3-4、6-7 的位置是由内容积比确定的进气结束角决定的。

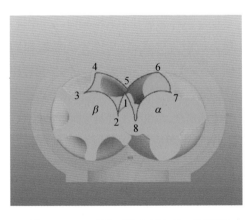

图 6-31　双螺杆膨胀机进气孔口示意图

当阴、阳螺杆转子间基元容积达到最大值后，排气过程开始。根据排气孔口设计基本要求设计的某机型的轴向排气孔口几何模型如图 6-32 所示。曲线段 8-1-2 为啮合线形状，曲线段 2-3、7-8 分别为阴、阳螺杆转子齿根圆周，曲线段 4-5-6 与双螺杆

膨胀机机壳内圆周壁相重合。曲线段 6-7 是阳螺杆转子旋转方向齿的前段型线,曲线段 3-4 是阴螺杆转子旋转方向齿的前段型线,曲线段 3-4、6-7 的位置是由排气开始角决定的。当双螺杆膨胀机阴、阳螺杆转子和机壳几何参数确定后,不同转角的基元容积也就确定了。当基元容积达到最大值后开始排气过程,所以排气开始角也就确定。

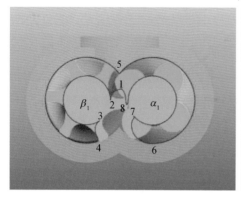

图 6-32　双螺杆膨胀机轴向
排气孔口示意图

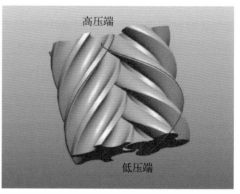

图 6-33　双螺杆膨胀机径向排气
孔口位置示意图

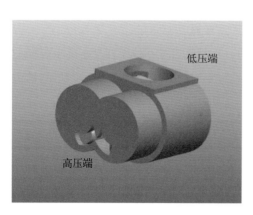

图 6-34　在相应机壳体上开通径向
排气孔口的位置示意图

有时候为了尽量增大排气孔口的通流面积,在开通轴向排气孔口的同时,还会把双螺杆膨胀机机壳沿轴向部分挖空,作为径向排气孔口,其位置示意图如图 6-33 所示。当阴、阳螺杆转子间基元容积达到最大值后,沿着阴、阳螺杆转子齿顶螺旋线的形状,在机壳上开通径向排气孔口。

在相应机壳体上开通径向排气孔口的位置示意图如图 6-34 所示,高压端为轴向进气孔口。

6.2.4　螺杆膨胀机热力计算模型

螺杆膨胀机经历了吸气、膨胀、排气三个工作过程,在 $p-V$ 图上表示螺杆膨胀机的理想热力循环工作过程(图 6-35)。图 6-35(a)为等压进气过程,高压气体以压

力 p_{in} 等压进入螺杆膨胀机,当齿间容积达到 V_1 时进气过程结束;图 6 - 35(b)为等熵膨胀过程,在压力差作用下阴、阳螺杆转子反向旋转,于是齿间容积不断扩大,气体等熵膨胀对外做功,当齿间容积膨胀至 V_2 时膨胀过程结束;图 6 - 35(c)为等压排气过程,当膨胀过程结束齿间容积达到最大值 V_2 时,气体以压力 p_{dis} 等压排气,当齿间容积减小为 0 时排气过程结束。当螺杆膨胀机的结构参数确定后,螺杆膨胀机的膨胀比即可视作常数,表现为图中的 V_1 和 V_2 都是恒定值,分别表示进气结束时和膨胀结束时的腔内容积。

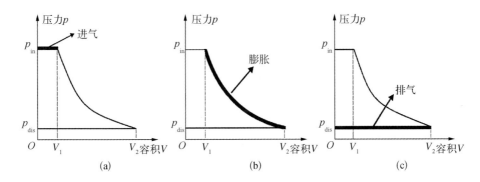

图 6 - 35　螺杆膨胀机的理想热力循环工作过程

在螺杆膨胀机热力计算中采用简化的计算模型,即将工质按理想气体性质考虑,并忽略膨胀过程中工质的泄漏、摩擦等损失,可将热力过程按多变过程分析。这样工质满足理想气体状态方程,即

$$pv = RT \tag{6-137}$$

式中,p 为工质压力;v 为工质比容;T 为工质绝对温度;R 为理想气体常数。

又由于热力过程为多变过程,所以满足多变过程的过程方程式,即

$$pv^n = 常数 \tag{6-138}$$

式中,n 为多变过程指数。

在 $p - v$ 图上表示螺杆膨胀机以理想气体为工质的工作过程(图 6 - 36)。进气过程沿等压线从点 1 开始至点 2 结束,对应比容为 v_2,进气压力保持为 p_2;工质按多变过程膨胀至点 3,对应比容为 v_3,此时的排气压力为 p_3。对于给定结构的螺杆膨胀机,容积膨胀比 $\gamma_v = v_3/v_2$ 为结构参数,是固定的,如果进口参数一定,则螺杆膨胀机的

排气压力 p_3 就一定。在工况完全匹配的状态下,螺杆膨胀机的排气压力和背压完全相同,都为 p_3,此时的热力循环过程可用曲线 1-2-3-5 来表示。然而,在实际循环过程中,由凝汽器所产生的背压 p_4(或 $p_{4'}$)会低于(或高于)螺杆膨胀机的排气压力

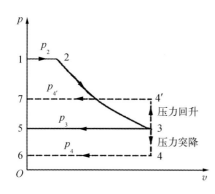

图 6-36　螺杆膨胀机以理想气体为工质的工作过程

p_3。当排气压力 p_3 高于背压 p_4 时,在排气过程中,螺杆膨胀机排气容积不变,而排气压力将会突降,由图 6-36 中点 3 处的压力按等容过程降至点 4 处的压力;当排气压力 p_3 低于背压 $p_{4'}$ 时,则循环过程被认为产生了过膨胀,在凝汽器内将产生压力回升现象,即在图 6-36 中点 3 处的压力按等容过程回升至点 4' 处的压力。所以,可以按多变过程和等容过程,建立螺杆膨胀机热力计算模型,对这三种不同工况的热力循环过程进行计算和比较。

在图 6-36 中,当螺杆膨胀机的排气压力与背压相匹配,且都为 p_3 时,多变热力循环过程可用曲线 1-2-3-5 来表示,其输出的技术功为该循环所包围的面积,即多变过程输出功可表示为

$$w_t = -\int_2^3 v \mathrm{d}p = \frac{n}{n-1}(p_2 v_2 - p_3 v_3) = \frac{n}{n-1} p_2 v_2 \left[1 - \left(\frac{p_3}{p_2} \right)^{\frac{n-1}{n}} \right] \quad (6-139)$$

因为 $\dfrac{p_3}{p_2} = \left(\dfrac{v_2}{v_3} \right)^n = \left(\dfrac{1}{\gamma_v} \right)^n$,所以有

$$w_t = \frac{n}{n-1} p_2 v_2 \left[1 - \left(\frac{v_2}{v_3} \right)^{n-1} \right] = \frac{n}{n-1} p_2 v_2 \left[1 - \frac{1}{\gamma_v^{n-1}} \right] \quad (6-140)$$

当螺杆膨胀机的排气压力 p_3 高于背压 p_4 时,多变热力循环过程用曲线 1-2-3-4-6 来表示,其多变过程输出的技术功为该循环所包围的面积,可表示为

$$w_{td} = \int_2^3 p \mathrm{d}v + p_2 v_2 - p_4 v_4$$

$$\quad (6-141)$$

$$= \frac{p_2 v_2}{n-1} \left[1 - \left(\frac{p_3}{p_2} \right)^{\frac{n-1}{n}} \right] + p_2 v_2 \left[1 - \frac{p_4 v_4}{p_2 v_2} \right]$$

因为图 6-36 中排气状态从点 3 突降至点 4 为等容过程，则 $v_3 = v_4$，而点 2 至点 3 为多变过程，有

$$\frac{p_4 v_4}{p_2 v_2} = \frac{p_4}{p_2} \frac{v_3}{v_2} = \frac{p_4}{p_3} \frac{p_3}{p_2} \left(\frac{p_2}{p_3} \right)^{\frac{1}{n}} = \frac{p_4}{p_3} \left(\frac{p_3}{p_2} \right)^{\frac{n-1}{n}} \qquad (6-142)$$

设 $K = \dfrac{p_4}{p_3} < 1$，则将式（6-142）代入式（6-141），经整理有

$$\begin{aligned}
w_{td} &= \frac{p_2 v_2}{n-1} \left[1 - \left(\frac{p_3}{p_2} \right)^{\frac{n-1}{n}} \right] + p_2 v_2 \left[1 - K \left(\frac{p_3}{p_2} \right)^{\frac{n-1}{n}} \right] \\
&= \frac{n}{n-1} p_2 v_2 \left[1 - \frac{1 + K(n-1)}{n} \left(\frac{p_3}{p_2} \right)^{\frac{n-1}{n}} \right] \\
&= \frac{n}{n-1} p_2 v_2 \left[1 - \frac{1 + K(n-1)}{n} \frac{1}{\gamma_v^{n-1}} \right]
\end{aligned} \qquad (6-143)$$

当 $K < 1$ 时，因多变过程指数 $n > 1$，有 $\dfrac{1 + K(n-1)}{n} < 1$，在螺杆膨胀机进口参数和结构参数一定的条件下，比较式（6-139）或式（6-140）和式（6-143），有 $w_{td} > w_t$。

同理，当螺杆膨胀机的排气压力 p_3 低于背压 $p_{4'}$ 时，多变热力循环过程用曲线 1-2-3-4'-7 来表示，其多变过程输出的技术功为该循环所包围的面积，可表示为

$$\begin{aligned}
w_{tb} &= \int_2^3 p \mathrm{d}v + p_2 v_2 - p_{4'} v_{4'} \\
&= \frac{p_2 v_2}{n-1} \left[1 - \left(\frac{p_3}{p_2} \right)^{\frac{n-1}{n}} \right] + p_2 v_2 \left[1 - \frac{p_{4'} v_{4'}}{p_2 v_2} \right]
\end{aligned} \qquad (6-144)$$

图 6-36 中排气状态从点 3 回升至点 4'，为等容过程，则 $v_3 = v_{4'}$，而点 2 至点 3 为多变过程，有

$$\frac{p_{4'} v_{4'}}{p_2 v_2} = \frac{p_{4'}}{p_2} \frac{v_3}{v_2} = \frac{p_{4'}}{p_3} \frac{p_3}{p_2} \left(\frac{p_2}{p_3} \right)^{\frac{1}{n}} = \frac{p_{4'}}{p_3} \left(\frac{p_3}{p_2} \right)^{\frac{n-1}{n}} \qquad (6-145)$$

设 $K' = \dfrac{p_{4'}}{p_3} > 1$，则将式（6-145）代入式（6-144），经整理有

$$w_{tb} = \frac{p_2 v_2}{n-1}\left[1 - \left(\frac{p_3}{p_2}\right)^{\frac{n-1}{n}}\right] + p_2 v_2\left[1 - K'\left(\frac{p_3}{p_2}\right)^{\frac{n-1}{n}}\right]$$

$$= \frac{n}{n-1}p_2 v_2\left[1 - \frac{1 + K'(n-1)}{n}\left(\frac{p_3}{p_2}\right)^{\frac{n-1}{n}}\right] \qquad (6-146)$$

$$= \frac{n}{n-1}p_2 v_2\left[1 - \frac{1 + K'(n-1)}{n}\frac{1}{\gamma_v^{n-1}}\right]$$

同样,当 $K' > 1$ 及多变过程指数 $n > 1$ 时,有 $\frac{1 + K'(n-1)}{n} > 1$,在螺杆膨胀机进口参数和结构参数一定的条件下,比较式(6-139)或式(6-140)和式(6-146),有 $w_{tb} < w_t$。

6.2.5　螺杆膨胀机的损失、效率及功率

1. 螺杆膨胀机的损失分析

螺杆膨胀机运行过程中的主要损失由泄漏损失和动力损失两部分组成。

(1) 泄漏损失

由于加工公差和热膨胀的存在,双螺杆膨胀机阴、阳螺杆转子之间,转子与机壳之间,以及转子与进、排气端面之间往往留有一定间隙。而由于间隙两边压力不同,会引起工质在膨胀机中的泄漏,进而影响其性能。泄漏对于双螺杆膨胀机的容积效率和等熵效率影响都很大。为了计算泄漏质量,需要对各个泄漏通道的几何模型进行分析。双螺杆膨胀机中的泄漏通道可分为五种类型。

① 第一条泄漏通道是通过接触线工质直接泄漏到排气腔室,双螺杆膨胀机的接触线是指阴、阳螺杆转子在进行啮合运动时,两个共轭齿面的交线。这时工质还没有做功就被排出,这种泄漏为外泄漏。接触线在端面上的投影即啮合线,阴、阳螺杆转子的接触线如图6-37所示。

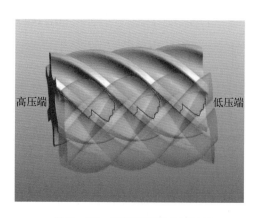

高压端　　　　　　　　　　　低压端

图6-37　双螺杆膨胀机接触线

② 第二条泄漏通道是通过阴、阳螺杆转子齿顶和机壳内壁泄漏,齿间容积中的工质会通过此泄漏通道泄漏到压力较低的邻腔,而压力较高的邻腔也会向里泄漏。向外泄漏的齿顶泄漏线在齿间容积形成时就会出现,而向内泄漏的齿顶泄漏线只有在下一个齿间工作腔室形成后才会出现。

③ 第三条泄漏通道是通过泄漏三角形泄漏,也分为向里泄漏和向外泄漏,泄漏三角形是由于接触线最高点达不到机壳内壁而由阴、阳螺杆转子齿面和机壳内壁构成的一个空间曲边三角形。如图 6‐38 所示,以阴、阳螺杆转子机壳内壁交线和接触线最高点建立基准平面,剖切双螺杆膨胀机,图中红色部分即泄漏三角形。

④ 第四条和第五条泄漏通道是通过进、排气端面泄漏,双螺杆膨胀机的转子与进、排气端面之间需要留有一定的间隙,压力较高的工作腔室中工质会通过这个泄漏通道漏到多个压力较低的齿间容积中。其泄漏线就是进、排气端面上的阴、阳螺杆转子型线段,如图 6‐39 所示。排气过程中工作腔室中压力较低,因此通过排气端面的泄漏可以忽略不计。

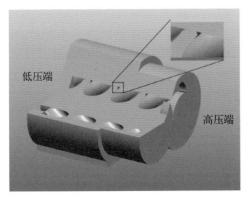

图 6‐38　泄漏三角形

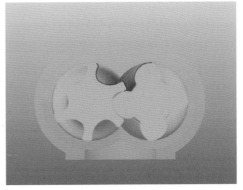

图 6‐39　进气端面泄漏通道

（2）动力损失

动力损失是工质在螺杆膨胀机中流动做功过程中所产生的损失,使得工质的能量转换达不到理想等熵过程状态。该部分的损失主要包括进排气流动损失、齿槽容积流动损失及螺杆端面摩擦损失和鼓风损失。

工质在螺杆膨胀机的进排气管道和孔口都有流动损失,进气部分阻力使工质的进气压力降低,而排气部分阻力升高了实际排气压力。进气压力的降低和排气压力的升高,使工质在螺杆膨胀机内的焓降减少,做功能力下降。为了减少这部分损失,应力求进排气孔口光滑平整,并限制工质在进排气管道中的流速。

工质在齿槽中的流动损失与其在齿槽中的相对流速有关,该流动损失一般与阴、阳螺杆转子外圆的圆周速度平方成正比,即可用沿程阻力公式计算。所以,降低螺杆膨胀机转速能明显减小这部分流动损失。但转速的降低却导致相对泄漏损失的增加,即导致容积效率的降低。

螺杆端面摩擦损失是由螺杆端面与机壳体之间间隙中的气体产生的。紧靠螺杆端面的气体附着在端面上,并以端面的圆周速度运动,紧靠壳体的气体附着在壳体,是静止不动的,间隙中的气体便形成了一个速度梯度。这个速度梯度是由气体黏性引起的,因而要消耗一定的摩擦功。鼓风损失是由螺杆膨胀机进气只在部分阴、阳螺杆转子齿间容积对里进行所造成的一种特有损失,来源于不进气的端面对气体的鼓风作用。鼓风损失大小与端面粗糙度、螺杆外径及圆周速度、阴阳齿高度、部分进气度等因素有关。

2. 螺杆膨胀机的效率及功率

(1) 等熵绝热输出的轴功率

如果螺杆膨胀机的工质可以作为理想气体处理,在螺杆膨胀机排气压力与背压一致时参考式(6-139)和式(6-140),则其等熵绝热输出的轴功率 W_{ts} 可按下式计算:

$$
\begin{aligned}
W_{ts} &= \frac{k}{k-1} p_{in} q_{vin} \left[1 - \left(\frac{p_{dis}}{p_{in}} \right)^{(k-1)/k} \right] \\
&= \frac{k}{k-1} p_{in} q_{vin} \left[1 - \left(\frac{v_{in}}{v_{dis}} \right)^{(k-1)} \right]
\end{aligned}
\tag{6-147}
$$

式中, W_{ts} 为螺杆膨胀机等熵绝热输出的轴功率,kW; p_{in} 、 v_{in} 为螺杆膨胀机的进气压力、进气比容,kPa、m³/kg; p_{dis} 、 v_{dis} 为螺杆膨胀机的排气压力、排气比容,kPa、m³/kg; q_{vin} 为螺杆膨胀机进口容积流量,m³/s; k 为理想气体的绝热指数。

如果螺杆膨胀机的工质不能作为理想气体处理,则螺杆膨胀机等熵绝热输出的轴功率 W_{ts} 可按工质焓差计算,即

$$
W_{ts} = q_m (h_{in} - h_{diss})
\tag{6-148}
$$

式中, h_{in} 为螺杆膨胀机工质进口比焓,kJ/kg; h_{diss} 为螺杆膨胀机工质等熵状态下出口比焓,kJ/kg; q_m 为螺杆膨胀机工质质量流量,kg/s。

（2）绝热效率或内效率

螺杆膨胀机实际输出的轴功率 W_t 与等熵绝热输出的轴功率 W_{ts} 的比值,称为螺杆膨胀机绝热效率或内效率,即

$$\eta = W_t / W_{ts} \tag{6-149}$$

也可用下式计算螺杆膨胀机实际输出的轴功率 W_t。

$$W_t = W_{ts}\eta = q_m(h_{in} - h_{diss})\eta \tag{6-150}$$

螺杆膨胀机的内效率 η 反映了螺杆膨胀机能量利用的完善程度,它的大小和前面所讨论的泄漏损失和动力损失都有关系。目前,螺杆膨胀机的内效率取值一般为 $\eta = 0.5 \sim 0.8$,对于给定的螺杆膨胀机, η 的大小也和运行工况有很大关系。

6.2.6　螺杆膨胀机在地热发电中的应用

螺杆膨胀机属于回转容积式膨胀机,兼有活塞式膨胀机和透平膨胀机两者的特点。它是一种全流式动力机,适用于过热蒸汽、饱和蒸汽、汽水混合物,并且对工质清洁度要求不高。正是由于这些特点,螺杆膨胀机完全适合作为地热发电的动力机,并且已得到了应用。

1. 西藏羊八井地热发电螺杆膨胀机的应用

2008 年在国家高技术研究发展计划（863 计划）项目"中低温地热发电项目"（课题编号：2008AA05Z427）资助下,首次将江西华电电力有限责任公司生产的螺杆膨胀机地热发电机组用于西藏地热发电。利用西藏羊八井地热电站 ZK4001 井的地热蒸汽,分两期各安装一台 1 000 kW 螺杆膨胀机地热发电机组。

羊八井地热田北部深层热储 ZK4001 井于 1996 年 10 月完孔,井深 1 459 m,汽水混合物总量为 302 t/h,井口工作温度为 200 ℃,工作压力为 1.470 MPa。自 2006 年 ZK4001 井的地热源接入羊八井地热电站热网系统,国内某电力公司采用江西华电电力有限责任公司生产的螺杆膨胀机地热发电机组,先后分两期安装两台 1 MW 螺杆膨胀机地热发电机组。第一期螺杆膨胀机地热发电机组实际运行参数为进气压力

0.36 MPa,排气压力 0.09 MPa,流量 28 t/h,实发功率 940 kW,机组于 2008 年 9 月投运[图 6 - 40(a)]。第二期螺杆膨胀机地热发电机组实际运行参数为进气压力 0.39 MPa,排气压力 0.09 MPa,流量 22 t/h,实发功率 800 kW,机组于 2010 年 10 月投运[图 6 - 40(b)]。

(a) 第一期(2008年9月投运)   (b) 第二期(2010年10月投运)

图 6 - 40　羊八井地热电站 1 MW 螺杆膨胀机地热发电机组

图 6 - 41　羊易地热田 400 kW 螺杆膨胀机试验发电机组(2011 年 9 月投运)

2. 西藏羊易螺杆膨胀机地热发电机组试运行

西藏羊易地热田为中高温地热田,ZK200 井在 20 年前钻探完孔,井深 606 m,汽水混合物总量为 95 t/h,井口工作温度为 134 ℃,工作压力为 0.26 MPa。2011 年 6 月对 ZK200 井进行专项恢复处理,并在进口安装全流 400 kW 螺杆膨胀机试验发电机组,机组于 2011 年 9 月投运(图 6 - 41)。

6.3　汽轮机与螺杆膨胀机发电特性与适用性对比

膨胀机是将蒸汽或者汽水混合物的热能转化为机械能从而驱动发电机发电的机械设备,它是地热发电系统中的核心部件。根据工作原理不同可以分成速度式膨胀机和容积式膨胀机两种类型。几种常见的膨胀机如图 6 - 42 所示,主要有螺杆膨胀

机、涡旋式膨胀机、旋转叶片式膨胀机、活塞式膨胀机和透平膨胀机。速度式膨胀机
的工作原理是利用喷嘴将高温高压工质转化为高速流体,高速流体推动叶轮旋转将
动能转化为轴功。此类膨胀机适用于大流量、高输出功、高转速的工况。容积式膨胀
机是利用工质膨胀导致工作腔室容积变化而做功,适用于流量较小和输出功率较小
的工况。

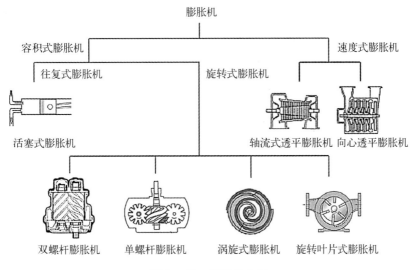

图 6-42　膨胀机分类

螺杆膨胀机是一种旋转式膨胀机,它既像汽轮机一样采用旋转方式进行工作,又
具有活塞容积式动力机的工作特点。双螺杆膨胀机通过相互啮合的阴、阳螺杆转子
和机壳形成封闭的容积可变的工作腔室来实现工质膨胀并对外输出功率。螺杆膨胀
机可以利用蒸汽、气液两相混合物甚至热水作为工质进行膨胀做功,从而带动发电
机、压缩机及各种旋转动力设备工作。因此,螺杆膨胀机的应用范围很广,可以适用
于工业企业的废热废气的余热回收,以及可再生能源产生的低品位热能,如地热能、
太阳能和生物质能等领域的应用。目前螺杆膨胀机的工质进汽参数一般为温度低
于 300 ℃、压力小于 3 MPa,即仅适合于低温低压工质。如果螺杆膨胀机工质的进口
温度很高,那么就需要为相互啮合的阴、阳螺杆转子及转子与机壳内壁在膨胀后不会
发生接触碰撞而预留出更大间隙,而较大的预留间隙又会在工质工作过程中产生更
多泄漏,从而影响螺杆膨胀机内效率。如果工质的进口压力超过限值就会增加螺杆
膨胀机进、出口压差,从而使得螺杆径向力显著增大,产生的机械形变超过允许范围,

从而使得螺杆转子遭受损坏。螺杆膨胀机的输出功率一般在 20 kW~1 MW,而其内效率可达到 60%~80%。随着技术的进步和提高,现在可以制造出更大型化的螺杆膨胀机,其输出功率可以超过 1 MW,工作效率也更加高。

除了螺杆膨胀机以外,有机朗肯循环汽轮机、低品位热能汽轮机和全流透平机械等都是目前常见的可应用于低温余热发电的动力装置。在低温余热发电领域,汽轮机的原理和特性使其自身及整套装置较为复杂,而螺杆膨胀机就因为工质利用原理上的差异而采用简单的容积式结构,在系统设计上具有显著的特点。国外的研究表明,容积式结构的动力机对于装机容量为百千瓦级及 1 MW 以下的小型发电系统来说应用更为合适。

汽轮机与螺杆膨胀机的发电特性与适用性对比有如下几个方面。

(1)工质的类型不同:汽轮机只适合于饱和或过热等干蒸汽工质,工质不允许是气液两相混合物;因为在膨胀过程中,工质中的液滴在汽轮机静叶里被加速后,高速撞击叶片很容易损坏叶片。而螺杆膨胀机属于容积式动力机,容积式动力机是将一定流量的工质引入一个封闭的腔室进行膨胀做功,直至最后将工质排出,所以螺杆膨胀机适用于蒸汽、气液两相混合物甚至热水等低品位工质。

(2)工质的品质要求不同:由于进入汽轮机的工质在动叶中流速很高,所以其对工质品质要求也很高。因为工质带有杂质,在高流速状态下,都会对汽轮机叶片造成损坏。而螺杆膨胀机对工质品质要求相对较低,工质中含有杂质,一般不会对螺杆膨胀机工作造成不利影响;相互啮合的阴、阳螺杆转子在转动过程中,会摩擦修刮转子间及转子与机壳间的污垢,具有除垢自洁能力;同时,污垢的存在可以减小泄漏间隙,降低泄漏损失,反而提高了螺杆膨胀机内效率。

(3)系统容量范围不同:汽轮机工质做功主要和流过汽轮机的流体的动量变化有关,因此在汽轮机内工质流体在高速状态下工作;正是由于高流速,使得汽轮机适合于大流量及大容量规模系统的应用。相比较而言,容积式的螺杆膨胀机由于其工质流速低,所以它适合于小流量和容量规模较小系统的应用。

(4)工作特性不同:汽轮机相对而言其内效率较高,一般可达 80% 以上,但汽轮机在变工况下,其内效率变化也较大,变工况运行能力较差。而螺杆膨胀机的内效率一般低于 80%,但其运行工况在偏离设计值时,仍然可以维持较高的运行效率。

(5)适用性及应用场景不同:汽轮机结构复杂,对安全的要求较高,所以运行维护都需要专业技术人员,使得汽轮机的应用场景也缺乏灵活性。而螺杆膨胀机由于结构简单紧凑,安装维护方便,运行操作容易,对安全的要求也不高;在具体应用时, 螺杆膨胀机既可以直接驱动压缩机、风机和水泵等旋转动力设备,也可以带动发电机 发电,所以其应用场景灵活多变。

参考文献

[1] 蔡颐年.蒸汽轮机[M].西安:西安交通大学出版社,1988.

[2] 王仲奇,秦仁.透平机械原理[M].北京:机械工业出版社,1981.

[3] 蒉天聪.汽轮机原理[M].北京:水利电力出版社,1986.

[4] Hamik M, Willinger R. An innovative passive tip-leakage control method for axial turbines: Basic concept and performance potential[J]. Journal of Thermal Science, 2007, 16(3): 215–222.

[5] Gao J, Zheng Q, Wang Z. Effect of honeycomb seals on loss characteristics in shroud cavities of an axial turbine[J]. Chinese Journal of Mechanical Engineering, 2013, 26(1): 69–77.

[6] 舒士甄,朱力,柯玄龄,等.叶轮机械原理[M].北京:清华大学出版社,1991.

[7] Ghenaiet A, Touil K. Characterization of component interactions in two-stage axial turbine[J]. Chinese Journal of Aeronautics, 2016, 29(4): 893–913.

[8] Nishi Y, Inagaki T, Li Y R, et al. Unsteady flow analysis of an axial flow hydraulic turbine with collection devices comprising a different number of blades[J]. Journal of Thermal Science, 2015, 24(3): 239–245.

[9] 蔡颐年,王乃宁.湿蒸汽两相流[M].西安:西安交通大学出版社,1985.

[10] 王新军,李亮,宋立明.汽轮机原理[M].西安:西安交通大学出版社,2014.

[11] 李燕生,陆桂林.向心透平与离心压气机[M].北京:机械工业出版社,1987.

[12] Suhrmann J F, Peitsch D, Gugau M, et al. Validation and development of loss models for small size radial turbines[C]//Proceedings of ASME Turbo Expo 2010: Power for Land, Sea, and Air, Glasgow, UK. 2010: 1937–1949.

[13] Ventura C A M, Jacobs P A, Rowlands A S, et al. Preliminary design and performance estimation of radial inflow turbines: An automated approach[J]. Journal of Fluids Engineering, 2012, 134(3): 031102.

[14] Glassman A J. Enhanced analysis and users manual for radial-inflow turbine conceptual design code RTD[R]. NASA–CR–195454, NASR, 1995.

[15] Ghosh S K, Sahoo R K, Sarangi S K. Mathematical analysis for off-design performance of cryogenic turboexpander[J]. Journal of Fluids Engineering, 2011, 133(3): 031001.

[16] Spadacini C, Frassinetti M, Hinde A, et al. The first geothermal organic radial outflow turbines[C]. Proceedings World Geothermal Congress 2015, 2015.

[17] Dipippo R. Geothermal power plants: Principles, applications, case studies and environmental impact: Fourth Edition[J]. Geothermics, 2009, 13(4294): 405.

[18] 张元桥,王妍,晏鑫,等.刷式密封泄漏流动及传热特性的研究第二部分:传热特性[J].工程

热物理学报,2018,39(5):970-976.

[19] 刘晋宾.刷式密封的流场及迟滞特性数值分析[D].昆明:昆明理工大学,2019.

[20] Crudgington P F, Bowsher A. Brush seal pack hysteresis[C]. 38thAIAA/ASME/SAE/ASEE Joint Propulsion Conference & Exhibit. Indiana, 2002.

[21] 赵海林,陈国定,苏华.考虑粗糙渗流效应的指尖密封总泄漏性能分析[J].机械工程学报,2020,56(3):152-161.

[22] 谭良红,初兰,李梦源,等.倾斜式曲径汽封泄漏流动研究[J].华北电力大学学报(自然科学版),2015,42(1):91-96.

[23] 刘玉凤.蜂窝密封结构在小型汽轮机上的应用[J].炼油与化工,2012,23(4):52-53.

[24] 李军,晏鑫,丰镇平,等.透平机械阻尼密封技术及其转子动力特性研究进展[J].热力透平,2009,38(1):5-9,14.

[25] 李志刚.袋型阻尼密封泄漏特性和转子动力特性的研究[D].西安:西安交通大学,2013.

[26] 张锡德,邵士铭,张中亚,等.串联式干气密封在合成气压缩机上的运用[J].石油化工设备技术,2012,33(4):17-22.

[27] 徐奇超.干气密封端面型槽多参数优化及设计软件开发[D].杭州:浙江工业大学,2019.

[28] 顾永泉.机械端面密封[M].东营:石油大学出版社,1994.

[29] 郑亚.低温有机朗肯循环透平及其密封系统性能分析和实验研究[D].西安:西安交通大学,2017.

[30] Kaneko T, Hirayama N. Study on fundamental performance of helical screw expander[J]. Bulletin of JSME, 1985, 28(243):1970-1977.

[31] Smith I K, Stosic N, Kovacevic A. 1-Expanders for power recovery[M]//Power Recovery from Low Grade Heat by Means of Screw Expanders. Amsterdam:Elsevier, 2014.

[32] Kovacevic A, Rane S. 3D CFD analysis of a twin screw expander[M]//8th International Conference on Compressors and their Systems. Amsterdam:Elsevier, 2013.

[33] 胡亮光,庞凤彪,王之安,等.中低温能源全流发电螺杆膨胀机的性能及实验研究[J].工程热物理学报,1989,10(4):353-356.

[34] 孙政,毛润治,胡亮光,等.运用全流地热发电技术开发藏滇地区的地热资源[J].动力工程,1994,14(6):58-61.

[35] 徐健,周恩民,许岭松,等.基于啮合线法的螺杆转子型线设计方法[J].压缩机技术,2013(1):1-7.

[36] Zaytsev D, Infante Ferreira C A. Profile generation method for twin screw compressor rotors based on the meshing line[J]. International Journal of Refrigeration, 2005, 28(5):744-755.

[37] 齐元渠.湿饱和蒸汽螺杆膨胀机几何模型与热力过程仿真研究[D].上海:上海交通大学,2016.

第 7 章

地热电站主要附属设备及防腐防垢技术

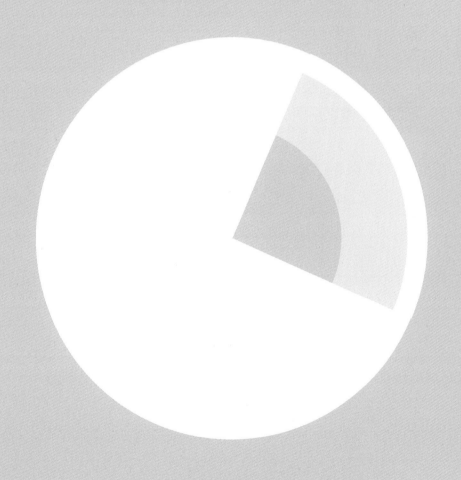

7.1 地热电站主要附属设备

7.1.1 地热电站汽液分离系统

按地热井水温和功能要求,地热井口工程可以分为以下几种形式。

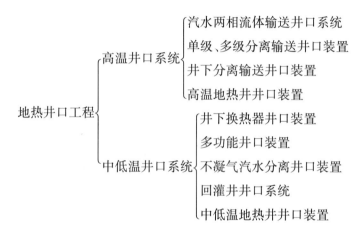

（1）汽水两相流体输送井口系统

其用于高温地热井,主要作用是防止输送过程中的热水汽化、结垢。可以采用增压法,即在地热井中安装耐高温、高扬程潜水泵。水泵扬程一定要超过地热水的饱和压力,使地热水在输送过程中,直到回灌或排放,输送压力始终维持在所输送地热水温度相应的饱和压力之上,采用这种方法来达到防垢的目的。如西藏那曲地热田属于高温热水型,开采过程中随着地热水压力的下降显现闪蒸,热水中的 H_2S、CO_2 等气体不断逸出。当这些原溶于热水中的气体从地热水中逸出时,打破了原有的气、液、固的平衡状态,大量的 $CaCO_3$ 析出并附着在井筒上端,深度大约自地表面以下 60 m 范围内,影响了地热资源的开采。为了保障输送过程的正常运行,工程采用正压法。

（2）单级、多级分离输送井口装置

其用于高温地热井,主要作用是将地热水中的汽水经分离后分别输送到不同的热力用户。

如在新西兰北部岛屿陶波（Taupo）附近,由 Ormat 集团公司按交钥匙工程实施的地热发电工程,是该公司在新西兰建造的第五座地热发电厂。它采用了混合循环设计,将蒸汽与水从地热流体中分离出来,然后引入发电厂。发电厂采用单独的汽轮机分别用于高压蒸汽、低压蒸汽和地热水做功。在汽轮机中完全膨胀后,所有的地热液体都回灌到地下,以保证地热田得到最合理的利用。

（3）不凝气汽水分离井口装置

其主要用于地热水中伴生不凝气体分离后热水的输送系统。在有些地热井成井后发现伴生有一定的不凝气体,尤其伴生有毒、有害、可燃气体时,更需要将这些气体分离后再加以利用。否则,会产生严重的后果。

如大庆油田萨热 1 井完井后,进行了溢流和泵抽试水。该井在 1 480 m 深度,用潜水泵泵抽地热水,测得日产水量为 450 m³,井口水温为 47 ℃。地热水中有少量天然气伴随产出,在溢流状态下,日产天然气 150 ~ 180 m³;在泵抽情况下,日产天然气 400~500 m³。天然气的主要成分是甲烷,含量达 97.5%。天然气从地热水中分离后,输送到加热炉燃烧,将地热水加热。

萨热 1 井地面应用系统主要由抽水控制系统、汽水分离系统、天然气加热调温系统、用户供水系统、可燃气体报警系统和井泵房内采暖系统六部分组成,见图 7 - 1。

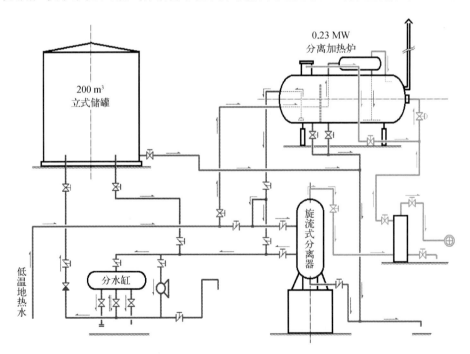

图 7 - 1　多级汽水分离井口装置系统原理图

（4）中低温地热井井口装置

普通型中低温地热井井口装置示意图见图 7 - 2。为了清除地热中挟带的砂粒，在井口处设旋流式除砂器，图 7 - 3 为旋流式除砂器工作原理示意图。从井口出来的含砂地热水，由进水管以较高的速度沿锥形筒圆周的切线方向流进锥形筒，在旋转过程中，砂粒在重力及与筒内壁摩擦力的作用下，滑落入储砂罐中，定期从排砂管放出。除掉了砂粒的热水，从出水管流走。

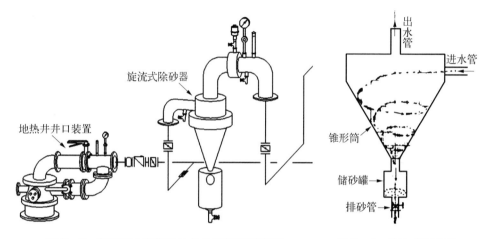

图 7 - 2　普通型中低温地热井井口装置示意图　　　　图 7 - 3　旋流式除砂器工作原理示意图

（5）高温地热井井口装置

高温地热井井口装置比较复杂（图 7 - 4）。当地热流体在井口减压后呈汽、水两态，且含有大量的不凝气体，如甲烷、二氧化碳、硫化氢等气体。在地热发电系统中，为防止水汽进入汽轮机而损坏机组，或防止过量的不凝气体在供热管道中形成气阻而造成管道冲击现象，需要采用汽水分离井口装置，热水通过集水罐和消声器放出。图 7 - 5 为单级旋流式汽水分离器工作原理示意图。

当分离器运行时，旁通阀关闭，主阀门、检修阀、控制阀打开，地热流体经主阀门、检修阀和控制阀到汽水分离器。分离后的气相部分经浮球阀到蒸汽主管道，液相部分到集水罐后，经水控制孔板和截止阀到消声器后输出。

为了避免事故，在井口处设一些安全装置：膨胀补偿器，是为井管热胀冷缩时补偿硬性连接的软连接段。安全盘，是在 2 片法兰中间夹 1 层薄金属片，当井口工作压力失常，超过额定值时，安全盘的金属薄片破裂，液相地热流体短路经截止阀

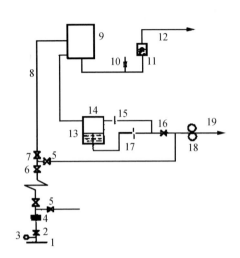

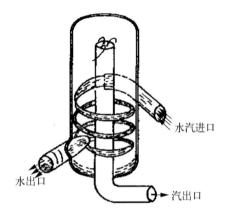

图7-4　高温地热井井口装置系统示意图

1—地热井;2—主阀门;3—压力表;4—膨胀补偿器;5—旁通阀;6—检修阀;7—控制阀;8—汽水混合物;9—汽水分离器;10—安全阀;11—浮球阀;12—蒸汽;13—多孔出液管;14—集水罐;15—安全盘;16—截止阀;17—水控制孔板;18—消声器;19—水

图7-5　单级旋流式汽水分离器工作原理示意图

和消声器排放掉,并同时开启安全阀放空,使气相地热流体经安全阀放空。浮球阀,其作用是保证液相流体不能进入蒸汽主管道,因为液相流体增多会将浮球托起而阻止通路。水控制孔板,用来控制气相流体,使之不进入消声器。当集水罐内液面下降,气相流体通过水控制孔板时,因气相流体比液相流体的体积大很多倍,通过孔板的重量流量就减少很多,而地热井的流量基本恒定,此时集水罐中的液位上升,液体的重力和压力又使液体以正常情况经水控制孔板和截止阀进入消声器。检修阀,用来切断地热流体,使井口装置便于检修,此时地热流体可从旁通阀排出。

7.1.2　地热电站冷却系统

（1）凝汽器类型及性能

由于采用直流冷却系统的发电厂越来越少,目前大多数发电厂都是靠蒸发冷却的方式（利用冷却塔设备）进行废热排放的。这种排热方式是使凝汽器循环水的一小部分(1%~3%)蒸发而将其余的水流冷却8~16℃。

所有的蒸发式冷却塔或湿式冷却塔都是以相同的原理工作的,这就使需要冷却的水与运动的空气流充分接触。水的冷却过程有75%靠蒸发,其余部分靠导热,结果会使空气的干球温度升高。空气离开冷却塔时往往接近饱和状态。各种冷却塔设计的不同点在于空气中呈现的水表面不同、水流和气流的安排不同(正交流动横流或逆流)以及空气流形成方法不同(机力通风或自然通风)。每一种方式都有其优缺点。

自然通风冷却塔对当地气象条件较为敏感。自然通风冷却塔是在英国和欧洲的部分地区首先发展起来的。这些地区冬季环境空气温度较低的时候,湿球温度低,而相对湿度高,加之电厂有最大负荷,这一切为自然通风冷却塔提供了理想的运转条件。相反地,在美国西南部,自然通风冷却塔极不适应,因为该地区湿球温度较高,而相对湿度较低。

干式冷却是一种显然不同的排热方式。需要冷却的水或需要凝结的蒸汽(或其他工作流体)在带有延伸表面的管子内通过,而空气则在管外流过。由于不存在蒸发过程,这种方法完全依靠热传导提高空气流的干球温度。这种冷却方法已经在工业上应用多年。当这种冷却装置的尺寸较小时一般被称作空冷盘管,但像发电厂使用的那种大尺寸的装置,则被称作干式冷却塔。

(2) 湿式机力通风冷却塔

机力通风冷却塔采用电机拖动的风机提供通过塔内填料的空气流。通风方式可设计为送风和引风,现代大型冷却塔多采用引风方式。要冷却的水用水泵打到塔顶,通过顶盖分配水流,经过一系列溅水板或板条落到底部水池。空气流相对于下落的水滴的流动方向可以是逆流也可以是横流。典型的引风横流和逆流的湿式机力通风冷却塔组件如图7-6所示。逆流塔的优点是空气侧阻力损失小,空气流和水流的分配更为均匀。每一个组件单元是有独立风扇的独立单元,其百叶窗式通风口只设在两侧,这样就把许多单元一个接着一个地连接成一长排,其长度可达120 m,这就是所谓的矩形布置。向下掉落的水被水平方向流动的气流推向中央部分,所以冷却塔外形的梯形斜边正好与水流形状符合。这种选型减少了没有利用的充填空间,也减少了下部水池的尺寸和投资。这种形体也有助于水的溶化,因为当风扇停了以后温水会从百叶窗格上向下溅落。

(3) 圆形机力通风冷却塔

湿式冷却塔的一种比较新的结构形式是 Marley 开发的横流圆形机力通风冷却

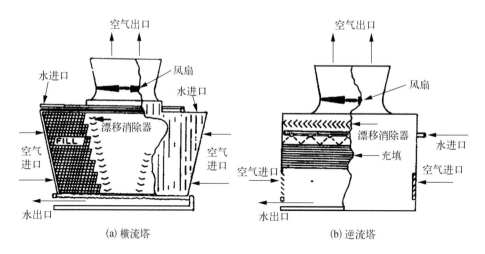

图7-6　湿式机力通风冷却塔

塔。图7-7是这种塔的整体外形图和半断面图。塔的填料安排在一个巨大的环形区域内,像自然通风冷却塔那样,用集中排列在中央部分的一些引风机取代自然通风冷却塔的通风筒。这种结构形式比方形的机力通风冷却塔优越,因为其降低了再循环的影响,所排出的湿气团会喷射到更高的高度从而减轻了地面结雾和飘洒问题。圆形布置可能还会减少所需的占地面积、循环水管道的建造费用以及风机的动力消耗。与自然通风冷却塔相比,圆形机力通风冷却塔的优点是构筑物体形较低矮,因而较不显眼,投资较少,而且它的抗地震能力也较好。圆形机力通风冷却塔还可以在自然通

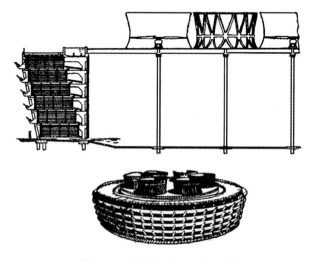

图7-7　圆形机力通风冷却塔

风冷却塔不能适应的气象条件下工作。

和自然通风冷却塔一样大容量的圆形机力通风冷却塔,有较好的经济性。这种圆形机力通风冷却塔在自然通风冷却塔不适应的干旱地区能发挥作用,并有助于解决某些厂址的飘滴问题,其还能够在占地和动力消耗方面突显出经济性。

(4)湿式自然通风冷却塔

湿式自然通风冷却塔在地热电站中的应用可能受到一定的限制,因为这种冷却塔最适用于大容量的装置。综合起来采用湿式自然通风冷却塔的条件是：① 平均湿球温度低而相对湿度高的环境条件。② 湿球温度低同时进出口水温高,即冷幅宽,接近温度高。③ 冬季负荷比较大。④ 偿还期长。⑤ 电站规模较大。⑥ 需要限制地面结雾和飘滴到最低程度的场合。⑦ 在自然景观,飞机干扰等不成问题的地方。

对于机力通风冷却塔,湿球温度是首要的设计参数,而对于湿式自然通风冷却塔,湿球温度和相对湿度都是重要设计参数。

与机力通风冷却塔一样,湿式自然通风冷却塔有两种基本形式：横流式和逆流式。在横流冷却塔中,场料布置在塔基外围的环形结构内,而塔的内部主要起烟囱的功用。在逆流冷却塔中,填料布置在塔基内部并向上堆叠,这样,空气流沿圆周方向流入然后向上流过填料与下落的水油相遇。逆流式具有较高的传热效率,因为最冷的水滴遇到的是最冷的空气。在横流冷却塔中,空气和水的分布比较均匀,流过填料层时空气阻力损失较小。图 7-8 是这两种塔的原理结构图。这两种形式的塔都有采用,究竟应选用哪一种塔取决于具体现场的工作要求。

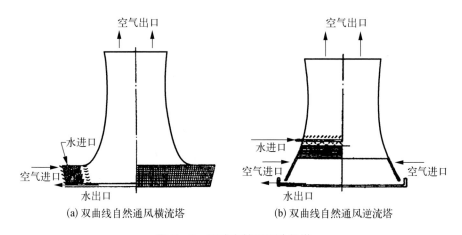

(a)双曲线自然通风横流塔　　　　　(b)双曲线自然通风逆流塔

图 7-8　湿式自然通风冷却塔

7.2 地热发电防腐防垢技术

7.2.1 引言

据统计,90%以上的换热设备都存在着不同程度的污垢问题。美国管式换热器制造商协会(TEMA)的数据表明:污垢会使换热器面积增加10%~50%,其幅度取决于换热设备的结垢程度,平均值为30%~40%。污垢问题造成的经济损失占GDP的0.25%以上。因此,污垢问题的解决,对于提高换热效率、实现节能减排降耗目标、减轻对环境的污染等方面,均具有重要的意义。

地热流体,这里主要指地热水,其流经岩层时,在高温、高压的作用下,能够溶解多种可溶性矿物质,包括钙、镁、钡、硅等易析出结垢性成分和易腐蚀性成分,主要有溶解氧、氯离子、硫酸根离子、氢离子、硫化氢、二氧化碳、氨、总固形物等。

在地热发电等地热能的利用过程中,地热流体因其复杂的物理化学成分,以及操作条件的变化,经常产生过程设备(如换热器)和管件的结垢与腐蚀等问题,从而制约了地热能的有效利用,甚至使整套地热发电设备装置报废。

因此,针对地热流体发电系统,开展腐蚀和结垢的原因分析及控制技术的研究,具有重要的应用价值和一定的理论意义。

7.2.2 地热流体的腐蚀与结垢趋势分析

深入分析地热流体的物理化学成分是预测其腐蚀和结垢趋势及开发控制策略的前提。应当根据地热水的结垢与腐蚀特征,以及所处的环境条件等,采取相应的控制措施。

在地热水的主要腐蚀性成分方面,氯离子对金属的腐蚀作用还与温度有关。温度越高,腐蚀作用越强。同时,地下深层地热水流出地面后,空气中的氧会溶入地热水。溶解氧是地热水中最常见、最关键的腐蚀性物质。

判断地热水腐蚀和结垢趋势的指数模型有多种,包括郎及里尔(Langelier)指数、拉森(Larson)指数、里兹纳(Ryznar)指数等。每种指数模型都有其特定的应用范围,且都有不同程度的局限性。由于地热水成分的复杂多样性,任意一种指数模型都难以预测所有或绝大部分地热水的腐蚀或结垢趋势。因此,除了采用不同的指数模型预测地热水腐蚀和结垢趋势外,静态或现场动态挂片实验验证也很重要。

韦梅华等采用 Larson 指数和 Ryznar 指数等指数模型对四川省康定地热区 4 口地热井和 3 处温泉热水的碳酸钙结垢趋势进行了预测,并采用 Na－K－Mg 三角图解和水化学分析软件 WATCH 程序进行了热储矿物平衡分析。结果表明,该区部分地热水有结垢的可能性,主要是碳酸钙型污垢,引起结垢的矿物主要有方解石、滑石、温石棉。云智汉等应用水文地球化学模拟和室内模拟耦合方法,对引起咸阳地热水回灌堵塞的问题进行了研究。结果显示,回灌过程中结垢的主要类型为碳酸盐。随着温度、pH、CO_2 分压的增加,$CaCO_3$ 结垢趋势增加;当 60% 的原地热水和 40% 的地热尾水混合时,$CaCO_3$ 的沉淀量达到最大;矿化度的影响主要体现在盐效应和同离子效应。运用 Langelier 指数和 Ryznar 指数对 $CaCO_3$ 沉淀程度进行的预测表明,在研究区内多数地热井中存在中低程度的 $CaCO_3$ 结垢。周伟东等针对山西两处地热水,应用 Larson 指数和 Langelier 指数,对其腐蚀和结垢趋势进行了分析预测,并在 316 不锈钢、紫铜和 20#碳钢等基底上进行了地热水静态腐蚀和结垢实验。结果表明,两种地热水均属于强腐蚀易结垢型地热水。田涛等针对陕西西安地热水回灌堵塞问题,利用水化学分析及结垢预测软件分析了水化学成分和矿物饱和指数,检验了矿物溶解或沉淀的可能性。配伍性分析结果表明,混合比例为 1∶9 时结垢量最小,为回灌的最佳配比;混合比例为 4∶6 时结垢量最大。此外,也有文献采用化学动力学模型预测井下地热水结垢速率或采用 PHREEQC 等地热流体化学软件模拟计算地热流体成分的饱和状态,预测结垢趋势。

需要指出的是,生产实践表明,即使被判断为不具有腐蚀或有轻微腐蚀的地热水,由于溶解氧的存在和地热水温度较高等原因,实际生产中的腐蚀程度要严重得多。

7.2.3　地热流体的腐蚀控制方法

地热能发电经常遇到井管、深井泵及泵管、井口装置、管道、换热器等设备的腐蚀问题。而地热流体的腐蚀主要是电化学腐蚀,其腐蚀性成分主要有氯离子和溶解氧等。其中,氯离子的腐蚀性最强,是引起碳钢、不锈钢及其他合金的孔蚀和缝隙腐蚀的非常重要的条件。腐蚀降低了设备和管件等系统的使用寿命,增加了生产成本和正常运行的难度。为此,开发了防止地热水腐蚀的工艺技术方法。

(1)选用耐腐蚀材质

在地热发电系统的设备及管道等选材上,考虑采用耐地热水腐蚀的材质。

采用非金属管材,如聚氯乙烯管等不易腐蚀材质。但是,非金属管材存在承压、耐热、老化、接头处理、造价等一些技术问题。除此之外,也可以采用不锈钢及钛材。但是,在高氯离子含量条件下,不锈钢的耐腐蚀性并不比碳钢强,溶解氧的存在会大大加快不锈钢的腐蚀速率。采用钛材不但造价高,而且对于换热器,传热效率低。有人研制了铸铁盒式抗腐蚀换热器,但是,当流速降低时,尽管其抗腐蚀性能比不锈钢板式换热器强,但是传热系数比不锈钢板式换热器下降更快。当然,整个地热系统采用耐腐蚀金属材料,可使地热系统非常可靠,但这种措施成本过高。也可以选用高合金不锈钢、镍基合金、钛合金及锆材等耐地热腐蚀的金属材料,增加地热系统的可靠性。除此之外,也可考虑在设计时,加大管道和其他结构件的腐蚀裕量,即增加钢管壁厚度。这样做除了会增大投资外,并不能从根本上解决腐蚀问题。

(2)在金属基底上修饰涂层

较早系统地开展在金属基底上修饰涂层方面研究的是美国能源部布鲁克海文(Brookhaven)国家实验室的 Sugama 等和国家可再生能源实验室的研究者。

Sugama 等以碳钢等为基底,开展了对成本低、热稳定性好、防腐、抗垢、抗氧化、耐磨损、自修复的涂层材料的研究。还在碳钢换热设备管道内涂覆了智能型、高性能聚苯硫醚(polyphenylene sulfide, PPS)基复合涂层。这种复合涂层以 PPS 为基质材料,加入聚四氟乙烯(polytetrafluoroethylene, PTFE)作为涂层抗氧化剂,微尺度碳纤维作为导热剂和增强剂,磷酸氢钙铝粉作为自修复填充剂,微尺度勃姆石晶粉作为耐磨损填充剂,晶体磷酸锌作为底漆。其中,磷酸锌底漆可以加强涂层和碳钢之间的黏附程度,并抑制漆下钢的阴极腐蚀。在太平洋猛马(Mammoth Pacific)地热发电厂 2 年和夏威夷普纳(Puna)电厂 1 个月的试验结果显示:复合涂层可以用于温度为160~200 ℃的地热系统的防腐,同时可以减缓硅酸钙污垢的沉积,而没有涂层的不锈钢表面则生成了黏结牢固的硅酸钙污垢。但是,在小直径管道进口处等位置,出现了涂层起泡和脱层现象,归因于小直径管道不均匀的底漆涂层。Curran 国际公司已将该衬里涂层材料商业化。对于地热井口的阀门、三通等系统,地热温度高、流速大,对环境的要求更为苛刻,需要提高 PPS 材料的熔点,以适应在 300 ℃地热环境中的应用。他们还在 PPS 基质中熔融分散了纳米尺度蒙脱土(Montmorillonite, MMT)填充剂,冷却形成了 PPS/MMT 纳米复合材料。将这类纳米复合材料涂覆于碳钢基底上,150 μm 厚度的涂层即可保护 300 ℃模拟地热环境中的碳钢免受热的地热水的腐蚀。针对风冷式冷凝器、汽水分离器等对于防腐防垢的特殊要求,他们还研发和改进了相应的涂层材料。针对地热井钻探过程中地热井系统的腐蚀结垢问题,开发了利用粉煤灰和炉渣等工业副产物。其中,基于无机聚合物的、耐酸和高温凝结度易控的防腐水泥等,称为地质聚合物,其作为密封材料用于增强地热系统性能显示出了较好的应用前景。

尽管采用防腐涂层是预防地热管道或设备腐蚀的较好方案,如采用各种金属防护涂料,但是由于碳钢和防腐涂料层的屈服应力不同,存在涂层易脱落等问题。

(3) 添加化学防腐剂

在某些情况下加入化学药剂也是一种有效的地热防腐方法。Buyuksagis 等针对土耳其阿菲永卡拉希萨尔(Afyonkarahisar)地热加热系统,考查了三聚磷酸钠和顺丁烯二酸酐等添加剂的防腐性能。但是,地热水利用系统是开放系统,排水量大,必须考虑添加化学药剂的成本;向地热水添加化学药剂如亚硫酸钠等药物的积累可能会污染地下水源。因此,从环境保护角度出发,应限制其应用。

(4) 阴极保护

阴极保护可以使被保护的金属结构处于热力学稳定状态,以实现有效的腐蚀控制。林振华等曾提出了采用牺牲阳极或外加电流阴极保护井管的设想。

Brookhaven 国家实验室的 Bandy 和 van Rooyen 在 1982 年报道了碳钢和 AISI 316 不锈钢在 90~150 ℃模拟地热水中,以金属锌为牺牲阳极的阴极保护的防腐效果。结果发现,在阴极保护条件下,碳钢质量损失明显减少,并可以抑制不锈钢点蚀等。

但是,地热系统阴极保护防腐研究还处于起步阶段。对于具有一定温度的地热利用系统,在电极材料的选取方面会遇到更大的挑战。

(5) 地热流体利用之前的防腐预处理

预处理是一种控制地热利用过程中腐蚀的方法。例如,冰岛克拉布拉(Krafla)地热田 IDDP‐1 井产生的 450 ℃过热水蒸气中含有少量 HCl、HF、H_2S、CO_2 等酸性气体,如果直接用该蒸汽进行发电,则水蒸气冷凝液(pH = 2.62)会严重腐蚀设备和管道等系统,气相和液相中的硅颗粒流还会磨损系统。为此,在地热利用之前,先对地热田的过热水蒸气进行预处理。

Hauksson 等用纯水、蒸汽冷凝液、NaOH 水溶液、冷的地下水等,对地热水蒸气进行了湿法洗涤实验考查。但是,在地热流体的防腐预处理时,应注意不要造成过多的地热能损失。

7.2.4 地热流体的污垢阻止方法

地热发电系统设施上,污垢的出现和垢层的增厚使系统内地热流体的流动阻力增大,出水量下降。而换热器加热壁面上的结垢,会导致传热效率下降,能耗增加,并有可能形成垢下腐蚀等,直接影响地热发电系统的正常高效运行。地热水垢虽然有多种形式,但现在最普遍存在的是碳酸钙垢和硅酸钙垢。

地热水结垢是目前地热供热站和高温地热电站中棘手的问题,尤其是对于换热器系统,污垢带来的负面影响更为明显。在板式换热器一次通道内和高温水输送管道内的结垢,会造成通道完全或部分堵塞,降低换热效率,并加大泵耗,垢层不完整处往往会造成垢下腐蚀等。针对地热系统的结垢问题,国内外也开展了污垢控制工艺技术和方法研究。

(1)化学阻垢剂

目前,采用添加化学药剂抑制地热系统的污垢也是一种选择,除非采用绿色、无毒、无害、环保的阻滞剂。但是,考虑到环境影响等,其应用也同样受到限制。

用地热水酸化 pH 法抑制污垢,也可归为此类。随着地热水溶液 pH 的降低,地热水中的硅酸聚合过程会被抑制,从而减缓无定形或金属基硅酸盐垢的生成。在地热水系统中加入酸是降低 pH 的有效方法。但是,加入酸会使地热水的腐蚀性增强。Gallup 的研究及实践表明,通过控制 pH 小于 4.5,可以折中实现既防垢的同时避免造成腐蚀加剧。

(2)地热流体利用之前的污垢预处理

地热水在进入系统之前进行预结晶沉淀和过滤等处理,可以减缓地热利用系统的污垢生成。德国 Bestec 公司的地热电站就是采用预过滤系统。

齐金生等针对中低温地热水利用中的结垢问题,提出了诱垢载体沉积式除垢技术,即在地热利用设备之前,设计一种装置,提供析晶自由能更低的表面,使污垢集中结在该设备中,使其后的地热利用设备不再结垢,然后将这一装置定期打开,加以清理。但是,该装置等于把结垢过程前移,并增加了地热系统的流动阻力、地热能的损失和运行的不稳定性。

对于回灌地热水,先通过膜过程等预除垢再回灌,可以提高回灌效果。Tomaszewska 等的研究表明,对于地热尾水,经过膜过滤脱盐预处理,包括复合超滤—反渗透膜过滤等,除去总溶解性颗粒、硼、铁、氟和砷等,可以排入地表水域或用作饮用水。磷化阻垢剂难以防止膜过程结垢,盐酸酸化则可以阻垢。其他诸如采用离子交换和吸附预脱除地热水中污垢的方法,也可归为此类方法。

与此同时,地热流体的预处理过程不可避免地会造成地热能损失。

(3) 施加物理场阻垢

对地热流体施加物理场后,使污垢呈疏散状,便于清洗。

Chou 等研究了磁场作用下水分子结构的变化和硅的溶解度与聚合情况,并在现场考查了强磁场对在钛管中流动的地热水的硅垢抑制特性,实验表明:磁场作用明显减少了污垢的生成。Yasuda 等利用超声的空化作用,改变地热水中硅酸的浓度,发现 500 kHz 和最大 pH = 8.5 条件下的超声辐射,使硅酸聚合的速率增加,从而生成了大直径聚合物颗粒,地热水中的硅酸浓度减小,从而减小了形成硅垢的可能性。

(4) 增压工艺阻垢

从工艺角度出发,考虑解决地热污垢问题。采用电动潜油泵可使井中的地热水维持在单液相状态,使 CO_2 酸性气体保留在液相中,防止地热水闪蒸。此时,pH 较低,碳酸盐始终处于不饱和状态,从而抑制碳酸钙污垢生成。但该方法需额外消耗能量。

(5) 涂层阻垢

Sugama 等在碳钢基换热器传热表面上涂覆 PPS 和掺杂 PTFE 的 PPS 涂层,用于地热环境中防垢。发现掺杂 PTFE 的 PPS 涂层具有抗垢特性,归因于涂层隔离氧化物和掺杂 PTFE 的 PPS 涂层表面具有亲水性。将碳钢板、涂有聚苯硫醚(PPS)涂层的钢板和涂有掺杂 PTFE 的 PPS 涂层的钢板,分别浸泡在 200 ℃ 含硅石的地热水中 7 天,考查了碳钢表面上的 Fe_2O_3 层(对硅石具有强的亲水性)上硅垢的沉积特性。结果表明,整个碳钢板表面沉积了一层与基底结合牢固的很难去除的硅垢,PPS 亲水涂层表面有硅垢层,但是很薄(约 5 nm)。这是由于地热水诱导的氧化作用而在 PPS 表面形成了硫氧衍生物层,容易诱导硅垢层的形成,而掺杂 PTFE 的 PPS 涂层表面,则由于抗氧化剂 PTFE 的存在而使 PPS 层不易氧化,表现出很好的疏水和阻垢特性,适合于含硅石的地热环境。

Chen 等制备的微纳米 SiO_2 材料涂层也具有一定的抗地热水垢效果。

除此之外,还有采用现代微纳表面工程方法研究地热水防垢技术。

地热流体阻垢材料涂层的开发是目前的研究热点之一,但是,需要注意阻垢机理研究,同时也需要关注涂层与基底的结合力等实际问题。

(6) 其他阻垢方法

对于地热流体换热系统,还可以考虑其他方法。例如,为避免间接换热的地热换热器结垢,可以考虑直接接触换热器,没有换热温差,不降低地热利用的初始温度,而采用换热器的间接加热系统,地热水温度一般会下降 3~5 ℃。

另外,也可以考虑采用流化床换热器和离子沉淀等方法。

7.2.5　干热岩和油田地热水发电系统防腐防垢新进展

地热资源作为世界各国重点开发的清洁能源,主要分为水热型地热资源、干热岩型地热资源及地压型地热资源。目前世界上开采和利用的地热能主要是水热型地热资源,占已探明地热能的 10% 左右。干热岩型地热资源主要是埋深较浅、温度较高、具有开发经济价值的热岩体,保守估计,地壳中埋深 3~10 km 的干热岩所蕴藏的能量相当于地球化石能源的 30 倍。因此,地热能具有较大的开发和利用价值。其中,对于干热岩型地热资源的获得,则需要从地表往干热岩注入温度较低的水,注入的水沿着裂隙运动并与周边的岩石发生热交换,产生高温高压超临界水或水汽混合物,然后从生产井中提取高温蒸汽,用于地热发电和综合利用。

地热能的利用可分为地热发电和直接利用两大类。用于发电的地热流体为保证经济性,一般要求温度较高,可采用高温地热资源[根据温度高低,地热资源可划分为高温地热资源(大于 150 ℃)、中温地热资源(90~150 ℃)和低温地热资源(小于 90 ℃)三种类型]。地热直接利用要求的热水温度相对较低,中、低温地热资源则在任何温度下都可以加以利用。为了提高地热能的利用效率,最好的利用方式是梯级综合利用。中、低温地热资源的直接利用虽不及地热发电优势突出,但中、低温地热资源分布较广,数量较大,直接利用所提供的能量和所起的作用并不比地热发电差。譬如,地热供暖、地热温室、水产养殖、地热洗浴、温泉旅游、灌溉等用途广泛。由于地热发电成本低,电能利于输送,不受地热田位置限制,因此地热发电的利用价值明显高于其他利用形式,但是,高温地热田的存在则需要有一定的地质条件。

广义地说,干热岩指地下不存在热水和蒸汽的热储岩体。干热岩型地热资源则专指埋藏较浅、温度较高且有较大经济开发价值的热储岩体。它是比蒸汽、热水和地压型地热资源更为巨大的资源。由于从干热岩热储生产的是 150~300 ℃ 的有压热水,而且大部分可能含有低浓度的溶解盐和不凝气体,因此,适用于地热水发电的方法,如单级和多级闪蒸系统、双循环系统等,都可以用于干热岩发电。

世界上第一个干热岩热储是由美国洛斯阿拉莫斯国家实验室(LANL)于 1974 年到 1978 年在新墨西哥州的芬顿山(Fenton Hill)开发的。通过对深度约为 3 000 m、温度为 185 ℃ 的岩石基体进行水力压裂形成一个小型地热热储。1978—1980 年,进行了一系列通过热储的水循环实验,并运转了一年多。1986 年,该地区第二个干热岩热储形成,有效体积为 2 000 万立方米,新的干热岩热储估计约为第一个热储的 200 倍。其中心深度约为 3 500 m,岩层温度为 220~240 ℃。目前,LANL 在芬顿山建造了一个干热岩地热电站以模拟商业发电。LANL 的专家认为,从干热岩取热是一种对环境十分安全的办法。一个管理良好的取热回路,在正常运转时不会污染地下水或地表水,也不会放出诸如 CO_2 等能产生温室效应的气体。在开发这种能源时,没有飞扬的尘埃,没有放射性弃水和有毒的副产物,也没有其他长效的残余物。

干热岩地热系统的开发已经有近 50 年的历史。从 20 世纪 80 年代开始,英国在康沃尔郡 Rosemanowes 地区,法国在 Soultz-sous-Forêts 地区,日本在山形县的肘折(Hijiori)地区,瑞典在菲耶巴卡(Fjällbacka)地区相继开展了干热岩地质调研和钻探研究。1985 年,日本新能源产业技术综合开发机构(NEDO)开始在肘折地区实施干热岩工程。

我国地热资源利用主要以地热直接利用和浅层地热开发为主,地热开采一般在 1 000 m 以内。在干热岩领域我国起步较晚。基于地质构造、火山地质学和岩石学及地热地球化学、地球物理和浅层钻孔温度测量等,我国干热岩潜在区域主要分布在云南腾冲、海南琼北、吉林长白山、黑龙江五大连池、藏南羊八井和中国台湾地区等。由于浅层地热大量开采会造成地下水位大幅下降、地面沉降及地热发电总容量降低等,因此,干热岩型地热资源的研究及工程应用将成为今后我国地热资源开发的主导方向。

在地热能的开发利用过程中,换热设备及管件等普遍存在结垢和腐蚀等问题,制约着地热能的高效和经济利用,而油田地热水发电系统也不例外。因此,也有必要开展油田地热利用系统的耐腐蚀和防除垢工艺技术研究。地热水中易结垢成分主要有 Ca^{2+}、Mg^{2+}、HCO_3^-、SO_4^{2-} 和 SiO_2 等;易腐蚀成分主要包括溶解氧、SO_4^{2-}、Cl^-、H^+、硫化物等。然而,对于油田地热利用系统,由于地热流体中原油成分的存在,使得腐蚀和结垢问题复杂化。但是,国内外文献调研表明,目前仍缺乏油田地热水污垢防阻滞工艺技术方面的研究。

Watkinson 等发现,对于纯原油体系,油污并不容易沉积在表面,但是,当油中有固体颗粒杂质时,油污附着会很明显。对于较低温度下的轻质油来说,油污的附着主要由油相中固体颗粒含量决定,而不是介质温度。Dowling 等发现涂覆有 SiO_2 掺杂的含氟聚合物的不锈钢表面,有较好的防油污特性。Saleh 等发现温度、固体杂质和流速等因素,对油污的附着影响很大,温度和固体杂质含量越高油污附着越严重;流速越大,油污附着越少。Srinivasan 和 Watkinson 研究发现,恒定流速下的油污沉积率最高。Zhang 等与 Chen 等在金属网上制备超疏油涂层,解决水中的油污问题,但是,这些涂层的稳定性较差,只适用于常温常压的地热环境。因此,需要借助现代物理和化学技术手段,研究开发针对油田地热利用系统的具有工业化应用前景的污垢防阻滞新工艺和新方法。

如前所述,地热发电过程存在着腐蚀和结垢现象,应开展相应的防腐防垢工艺技术方法研究。

表面工程技术作为近年来解决换热器及管道腐蚀和结垢问题的方法而受到关注。尤其对于换热器,采用微纳米表面涂层技术能够有效解决腐蚀和结垢的问题,同时,由于其涂层极薄不会导致传热系数的降低,甚至采用有效的表面涂层,可以改变材料表面的表观形貌,影响传热界面,从而达到强化传热的效果。因此,十多年以来,作者致力于开展微纳米表面涂层解决干热岩和油田地热水腐蚀和结垢问题的研究,在此进行简要介绍。

(1) 干热岩地热水发电系统防腐防垢新技术

在前期研究的基础上,我们对常见金属材料,如碳钢和不锈钢等,分别采用表面超声磷化工艺和表面溶胶-凝胶(浸渍)涂层工艺,在碳钢基底上制备了 Zn-P 材料涂层和 Zn-P-SiO_2 材料涂层,在不锈钢基底上制备了 SiO_2 材料涂层、TiO_2 材料涂层和 SiO_2-FPS 材料涂层等,以实现防腐防垢的目的。

我们设计加工建造了加压防腐防垢对流评价装置及测试采集系统,考查了采用前述的表面涂层处理工艺制备的几种材料涂层在 150 ℃模拟干热岩地热水中的综合防腐防垢性能。

涂层防腐防垢研究的第三方检测报告结果:在相同测试条件下,碳钢裸钢在 150 ℃ 模拟干热岩地热水中 168 h 的均匀腐蚀速率为 0.375 mm/a,碳钢表面超声磷化 Zn－P 材料涂层在 150 ℃ 模拟干热岩地热水中的均匀腐蚀速率为 0.085 mm/a,碳钢表面超声磷化及表面溶胶－凝胶材料涂层(Zn－P－SiO$_2$ 材料涂层)在 150 ℃ 模拟干热岩地热水中的均匀腐蚀速率为 0.115 mm/a。因此,与碳钢表面相比,在 150 ℃ 模拟干热岩地热水等相同测试条件下,采用表面超声磷化工艺制备的 Zn－P 材料涂层在 150 ℃ 模拟干热岩地热水中的腐蚀速率降低了 77.3%;采用表面超声磷化工艺和表面溶胶－凝胶(浸渍)涂层工艺制备的 Zn－P－SiO$_2$ 材料涂层在 150 ℃ 模拟干热岩地热水中的腐蚀速率降低了 69.3%。

在相同测试条件下,304 不锈钢在 150 ℃ 模拟干热岩地热水中 504 h 的均匀腐蚀速率为 0.003 mm/a,采用表面溶胶－凝胶(浸渍)涂层工艺制备的 SiO$_2$ 材料涂层和表面溶胶－凝胶(浸渍)涂层工艺制备的 SiO$_2$－FPS 材料涂层的均匀腐蚀速率均小于 0.001 mm/a。对 3 种材料经 150 ℃ 模拟干热岩地热水 504 h 浸泡腐蚀试验和酸洗后得到的均匀腐蚀样片进行常规电化学测试。结果表明,304 不锈钢的腐蚀电流为 9.33×10^{-7} A/cm^2,采用表面溶胶－凝胶(浸渍)涂层工艺制备的 SiO$_2$－FPS 材料涂层的腐蚀电流为 2.76×10^{-7} A/cm^2,采用表面溶胶－凝胶(浸渍)涂层工艺制备的 SiO$_2$ 材料涂层的腐蚀电流为 7.84×10^{-7} A/cm^2。除此之外,与 304 不锈钢相比,酸洗后,采用表面溶胶－凝胶(浸渍)涂层工艺制备的 SiO$_2$－FPS 材料涂层的腐蚀电流降低了 70.4%;采用表面溶胶－凝胶(浸渍)涂层工艺制备的 SiO$_2$ 材料涂层的腐蚀电流降低了 16.0%。

综上所述,经过在 150 ℃ 模拟干热岩地热水中的实验评估,开发了适用于干热岩常规应用温度 150 ℃ 的防腐防垢新工艺。该金属表面处理新工艺包括:碳钢表面超声磷化工艺、表面溶胶－凝胶(浸渍)涂层工艺、表面超声磷化与溶胶－凝胶(浸渍)涂层复合工艺。3 种采用表面处理新工艺的防腐防垢新材料,包括 2 种以碳钢为基底的 Zn－P 材料涂层和 Zn－P－SiO$_2$ 材料涂层,以及 1 种以不锈钢为基底的 SiO$_2$－FPS 材料涂层。综合效果与目前常规材料及工艺比较,腐蚀速率降低了 69% 以上。

在 150 ℃ 模拟干热岩地热水中,加压防腐防垢实验也取得了较好的研究结果。在相同实验条件下,对于碳酸氢钙型模拟干热岩地热水,与 304 不锈钢换热管相比,液相沉积 TiO$_2$ 材料涂层的换热管污垢热阻降低了 60%;溶胶－凝胶 TiO$_2$ 材料涂层的换热管污垢热阻降低了 50%;溶胶－凝胶 SiO$_2$ 材料涂层的换热管污垢热阻降低了 60%。在相同实验条件下，对于含腐蚀组分的模拟干热岩地热水，与 304 不锈钢换热管相比，溶胶-凝胶 SiO_2 材料涂层的换热管污垢热阻降低了 11.3%；溶胶-凝胶 TiO_2 材料涂层的换热管污垢热阻降低了 47.4%；SiO_2-FPS 复合涂层的换热管污垢热阻降低了 55.0%。

（2）油田地热水发电系统防腐防垢新技术

结合对油田地热水的水质分析和污垢特性预测，我们提出了采用表面亲水化、增强流速和添加阻垢剂的复合污垢防阻滞新工艺等新技术和新思路，解决油田地热利用过程中产生的油污的附着问题，并开展了系统性的研究，取得了较好的研究结果。

对华北油田地热水的化学成分及污垢特性进行了分析，内容包括油田地热水混合液成分分析、水相结垢和腐蚀趋势预测、油相附着趋势分析等，获得了油田地热水的腐蚀和结垢趋势。这些结果为进行后续油田地热水污垢防阻滞新工艺和技术的研究开发奠定了基础。

进行了换热表面亲水化处理油田地热水污垢防阻滞新工艺研究。通过钛板等换热表面的亲水化处理，减弱油污在表面的附着能力，延长污垢诱导期。采用阳极氧化等工艺对人字形钛板等换热表面进行亲水化处理，实验研究了水介质中非极性有机液体在亲水化表面的静态接触角，并应用 XDLVO 等理论进行了表面能计算和分析，结果表明，亲水化表面在水介质中形成的水膜，可以有效阻止非极性有机液体在其表面的附着；采用阳极氧化等技术进行亲水化处理 30 min 后的表面，其防油污附着效果较好。

油水混合液（油相与水相的体积比为 1：100）在流量为 200 L/h（初始流速为 0.24 m/s）的条件下进行。研究表明，未经处理的人字形钛板的污垢系数随时间的延长而迅速增加，约 1 000 min 后增加至最高值，而后趋于稳定。而经过亲水化处理的人字形钛板的污垢系数随时间的延长增加得较慢，约 2 000 min 后增加至最高值，而后趋于稳定。由此可知，与不采用亲水化处理工艺的相同材质和结构的换热器相比，采用亲水化处理的换热表面的污垢诱导期延长约 50%，平均污垢系数降低 13% 以上。

研究了增加流速的油田地热水污垢防阻滞新工艺。对于换热器中油污的附着过程，油污与换热表面之间的相互作用是整个污垢迁移过程的决定性因素。因此，提升油水混合液在经过亲水化处理的人字形钛换热器中的流速，是强化水力冲刷作用，降低油污在换热表面附着的有效途径。根据实验结果，建立了污垢系数与油水混合液流速之间的关系，可为工程化应用提供有意义的指导和借鉴。

　　对油相与水相的体积比为 1∶100 的混合液进行了研究,结果表明,当流量为 200 L/h(初始流速为 0.24 m/s)时,经亲水化处理的钛换热器的最终污垢系数和平均污垢系数分别为 $3.9×10^{-4}(m^2 \cdot K)/W$ 和 $4.0×10^{-4}(m^2 \cdot K)/W$;当流量为 500 L/h(初始流速为 0.60 m/s)时,经亲水化处理的钛换热器的最终污垢系数和平均污垢系数分别为 $8.2×10^{-5}(m^2 \cdot K)/W$ 和 $6.7×10^{-5}(m^2 \cdot K)/W$。即当油水混合液流速由 0.24 m/s 增至 0.60 m/s 时,最终污垢系数和平均污垢系数分别降低了 79.0% 和 83.3%。

　　除此之外,研究了加入按照配方配制的微量化学药剂的油田地热水污垢防阻滞新工艺。向油田地热水换热器中加入污垢防阻滞药剂,添加的药剂中的亲水基团和亲油基团,可以增强水相与油相的相互作用,降低油污在换热表面的附着能力,或消除已附着于换热表面的油垢。

　　在油水混合液流量为 100 L/h(初始流速为 0.12 m/s)的条件下,当污垢系数值趋于稳定后,向换热系统中加入微量的污垢防阻滞药剂(配方浓度约为 0.001 mol/L)10 min 后,污垢系数降低了 72.5%。

　　综上可知,采用阳极氧化表面亲水化、增加流速及加入污垢防阻滞药剂等复合污垢防阻滞新工艺和技术,可以很好地解决油田地热水利用过程中的污垢难题;与不采用该新工艺的相同材质和结构的换热器相比,污垢系数降低 15% 以上。

　　值得指出的是,针对上述干热岩地热水发电系统和油田地热水发电系统的防腐防垢新工艺和新技术,今后进一步的工作是进行现场验证研究和工业推广应用。

参考文献

[1] Steinhagen R, Müller-Steinhagen H, Maani K. Problems and costs due to heat exchanger fouling in New Zealand industries[J]. Heat Transfer Engineering, 1993, 14(1): 19 – 30.

[2] Garrett-Price B A, Smith S A, Watts R L, et al. Fouling of Heat Exchangers, Characteristics, Costs, Prevention, Control and Removal[M]. New Jersey: Noyes Publications, 1985.

[3] 杨善让,徐志明,孙灵芳.换热设备污垢与对策[M].2 版.北京:科学出版社,2004.

[4] 蔡义汉.地热直接利用[M].天津:天津大学出版社,2004.

[5] 朱家玲,等.地热能开发与应用技术[M].北京:化学工业出版社,2006.

[6] 刘明言,朱家玲.地热能利用中的防腐防垢研究进展[J].化工进展,2011,30(5): 1120 – 1123.

[7] 刘明言.地热流体的腐蚀与结垢控制现状[J].新能源进展,2015,3(1): 38 – 46.

[8] 韦梅华,田廷山,孙燕冬,等.四川省康定地区地热水结垢趋势分析[J].水文地质工程地

质,2012,39(5):132 - 138.

[9] 云智汉,马致远,周鑫,等.碳酸盐结垢对中低温地热流体回灌的影响——以咸阳地热田为例 [J].地下水,2014,36(2):31 - 33.

[10] 周伟东,刘明言.山西某地热水腐蚀结垢趋势实验研究[J].太阳能学报,2014,35(2): 306 -310.

[11] 田涛,陈玉林,姚杰.地热回灌系统水结垢预测[J].地下水,2011,33(6):27 - 28, 91.

[12] Zhang Y P, Shaw H, Farquhar R, et al. The kinetics of carbonate scaling-Application for the prediction of downhole carbonate scaling[J]. Journal of Petroleum Science and Engineering, 2001, 29(2):85 - 95.

[13] Delalande M, Bergonzini L, Gherardi F, et al. Fluid geochemistry of natural manifestations from the Southern Poroto - Rungwe hydrothermal system (Tanzania): Preliminary conceptual model [J]. Journal of Volcanology and Geothermal Research, 2011, 199(1/2):127 - 141.

[14] Sugama T, Butcher T, Ecker L. Experience with the development of advanced materials for geothermal systems[J]. Ceramic Transactions, 2011, 224:389 - 401.

[15] Buyuksagis A, Erol S. The examination of Afyonkarahisar's geothermal system corrosion [J]. Journal of Materials Engineering and Performance, 2013, 22(2):563 - 573.

[16] 林振华.浅析福州地热水井井滤管腐蚀成因及防治措施[J].福建能源开发与节约, 2000(1):35 - 36.

[17] Bandy R, van Rooyen D. Cathodic protection of carbon steel in simulated geothermal environments[C]. DOE Geothermal Engineering and Materials Program Conference, 1982.

[18] Hauksson T, Markusson S, Einarsson K, et al. Pilot testing of handling the fluids from the IDDP - 1 exploratory geothermal well, Krafla, N. E. Iceland [J]. Geothermics, 2014, 49: 76 - 82.

[19] Gallup D L. Brine pH modification scale control technology. 2. A review [J]. Transactions-Geothermal Resources Council, 2011, 35(1):609 - 614.

[20] 齐金生,孟宪级,白丽萍.诱垢载体沉积式除垢技术的研究[J].工业水处理,1998,18 (1):12 - 13, 25.

[21] Tomaszewska B, Bodzek M. Desalination of geothermal waters using a hybrid UF - RO process. Part I: Boron removal in pilot-scale tests[J]. Desalination, 2013, 319:99 - 106.

[22] Tomaszewska B, Bodzek M. Desalination of geothermal waters using a hybrid UF - RO process. Part II: Membrane scaling after pilot-scale tests[J]. Desalination, 2013, 319:107 - 114.

[23] Chou S F, Lin S C. Magnetic effects on silica fouling [J]. ASME, Heat Transfer Division, 1989, 108:239 - 244.

[24] Yasuda K, Takahashi Y, Asakura Y. Effect of ultrasonication on polymerization of silicic acid in geothermal water[J]. Japanese Journal of Applied Physics, 2014, 53(7S):07KE08.

[25] Sugama T, Gawlik K. Anti-silica fouling coatings in geothermal environments [J]. Materials Letters, 2002, 57(3):666 - 673.

[26] Chen N, Liu M Y, Zhou W D. Fouling and corrosion properties of SiO_2 coatings on copper in geothermal water [J]. Industrial & Engineering Chemistry Research, 2012, 51 (17): 6001 -6017.

[27] Duchane D V. Geothermal energy from hot dry rock: A renew able energy technology moving towards practical implementation[J]. Renewable energy, 1996, 9(1/2/3/4): 1246 – 1249.

[28] Genter A, Traineau H. Analysis of macroscopic fractures in granite in the HDR geothermal well EPS – 1, Soultz-sous-Forêts, France [J]. Journal of Volcanology and Geothermal Research, 1996, 72(1/2): 121 – 141.

[29] Kuriyagawa M, Tenma N. Development of hot dry rock technology at the Hijiori test site[J]. Geothermics, 1999, 28(4/5): 627 – 636.

[30] 许天福, 张延军, 曾昭发, 等. 增强型地热系统(干热岩)开发技术进展[J]. 科技导报, 2012, 30(32): 42 – 45.

[31] Wan Z J, Zhao Y S, Kang J R. Forecast and evaluation of hot dry rock geothermal resource in China[J]. Renewable energy, 2005, 30(12): 1831 – 1846.

[32] Feng Z J, Zhao Y S, Zhou A, et al. Development program of hot dry rock geothermal resource in the Yangbajing Basin of China[J]. Renewable Energy, 2012, 39(1): 90 – 495.

[33] Watkinson A P, Navaneetha-Sundaram B, Posarac D. Fouling of a sweet crude oil under inert and oxygenated conditions [J]. Energy & Fuels, 2000, 14(1): 64 – 69.

[34] Watkinson A P. Deposition from crude oils in heat exchangers [J]. Heat Transfer Engineering, 2007, 28(3): 177 – 184.

[35] Dowling D P, Nwankire C E, Riihimäki M, et al. Evaluation of the anti-fouling properties of nm thick atmospheric plasma deposited coatings [J]. Surface & Coatings Technology, 2010, 205(5): 1544 – 1551.

[36] Saleh Z S, Sheikholeslami R, Watkinson A P. Fouling characteristics of a light Australian crude oil[J]. Heat Transfer Engineering, 2005, 26(1): 15 – 22.

[37] Srinivasan M, Watkinson A P. Fouling of some Canadian crude oils [J]. Heat Transfer Engineering, 2005, 26(1): 7 – 14.

[38] Zhang S Y, Lu F, Tao L, et al. Bio-inspired anti-oil-fouling chitosan-coated mesh for oil/water separation suitable for broad pH range and hyper-saline environments [J]. ACS Applied Materials & Interfaces, 2013, 5(22): 11971 – 11976.

[39] Chen P C, Xu Z K. Mineral-coated polymer membranes with superhydrophilicity and underwater superoleophobicity for effective oil/water separation[J]. Scientific Reports, 2013, 3: 2776.

[40] Song J C, Liu M Y, Sun X X, et al. Antifouling and anticorrosion behaviors of modified heat transfer surfaces with coatings in simulated hot-dry-rock geothermal water[J]. Applied Thermal Engineering, 2018, 132: 740 – 759.

[41] Xu Y S H, Liu M Y, Zhu J L, et al. Novel methods of oil fouling inhibition on surface of plate heat exchanger in simulated oilfield geothermal water[J]. International Journal of Heat and Mass Transfer, 2017, 113: 961 – 974.

第 8 章

地热发电的经济性分析与环境评价

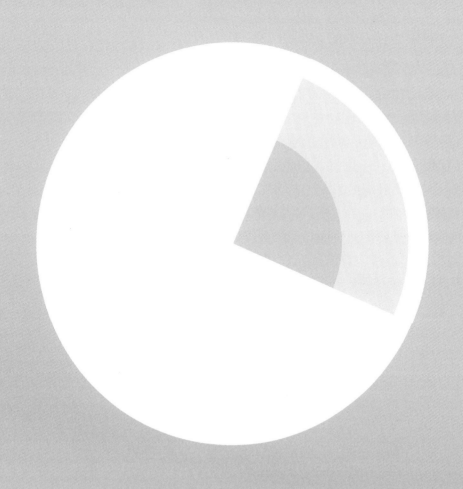

尽管地热资源十分丰富,近些年地热发电在技术上包括热力学系统的改进、发电工质的选取等方面取得了一些发展,同时发电效率也不断提高,但 2020 年世界地热大会的统计数据表明,总体上世界范围内地热发电的总装机容量增加不多。也就是说,地热发电与实现技术和经济均具有可行性,并得到市场层面认可的最终目标仍有相当长的一段距离。与常规化石燃料发电相比,地热资源开发利用的另一个优势是环境因素,但必须指出的是地热资源的开发利用绝不是零污染,其也存在许多直接或潜在的环境污染,比如地表排放可能带来的热污染、化学污染、放射性元素污染,发电站对周边居民的噪声污染、生态环境破坏、地表水体污染,甚至深层干热岩发电诱发地震等。因此,确保地热资源在技术上、经济上、环境上可持续开发利用,仍需要从社会到个人、从企业到科研院所等不同层面的研发投入。本章将主要针对地热发电的经济和环境两方面进行分析,地热发电与其他人类经济活动有很多共同点,也具有一些特殊性,文中列举了一些数据,以方便读者将地热发电与其他能源形式的发电进行对比分析。

8.1　地热发电系统经济分析

8.1.1　经济分析的目的

1. 分析目的

经济活动中的经济分析主要有两个目的：决定何种途径值得推行；在几种可能的途径中确定最优者。

在包括地热发电的新技术开发研究中,技术和经济的可行性不可分割,一项新技术的商业化通常起始于通过新型设计和革新技术来降低成本和改进性能,经济考虑引导技术努力的方向和规模,新技术最后商业化的促成还要通过有效的劳动组织及材料、资金落实等。

一种技术或产品从最初设计到最终商业化的过程中会有不同阶段,因此,对应有不同的经济性考虑。起初要考虑新技术可能达到的经济效益,以及最有可能实现的研究开发途径,为新技术研发提供机会及其经济上的保障。在新技术开发的早期设想阶段,经济分析用来为研究开发项目制订性能和成本目标；在研究计划的实施阶段,出现的备选途径和方案会越来越多,因此在此期间,应结合经济上和技术上的可行性综合分析,淘汰那些可能性很小的途径或方案,以便把力量集中到最有希望的方案上来;当新技术接近商业化阶段时,经济分析对投资和市场决策影响很大,影响技术或产品经济性的各方面因素都需予以充分考虑。

一般来讲,产品或技术获取最大经济效益,是一切投资的最终目的。与其他投资项目一样,地热项目也需要对其风险、成本和效益进行充分论证和评估,地热项目只有通过早期完善的经济性评价,开发者、运营商和用户才能得到各自的收益,同时使整体项目得到效益最大化。项目的经济分析就是对开发利用方案进行选择,对投资成本进行估算,对资金筹集成本进行比较,以及对经济和社会影响做出评价分析。

2. 分析步骤

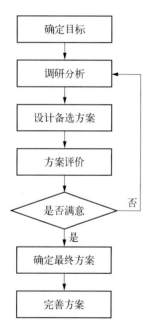

图 8-1 技术经济分析的一般流程

一般而言,技术经济分析的程序包括以下几个步骤,如图 8-1 所示。

(1) 确定目标

所有的技术方案,包括技术路线、技术政策、技术措施等都不是孤立存在的,而是整个社会技术经济系统中的一个有机组成部分。依据分析对象的不同,目标可以分为国家目标、地区或部门目标、项目或企业目标,目标内容可以是项目规模、设备选择或技术改造等,目标规模可以是单目标、多目标。

(2) 调研分析

根据确定的目标,进行针对性的调查研究,并广泛搜集有关地热发电的技术、经济、市场、政策、法规等信息、资料和数据。

(3) 设计备选方案

在调研分析的基础上,结合地热资源的地质条件、水文、环境等实际情况,设计备选方案,在设计过程中应该考虑尽可能多的影响因素和风险,可以通过成立专家小组或采取头脑风暴法来进行备选方案的设计,这样可以产生智力集聚效应,有利于设计出更全面、更周密的备选方案。

(4) 方案评价

列出的备选方案要经过系统的评价,评价的依据是政策法令与反映决策者意愿的指标体系。在符合基本条件的基础上,最重要的是有较高的经济效益和社会效益。根据系统的性质和要求,建立各种数学模型、图表等,设计评价标准,比较各种方案可能产生的后果,通过系统评价,淘汰不可行方案,保留可行方案。

（5）确定最终方案

通过对不同地热发电方案经济效果的衡量和比较,对地热发电成本、收益和风险等因素进行分析,选择效果最好的最优实施方案。由于方案是对将来许多未知情况做假设的前提下设计的,所以,最后的方案应该有一定的可变动性,以应变将来市场和其他方面的变化。

（6）完善方案

在可能的条件下,根据当时情况的改变对方案做适当的调整,同时应注意对项目实施的控制和管理,进一步完善并最终确定方案,使方案更利于实施,并具有更好的经济效益。

8.1.2　经济分析的方法

对工程技术方案进行经济分析,其核心内容是经济效果的评价。经济效果的评价指标是多种多样的,这些指标可从不同角度反映工程技术方案的经济性,但是经济效益是一个综合性的指标,不能仅从一项指标中得出完整的评价。因此,为了系统而全面地评价一个项目,往往需要采用多个评价指标,从多方面对项目的经济性进行分析考查,这些既相互联系,又有相对独立性的评价指标,构成了项目经济分析的指标体系。

1. 静态评价法

静态评价法是指在对地热开发利用方案进行经济评价时,不考虑时间对资金价值的影响。这种评价方法适用于建设周期短的地热项目,或用于地热项目初选等。地热静态评价法主要包括投资回收期、投资收益率、财务状况指标、建设投资国内借款偿还期、利息备付率、偿债备付率等。

（1）投资回收期

投资回收期（payback period, P_t）又称投资返本年限,即投资回收的期限,是指从项目投建之日起(包括建设期,单位通常是"年"),用投资项目所产生的净收益抵偿全部投资所需的时间。投资回收期反映了投资项目的财务资金回收能力,对于投资者来讲,越短越好。根据其是否考虑资金的时间价值,分为静态投资回收期(conventional-payback period, P_c)和动态投资回收期(dynamic investment pay－back period, P_d)。

① 静态投资回收期

静态投资回收期是在不考虑资金时间价值的条件下,以投资项目所产生的净收益抵偿全部投资所需的时间。

$$\sum_{t=0}^{P_c} (S_t - C_t - K_t) = 0 \tag{8-1}$$

式中, S_t 为第 t 年的收益; C_t 为第 t 年的支出; K_t 为第 t 年的投资额。

用静态投资回收期评价投资项目时,要将计算所得的投资回收期与根据同类项目的历史数据及投资者意愿等确定的投资回收期(设为 P_b)做比较。对于单个方案,当 $P_c \leqslant P_b$ 时,方案可行;否则,方案不可行。对于多个方案,以 P_c 最小者为优。

② 动态投资回收期

动态投资回收期是在考虑资金时间价值的条件下,以投资项目所产生的净收益抵偿全部投资所需的时间。

$$\sum_{t=0}^{P_d} (S_t - C_t - K_t)(1 + i_0)^{-t} = 0 \tag{8-2}$$

式中, $(1 + i_0)^{-t}$ 为整付现值系数。

用动态投资回收期评价投资项目时,准则同静态投资回收期一样。对于单个方案,当 $P_d \leqslant P_b$ 时,方案可行;否则,方案不可行。对于多个方案,以 P_d 最小者为优。

(2) 投资收益率

投资收益率(rate of return on investment, ROI)又称为投资效果系数,是指项目在正常生产年份的净收益与投资总额的比率,它表达了单位投资每年可获得的净收益。

$$ROI = \frac{R}{K} \tag{8-3}$$

式中, R 为正常生产年份或平均净收益,根据不同的分析目的, R 可以是利润,可以是利润税金总额,也可以是年净现金流入等; K 为投资总额, $K = \sum_{t=0}^{m} K_t$, K_t 为第 t 年的投资额, m 为建设期,根据分析目的的不同, K 可以是全部投资额(固定资产投资、建设期借款利息和流动资金之和),也可以是投资者的权益投资额(如资本金)。

常见的投资收益率形式主要有全部投资收益率、投资利润率、投资利税率和权益投资收益率。

$$全部投资收益率 = \frac{年利润 + 折旧和摊销 + 利息支出}{全部投资额}$$

$$权益投资收益率 = \frac{年利润 + 折旧和摊销}{权益投资额}$$

$$投资利税率 = \frac{年利润 + 税金}{全部投资额}$$

$$投资利润率 = \frac{年利润}{权益投资额}$$

用投资收益率指标评价投资方案的经济效果,需要与根据同类项目的历史数据及投资者意愿等确定的基准投资收益率(设为 E_0)做比较。当 $ROI \geq E_0$ 时,方案可行;否则,方案不可行。

(3) 财务状况指标

① 资产负债率

资产负债率是反映项目各年所面临的财务风险程度及偿债能力的指标。

$$资产负债率 = \frac{负债合计}{资产合计} \times 100\%$$

资产负债率可以衡量项目利用债权人提供资金进行经营活动的能力,也反映债权人发放贷款的安全程度。

② 流动比率

流动比率是反映项目各年偿付流动负债能力的指标。

$$流动比率 = \frac{流动资产总额}{流动负债总额} \times 100\%$$

$$流动资产=现金+有价证券+应收账款+存货$$

$$流动负债=应付账款+短期应付票据+应付未付工资+税收+其他债务$$

流动比率可用以衡量项目流动资产在短期债务到期前可以变为现金用于偿还流动债务的能力。一般认为应在 200% 以上,也有认为可以是 120%~200%。

③ 速动比率

速动比率是反映项目快速偿付流动负债能力的指标。

$$速动比率 = \frac{流动资产总额 - 存货}{流动负债总额} \times 100\%$$

速动比率一般要求在100%以上。

（4）建设投资国内借款偿还期

建设投资国内借款偿还期是指用项目投产后获得的可用于还本付息的资金，还清借款本息所需要的时间，一般以年为单位。它是贷款银行和其他债权人特别关注的指标，具有衡量借款风险的作用。

$$I_d = \sum_{t=0}^{P_d} R_t \tag{8-4}$$

式中，I_d 为固定资产投资国内借款本金和建设期利息；R_t 为可用于还款的资金，包括税后利润、折旧、摊销及其他还款额。

在实际工作中，借款偿还期（P_1）可直接根据资金来源与运用表或借款偿还计划表推算。满足贷款机构要求时，可行；反之，不可行。

$$P_1 = (借款偿还后出现盈余的年份数 - 1) + \frac{当年应偿还借款额}{当年可用于还款的资金额}$$

（5）利息备付率

利息备付率（interest coverage ratio，ICR）也被称为已获利息倍数，指项目在借款偿还期时间范围内，每年可以用来支付利息的息税前利润与当期应付利息的比值。它从付息资金的充足来源角度反映了该项目具体偿付债务利息的能力，代表使用项目息税前利润偿付利息的保证倍率。

$$ICR = \frac{息税前利润}{当期应付利息} \tag{8-5}$$

式中，息税前利润＝利润总额＋计入总成本费用的利息；当期应付利息指计入总成本费用的全部利息。

利息备付率一般在项目正常经营的情况下应该大于2。当利息备付率小于1时，说明该项目没有足够的资金支付利息，偿债的风险就很大。

（6）偿债备付率

偿债备付率（debt service coverage ratio，DSCR）又叫偿债覆盖率，是指项目在借款偿还期内，每年可用于偿还本金、支付利息的资金与当期应偿还本金及支付利息的金额的比值。它反映项目偿付债务本息的保障程度和支付能力。

$$DSCR = \frac{可用于还本付息的资金}{当期应还本付息的金额} \qquad (8-6)$$

式中，可用于还本付息的资金包括可用于还款的折旧和摊销，成本中列支的利息费用，可作为还款的税后利润等；当期应还本付息的金额＝当期应还贷款本金额＋计入成本的利息。

项目的偿债备付率在正常情况下应该大于1.3，一般来说数值越高越好。当指标小于1时，说明当年资金来源不足以偿付当期债务，需要通过短期借款支付已到期的债务。

2. 动态评价法

动态评价不仅要考虑资金的时间价值，还要考虑整个项目寿命周期的现金流量的大小，是一种常用的评价方法。动态评价法主要包括净现值法、净现值率法、净年值法和内部收益率法。

（1）净现值法

净现值（net present value，NPV）是指按照一定的折现率（基准收益率或期望收益率）标准，将地热开发利用方案生命周期内各年的净现金流量折算到方案寿命周期初的现值之和。简而言之，净现值就是方案寿命周期内总收益现值和总费用现值之差。这是考查地热项目在计算期内盈利能力的主要动态评价指标。

$$NPV = \sum_{t=0}^{n} (CI - CO)_t (1 + i_0)^{-t} \qquad (8-7)$$

式中，$(CI - CO)_t$ 为第 t 年的净现金流量，其中 CI 为现金流入量，CO 为现金流出量；n 为该方案计算期或寿命周期；i_0 为基准收益率或基准折现率。

对单一项目方案而言，若 NPV > 0，表明地热开发利用方案的收益率不仅可以达到基准收益率，还能得到超额收益，经济上合理，方案可行；若 NPV = 0，则表示地热开发利用方案的收益率恰好等于基准收益率，经济上合理，方案一般可行；若 NPV < 0，则说明地热开发利用方案的收益率达不到基准收益率水平，经济上不合理，方案不

可行。

（2）净现值率法

净现值率（net present value rate，NPVR）是指按一定的折现率求得的方案计算期内的净现值与其全部投资现值的比率。它的经济意义是单位投资现值所能带来的净现值，反映投资资金的利用效率，这也是一个考查地热项目单位投资的盈利能力的重要指标。

$$NPVR = \frac{NPV(i_0)}{K_P} \qquad (8-8)$$

式中，K_P 为项目总投资现值。

当 NPVR ≥ 0 时，方案可行；否则，方案不可行。多方案比较时，以 NPVR 最大的方案为优。净现值率是为了考查资金的利用效率，主要用于多个独立方案的优劣排序，人们通常用 NPVR 作为 NPV 的辅助分析指标。

（3）净年值法

净年值（net annual value，NAV）用于进行多方案的比选。净年值又称为年度等值，是指地热开发利用方案计算期内各年净现金流量的年度等值。

$$NAV = NPV(A/P, i_0, n) \qquad (8-9)$$

式中，$(A/P, i_0, n)$ 为资本回收系数。

若 NAV ≥ 0，说明项目在方案计算期内每年的平均等额收益有盈余，方案可行；反之，则地热开发利用方案不可行。

（4）内部收益率法

内部收益率（internal rate of return，IRR）又称为内部报酬率，是指在地热开发利用方案或项目计算期内，各年净现金流量现值累计等于 0 时的折现率，也反映地热项目依靠本身的效益回收投资费用的能力。

$$NPV(IRR) = \sum_{t=0}^{n} (CI - CO)_t (1 + IRR)^{-t} \qquad (8-10)$$

对于独立方案而言，将所求得的内部收益率与基准折现率 i_0 进行比较，若 IRR ≥ i_0，说明地热开发利用方案在经济上合理，否则说明地热开发利用方案不可行。在多方案比较时，若希望项目能得到最大的收益率，则可以选择 IRR 最大者。

8.1.3　地热发电技术经济敏感性

从多个不确定性因素中逐一找出对投资项目经济效益指标有重要影响的敏感性因素,使某一参数增大,超过其期望的数值范围,而其他参数则保持不变,求出最终参数的变化率,此参数变化对全局的影响称为敏感性。若某项因素的影响程度大,就称它是敏感的,否则,就是不敏感的。通过敏感性分析可以确定项目中各个因素变化对地热发电经济效果产生影响的范围,估计某因素需要改变到什么程度才会影响项目的最优性,以及是否选择该项目等,以便更合理地做出决策。

根据国际可再生能源署发布的《可再生能源发电成本报告》,2017 年投运的不同可再生能源加权平均发电成本(LCOE)如表 8‑1 所示。

表 8‑1　2017 年投运的不同可再生能源加权平均发电成本（LCOE）

类　　型	成本/[美元/(kW・h)]
陆上风电	0.06
海上风电	0.14
光热发电	0.22
大型地面光伏	0.1
生物质能发电	0.07
地热发电	0.07
水　　电	0.05

地热发电成本可分为电站成本和能源供应成本两个主要组成部分。电站成本包括电站投资和运行费用,电站投资包括项目开发建设所涉及的所有费用,包括开发中的租赁、许可、勘探、确认和现场建设,以及一系列相关费用,可统称为软成本。电站成本对电站容量、电站效率和资本财务等都很敏感。能源供应成本来自热储开发和热井运行费用,钻井成本对井口温度、流量参数非常敏感。如图 8‑2 所示,钻井成本对发电成本影响最大,其次是贴现率、电厂成本、运行和维护成本及地热储层的热降速率等。

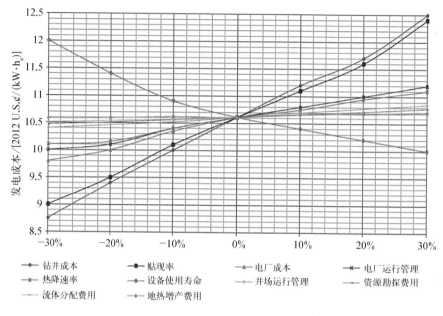

图8-2　发电成本敏感性

1. 井口温度

当流体流经井周围地热岩层时，从其周围吸收热量，由此增加了自身的温度和焓。地热井出口温度将决定选用何种地热发电系统的转换技术（如选择闪蒸还是选择双循环），以及发电过程的整体效率。当井口温度升高时，不仅能源供应成本有降低的趋势，电站成本也随之降低。因为同样的发电量，流体温度越高，所需地热流体流量越小。地热电站许多设备的成本，如汽轮机、热交换器、管道等的成本都直接与地热井口参数有关。

2. 地热流体流量

一般来讲，地热发电成本与地热流体流量成反比，发电成本对于地热流体流量的敏感程度在低温下比在高温下更高，因为热电转换效率随温度增加而提高。如前所述，地热井流量和井口温度是影响成本的两个最重要的资源参数。当井口温度为常数时，井的发电量与地热流体流量成正比，因此电站所需井数和能源供应成本都直接与地热流体流量有关。

流体汇集和输送系统的成本同样与地热流体流量有关。地热流体可以通过隔热管道长距离运输，在理想条件下，如冰岛地热供热管线，可长达60 km。然而，地热流体输送管道自身和所需的辅助设备(泵、阀等),及其维护费用都是相当昂贵的,如果单井流量小则所需井数多,而且输送距离长,这就使得管道成本增高,泵送流体的成本较高,热损失也增大。供给电站的井数多,相应的地热流体输送成本也增加,限制了地热电站的最大经济容量。因此,应尽可能缩短热源地热井和发电站之间的距离。

在一定程度内增加井流量,可使用增产措施,例如压裂、酸浸、泵抽和修井等措施,这些增产措施的成本通常计入热井成本中,所以要涉及流量与成本的比较,择优采取增产措施。

3. 地热电站容量

最佳地热电站容量代表一种在流体输送成本与电站造价之间的合理配合,因为大的电站需要较多的热井,随着发电装机容量的增大,流体输送成本也随之增大。流体质量越高,电站最佳设计发电装机容量越大。使能量供应成本降低的其他因素,如较高的井口温度、较大的流量、较小的井距、较低的钻井成本等也都能提高地热电站最佳装机容量。

4. 发电效率

发电效率决定电厂所需的地热流体的数量和成本,发电效率的提高与所需地热流体的减少成正比。通过减少损失,增加热流回收,例如,多级扩容,减少热交换器的温降,采用全流循环、热电冷联供系统(如加热和冷却相结合的应用)或实现电厂系统的梯级利用(每个系统利用电厂的余热水,如发电+温室加热+牧业联合组成集成系统)等途径都可提高能源利用系统热效率。当能量供应成本的减小值与热能回收系统所需成本的增加值相等时,其效率为最佳。在利用低质量地热资源的总发电成本中,能量供应成本占有较大的份额,在此情况下,提高发电效率或能源利用系统总热效率对降低成本很有效果。

5. 财务因素

资本成本决定的贴现率对发电成本有重要影响,因为项目初期资本投资在总成本中的占比最大。较高的贴现率,为了支付利息和产权收益,意味着较高的成本,这导致未来电力生产的较低现值。

由于地热能的利用具有资本密集性质,建设和钻井成本的通货膨胀对发电成本有较大的影响。另外,完井和电站建成之后的通货膨胀对发电成本的影响相对较小,因为主要成本是初期投资,而建成投入运行的运行费用较低。

市场条件会影响施工过程中所需的零部件和服务的价格,原材料和服务成本会因市场价格波动发生失衡或明显上涨。这些金融方面的因素还会影响施工期间的利息成本,或因进度推迟所造成的相关成本。

税收政策对地热发电成本也有很大影响。根据美国政府的规定,地热土地征用费及相关税收50%归各州政府,25%归相关县市,其余25%作为联邦地热资源技术研究和开发利用基金。在市场的推动和政策的刺激下,美国出现了地热资源投资热潮。根据美国地热能协会(GEA)发布的数据,2015年美国地热发电量为168亿千瓦时,美国也借此成为世界上最大的地热发电生产国。

6. 经济模拟软件

GEOPHIRES是一种结合了地热储层、井筒、发电厂的计算机工具,其经济子模型可用来估计如增强型地热系统发电的技术和经济可行性。GEOPHIRES不仅可为地热发电提供预测和模拟,还可为地热利用系统或热电联产系统提供预测和模拟,从而优化选取设计一个增强型的地热利用系统。GEOPHIRES还可耦合最新钻井成本、闪蒸发电或有机朗肯循环发电厂的完井,油藏增产,资源勘探,发电厂资本成本,以及新的热电转换模型。在GEOPHIRES中实施的所有模型及模型之间的关系都可在线补充数据,并可详细记录。模拟结果输出包括装机容量、全生命周期发电量或产热量、前期投资成本和能源的均衡成本等。

一个地热发电厂的投资成本通常比一个装机容量相当的传统燃料发电厂要高,有时甚至会高很多,但地热发电厂的自用能量成本,以及备品配件(管道、阀门、泵、热交换器等)的维修成本却远远小于传统燃料发电厂,较高的投资成本可以从节省下来的能源成本中获得回收。因此,可再生能源发电厂应设计足够长的运行周期和运行寿命,以达到抵消高额初投资的目的。

8.2   地热发电系统环境评价

8.2.1   国内地热发电环境标准条文

《中华人民共和国环境保护法》明确指出:"本法所称环境,是指影响人类生存和发展的各种天然的和经过人工改造的自然因素的总体,包括大气、水、海洋、土地、矿藏、森林、草原、湿地、野生生物、自然遗迹、人文遗迹、自然保护区、风景名胜区、城市和乡村等。"这里的"自然因素的总体"强调的是"各种天然的和人工改造的",即法律所指的"环境",既包括了自然环境,也包括了社会环境。

通常按环境的属性,将环境分为自然环境、人工环境和社会环境。自然环境是指未经过人的加工改造而天然存在的环境。自然环境按环境要素,可分为大气环境、水环境、土壤环境、地质环境和生物环境等,主要指地球的五大圈——大气圈、水圈、土圈、岩石圈和生物圈。人工环境是指在自然环境的基础上经过人为加工改造所形成的环境,或人为创造的环境。人工环境与自然环境的区别,主要在于人工环境对自然物质的形态做了较大的改变,使其失去了原有的面貌。社会环境是指由人与人之间的各种社会关系所形成的环境。

环境法是关于利用、保护、改善环境以及防治污染和其他公害的法律规范的总称,是国家法律体系中的一个独立的部门法。狭义地讲就是污染防治法,广义地讲是指包括除了污染防治法之外对作为环境要素的各种自然资源的保护和合理开发利用,达到对自然环境保护目的的各种法律。

主要的环境保护法律法规有《中华人民共和国环境保护法》(1989 年制定,2014年修订),《中华人民共和国水污染防治法》(1984 年制定,2008 年修订),《中华人民共和国大气污染防治法》(1987 年制定,2000 年、2015 年修订),《中华人民共和国海洋环境保护法》(1982 年制定,1999 年修订),《中华人民共和国固体废物污染环境防治法》(1995 年制定,2004 年修订),《中华人民共和国草原法》(1985 年制定,2002 年修订),《中华人民共和国环境噪声污染防治法》(1996 年制定),《中华人民共和国清洁生产促进法》(2002 年制定),《中华人民共和国环境影响评价法》(2002 年制定)。

保护生态环境和自然资源的主要法律法规有《中华人民共和国水土保持法》(1991 年制定,2010 年修订),《中华人民共和国野生动物保护法》(1988 年制定,2016年修订),《中华人民共和国土地管理法》(1986 年制定,1998 年修订),《中华人民共和国森林法》(1984 年制定),《中华人民共和国矿产资源法》(1986 年制定),《中华人民共和国渔业法》(1986 年制定),《中华人民共和国煤炭法》(1996 制定),《中华人民共和国可再生能源法》(2005 年制定)。

环境管理方面的主要法规有《征收排污费暂行办法》(1982 年制定),《排污费征收标准管理办法》(2003 年制定),《环境标准管理办法》(1999 年制定),《全国环境监测管理条例》(1983 年制定),《建设项目环境保护管理条例》(1998 年制定,2017 年修订)。

环境标准是为保护环境质量和人群健康,维持生态平衡,由权威部门发布的环境技术规范,是为了保护人群健康,防治环境污染,促使生态良性循环,合理利用资源,实现社会经济发展目标,依据环境保护法和有关政策,对有关环境的各项工作所做的规定。环境标准是对某些环境要素所做的统一的、法定的和技术的规定,是环境保护工作中最重要的工具之一。环境标准用来规定环境保护技术工作,考核环境保护和污染防治的效果。

根据适用范围的不同,环境标准分为国家标准、地方标准和行业标准三级。

1. 环境质量标准

环境质量标准是为了保护人类健康,维持生态自身平衡和保障社会物质财富,并考虑技术条件,对环境中有害物质和因素所做的限制性规定。我国已发布的环境质量标准有《环境空气质量标准》(GB 3095 - 2012),《室内空气质量标准》(GB/T 18883 - 2002),《地表水环境质量标准》(GB 3838 - 2002),《地下水质量标准》(GB/T 14848 - 2017),《海水水质标准》(GB 3097 - 1997),《渔业水质标准》(GB 11607 - 1989),《农田灌溉水质标准》(GB 5084 - 2005),《土壤环境质量标准》(GB 15618 - 1995),《声环境质量标准》(GB 3096 - 2008)等。

2. 污染物控制标准(污染物排放标准)

污染物控制标准是为实现环境质量目标,结合经济技术条件和环境特点,对排入环境的有害物质或有害因素所做的控制规定。相关标准有《污水综合排放标准》(GB 8978 - 1996),《大气污染物综合排放标准》(GB 16297 - 1996),《生活垃圾填埋场污染控制标准》(GB 16889 - 2008)等。另外,针对各行业特点,制定出了相关行业的污染物排放标准。

3. 环境基础标准

环境基础标准是在环境保护工作范围内,对有指导意义的名词术语、符号、指南、导则等所做的统一规定,是制定其他环境标准的基础。如《制订地方水污染物排放标准的技术原则与方法》(GB 3839 - 1983)是水环境保护标准编制的基础;《制订地方大气污染物排放标准的技术方法》(GB/T 3840 - 1991)则是大气环境保护标准编制的基础。

除上述三种标准之外,还有环境方法标准、环境标准物质标准、环保仪器和设备标准。

与地热开发相关的标准有《地表水环境质量标准》(GB 3838 - 2002),《污水综合排放标准》(GB 8978 - 1996),《农田灌溉水质标准》(GB 5084 - 2021),《渔业水质标准》(GB 11607 - 1989),《生活饮用水卫生标准》(GB 5749 - 2022),《饮用天然矿泉水》(GB 8537 - 1995),《地源热泵系统工程技术规范》(GB 50366 - 2005),《管井技术规范》(GB 50296 - 2014),《低温热水地板辐射供暖应用技术规程》(DBT/T 01 - 49 - 2000),《声环境质量标准》(GB 3096 - 2008)。

与地热发电相关的标准有《地热资源地质勘查规范》(GB/T 11615 - 2010),《地热电站接入电力系统技术规定》(GB/T 19962 - 2016),《地热发电用汽轮机规范》(GB/T 28812 - 2012),《地热电站岩土工程勘察规范》(GB 50478 - 2008),《地热电站设计规范》(GB 50791 - 2013),《城镇地热供热工程技术规程》(CJJ 138 - 2010),《浅层地热能勘查评价规范》(DZ/T 0225 - 2009)。

能源行业地热能专业标准化技术委员会(以下简称地热能标委会)于 2017 年 2 月成立,是由国家能源局批准组建并管理的标准化技术工作组织,负责开展能源行业地热能专业标准的归口管理工作,研究构建能源行业地热能专业标准体系,开展能源行业地热能专业标准化宣贯工作,推动能源行业地热能专业标准的实施,参与相关领域的国际标准制修订活动等工作。截至目前,国家能源局正式立项的地热能标准已有 51 项。

委员表决通过 2017 年立项的 13 项地热能标准包括《地热储层评价方法》《地热地球物理勘查技术规范》《浅层地热能开发工程勘查评价规范》《地热井钻井工程设计规范》《地热井钻井地质设计规范》《地热井录井技术规范》《地热测井技术规范》《地热发电机组性能验收试验规程》《地热发电系统热性能计算导则》《地热井口装置技术要求》《地热供热站设计规范》《浅层地热能开发地质环境影响监测评价规范》《油田采出水余热利用工程技术规范》。

2018 年通过委员表决立项的 3 项标准包括《浅层地热能地下换热工程验收规范》《浅层地热能钻探技术规范》《浅层地热能监测系统技术规范》。

2019 年初步立项的地热能标准有 9 项,包括《地热回灌过滤装置技术规范》《基于可持续开发利用的地热能评价方法》《地热测井资料处理解释规程》《地热钻井液技术规范》《地热钻井钻头使用基本规则和磨损评定方法》《地热双工质发电站设计规范》《干热岩钻探技术规程》《地热废弃井及长停井处置规范》《地热发电机组术语》等。

2017 年地热能行业共有 17 项标准立项,其中 3 项标准已发布,1 项标准延期,13 项标准通过委员表决。2018 年有 25 项地热标准立项,其中 3 项标准通过委员表决。2019 年初步有 9 项地热标准立项。

2017 年立项的《地热能术语》(NB/T 10097－2018)、《地热能直接利用项目可行性研究报告编制要求》(NB/T 10098－2018)、《地热回灌技术要求》(NB/T 10099－2018)3 项标准已于 2019 年 3 月 1 日实施。

8.2.2 地热开发对环境的影响／污染源

地热开发对环境的影响主要有空气污染、化学污染、热污染、水污染、土壤污染、放射性污染、噪声污染、地面沉降、引发地震、山体滑坡、对自然环境的干扰、事故等多种问题。

1. 热污染

地热电站的排水温度往往还很高,这些尾水的排放,促使局部空气和水体温度升高,不仅浪费资源,还会造成热污染。热污染引起地表水温升高,会使水分子热运动加剧,也使大气受热膨胀而上升,加强了水蒸气在垂直面上的对流运动,从而导致液体蒸发加快,使陆地上失水增多,这对缺水地区尤其不利。热气体冷凝成雾,有时还会影响人体健康和交通。高温地热尾水排放到排污管道,会造成细菌等各种微生物的大量繁殖,最终影响生态平衡,引起区域水质恶化,危害水生生物和农作物,影响局部地区小气候,等等。

现行的热污染排放标准是弃水温度不能超过 35 ℃。防止热污染的最好办法,是排水的综合利用,如将电站的排水引入建筑物采暖,为地热温室、越冬鱼池、地热孵化育雏设施加温等。将开发地热过程中产生的废蒸汽通过热交换器用来洗浴,或把废热用于加热需要升温的原料,既回收了废热,节约了能源,又防止了环境的热污染。

因地热水超采引起的地温升高,会使越冬类昆虫的繁殖能力提高,增加虫害。近地表地温升高后,土壤变得干燥,这就使其中的微生物失去生存环境,因为微生物和菌类是要靠较高的湿度才能繁殖生存并进行生化作用的,因此地温升高也会使土壤的有机肥料含量降低从而降低土壤的肥力。

2. 空气污染

在地热田的开发过程中,有多种气体和悬浮物排放到大气中,主要是水蒸气,还有硫化氢、二氧化碳、氨气、甲烷、二氧化硫、一氧化二氮等气体。其中在高温发电地区浓度较高、危害较大的有硫化氢、二氧化碳等不凝气体。硫化氢是污染气体的主要气体,它能麻痹人的嗅觉神经,散发出一种臭鸡蛋气味,对铜基材料有严重的腐蚀作用。如果散逸到空气中,会对地热电站的电气装置产生严重后果。在建造地热电站时,应设置处理硫化氢的装置来净化排放的气体。硫化氢相对密度大于空气,容易附集在室内地板上和角落里,也容易被发觉,只要通风条件好,一般不易造成事故。

蒸汽发电设备产生的排放主要来自溶解在地热流体中的气体,其中体积最大的是二氧化碳。相比于化石燃料发电技术产生的二氧化碳排放量,地热流体的二氧化碳排放量相当少,其溶解量取决于当地地质环境,而二氧化碳又是大气组成部分,故在大多数情况下,地热发电的排放量对本地区自然排放的增量很小。

二氧化碳在地热流体中的溶解度,受流体温度和矿物成分控制,若流动路径上无碳酸盐矿物(方解石、白云石),则二氧化碳的唯一来源便是地下深处的气体或者冷却后的岩浆。在流动路径上存在碳酸盐矿物的情况下,二氧化碳浓度会显著升高。在冷凝和冷却循环过程中,二氧化碳不能被冷凝,会降低汽轮机的能量转换效率。因此,在蒸汽进入汽轮机之前,通常将不凝气体除去,不可避免地导致闪蒸地热发电厂排放二氧化碳。

汞虽然是一种金属,但其沸点低。地热发电厂排放的气态汞含量通常低于监管标准。然而,也有地热资源存在于高汞含量地质环境附近,这些地区通常是朱砂矿或其他矿床的矿区,此类地区已在美国 Geysers 和意大利 Piancastagnaio 发现。

3. 土壤污染和水污染

地热水中的钾、钠、磷等元素虽然可以改变土壤性质,提高农作物产量,但是同时地热水中大量盐类也会排入农田,造成严重的土壤板结和盐碱化,因而多数地热水不能直接用于农田灌溉。

地热流体中可能含有对人类、动植物有害的矿物或元素,应当阻止这些流体进入生物圈,溶解固体的量随着温度的升高显著增加,使得高温地热流体在发生相变或温度降低的情况下溶解矿物质析出的危险性比中低温流体高很多,部分可溶矿物(硼或砷)会污染地表或地下水,也会对动植物造成伤害。

套管是抵抗地下水污染的第一层屏障,套管损坏可能会使盐水污染浅层含水层的清水,因此要特别注意在较浅处安装多层套管,以提供附加保护。实施水泥胶结测井(完整性测试)可使钻井人员确保固井后的套管没有盲区,如果有,就会由于反复开关井而形成热压力,使套管破裂。

试井时液体也可能流到地表,污染地表水,为此应直接将测试后排放的液体输送

到非渗透蓄水池中;同时,蒸汽管道配备分离器可以去除冷凝液,这些液体通过管道
输送到蓄水池中。之后再将收集的液体回注到地层中。虽然采取了预防措施,但仍
然要谨慎地将监测井合理地分布到井区内,以快速监测地下泄漏问题,并及时补救。
一般较难实现将废弃尾水100%回灌到同一地层,为避免地热流体中的污染物超出允
许指标,对所有尾水进行监控尤为重要。

4. 放射性污染

地热水中都不同程度地含有氡(^{222}Rn)、铀(^{235}U、^{238}U)和钍(^{232}Th)等放射性物质,
在它们的衰变释放产物中有伽马射线,对人体的危害性及危害程度尚在研究中。但
从矿泉医疗角度看,微量放射性元素对洗浴和浴疗是有好处的。

5. 化学污染

地热水的形成一般为大气降水经过地下深循环,与周围岩石进行化学物质交换,
岩石中各种化学组分进入水体,使地热水中含有对环境有益或有害的常量成分、微量
成分及放射性成分。

6. 噪声污染

在地热发电项目的开发阶段,在道路建设、井区挖掘、钻井及试井过程中都会产
生噪声。若干扰到附近居民,这些工程将被限制在一定的时间段内进行。可以通过
适当的消声器和消声材料降低噪声。在发电厂运行过程中,每个组件都是噪声来源,
包括变压器、发电机、水冷却塔、发动机、循环水泵、空气泵、风扇,以及蒸汽流动管道
等。空冷冷凝器是噪声相对较高的设备,顶部装有风扇,这些是运行过程中噪声的主
要来源。由于空冷冷凝器由许多单元组成,每个单元都有一个风扇,产生的噪声要大
于水冷却塔。

如果汽轮机发生故障,就要使用应急管道系统引导全部蒸汽在短时间内排出汽
轮机。排气会产生噪声,较为典型的处理方法是将蒸汽输送至安全阀和消声器,在那
里蒸汽流速会急剧下降,从而降低排气噪声。因为蒸汽流动噪声与流速的8次方成
正比,所以将速度减小到原来的$\frac{1}{2}$,就可将噪声降低到原来的$\frac{1}{256}$。

噪声主要发生在井口压力很高的高温地热井,或电站闪蒸器的排水口。地热
蒸汽井喷放时造成的尖声可达120 dB以上,虽然时间很短,但会使人的耳朵受到
伤害,对家畜和野生动物也会产生有害作用。在钻探过程中,各种机械噪声对周围
居民和钻工的身体造成影响。消除噪声的办法,是在井口或闪蒸器排水口安装消

声器。

最大的噪声在钻井及测井过程中产生,当采用空气钻井时,钻井现场附近的噪声可以达到 114 dB。生产区储层产生轻微裂缝时,也会如此。远离声源时,声音强度会迅速下降,地热流体垂直地从一口敞开的井流出时,在 900 m 远处所记录的声音只有 1~83 dB。所以在正常操作条件下,地热田区域的噪声通常不会影响到附近居民。

7. 引发地震、地面沉降和山体滑坡

几乎每一个地热田在开发过程中都会诱发不同程度的地震活动。诱发地震是一种储层中流体压力改变导致裂隙岩石活动的现象,释放的能量通过岩石传递,可能到达地面。如果强度较大,该地区的居民还能听到或感受到。地震发生的可能性和严重程度取决于当地储层的应力状态。地热发电开发运行过程中诱发地震的原因有流体抽取、回灌及储层改造。这些诱发型地震的震级在大多数情况下非常小,只有在当地应力和地质构造能够引发大面积岩石破裂时,才会产生强烈的地震。

几乎从任何热储中长期抽出流体都有可能检测到地面沉降。地热流体也一样,当地热流体抽出量超过天然补给量时,会发生地面沉降,其实际沉降量取决于抽出的流体量和热储岩石的硬度等因素。沉降最易发生在地层流体压力低于静岩压力而不是静液柱压力的储层,不易发生在由裂缝控制渗透率的坚硬储层。

许多地热田都坐落于有崎岖火山地形的地区,很容易发生山体滑坡。一些地热田就处于古滑坡之上,地震可能会引起山体滑坡,而地震也有可能由地热生产和注水引发。

8. 对自然景观的干扰

在许多地热田中,有美丽的自然热特征,其颜色和形式各不相同:间歇泉、火山口、温泉和水池、硅华阶地、泥浆池、藻席、嗜热植物和受热地区。它们对环境很重要,因为它们在全世界范围内都很罕见,而且往往很脆弱。地热资源的开采可能会让这些自然景观受到破坏甚至消失。考虑到地热发电厂发展及运行所需的面积相对较小,可以通过适当的规划和工程设计使地热发电厂对野生动物栖息地、植被及景观的潜在影响最小化。在较为空旷的地区,任何发电设施的建设都会改变自然景观。凭借细心和创造力,地热发电厂也可与周围环境融合得更好。在有天然植物的地方,为了给道路、井场、管道、分离站、蓄水池、发电厂及相关设备留出空间,必须移除一部分植被。一旦电厂的建设阶段结束并开始运作,可在受干扰地区重新植入植被,恢复其自然景观。

9. 事故

除了山体滑坡,地热发电厂还可能导致其他一些严重事故,包括井喷、蒸汽爆发、蒸汽管断裂、汽轮机故障、火灾等。事故也会出现在其他发电设施中,并造成伤亡。钻井和测试过程中的事故却仅发生在地热发电厂。在地热能源开发早期,钻井过程中井喷事故是比较常见的,但是,目前使用快速防喷器几乎杜绝了这个可能危及生命的问题。利用现代的地质科学方法可以更好地了解所在区域的地质情况,进一步降低钻井过程中发生意外事故的可能。大多数地热田都会对储层压力进行监测,能针对可能会导致蒸汽爆发的潜在危险区预先发出提示信息。即使不能完全消除潜在危险,但如果操作正确,遵守设计及建造标准,机械或电力故障对发电厂人员及当地居民造成伤亡的概率也会大大降低。值得注意的是,由于许多地热发电厂坐落在地震多发地区,地热发电厂可能会经受多次强烈地震。

8.2.3　环境监测

地热系统是一个复杂的地球化学环境系统,发生着一系列化学过程,系统中某一部分的任何扰动,都会在系统中其他部分反映出一些可测量的改变。环境监测是指通过对影响环境质量因素的代表值的测定,确定环境质量(或污染程度)及其变化趋势。环境监测的对象包括反映环境质量变化的各种自然因素、对人类活动与环境有影响的各种人为因素、对环境造成污染的各种污染组分。环境监测包括化学监测、物理监测、生物监测、生态监测。通过环境监测,积累大量的、长期的监测数据,可以查出污染源,确定污染物在传输过程中的分布和变化规律,通过模拟研究对环境污染的趋势做出预测,亦可以对环境质量做出准确评价,确定控制污染的对策。同时,通过环境监测数据可以制定或修改完善各类环境质量标准,亦可以作为执行环保法规的技术仲裁。将能源转换为电能或其他利用形式,不可避免地会影响环境,基于此,积极科学地监测分析及减轻对环境的影响,是任何能源开发过程中必须考虑的因素。

1. 空气和水的点源监测

对于地热尾水,所要求的测量可能包括排放量、选定的化学组分、悬浮固体物、温度、pH及放射性等。气体测量项目包括硫化氢、二氧化碳等组分的排放量和浓度等。放射性分析可能也在要求之列。每个排放点都应当进行监测,监测频度应与排放物的特点相对应,例如排放物性质均匀,其监测频度就可以低一些。采样的频度、持续时间及方法等,应能使计算得出的平均组分加载量再加上±50%,即能够包含任一时期的实际平均组分加载量。要详细做好污染监测记录,以备主管机构随时检查,应将所有释放物质的加载量资料定期提交给主管机构,要随时报告违反标准情况等。主管机构可以采集排放物样品,以验证运行人员监测结果是否正确。

2. 环境空气监测

地热电站运行人员应当为存在气体排放的地热装置制定出初始环境空气采样和分析规划。这种规划应当能够持续执行,至少要使资料的积累程度达到足以表明没有违反环境空气质量标准,或者表明对空气质量的不利影响并非来源于地热装置的排放气体。

监测点的选定应当和致污组分传播的主流方向一致。在环境空气监测点建立之前,应当预先在罗盘八分圆上做全面的连续取样规划,八分圆的中心是地热装置的地理中心。监测点与污染源(一个或多个)的距离必须足以勾画出致污组分的弥散特性,并足以囊括可能由该污染源引起的浓度高于背景浓度的任何地区。连续取样规划的持续时间必须足够长,以便能够把全年的气候变化特征考虑进来。取样应当在地平面5 m以内,这样才能把浓度与对陆地受纳水体的影响关联起来。

任何环境空气监测规划都不可能一成不变,应当定期进行再评价,重新设计以适应地热生产规模的增减,或者去弥补当初规划制定时未考虑到的某些自然因素等。

3. 周围水质监测

监测点的选择至少能使流往其他使用者的地表水的水质受到监测。多数情况下,监测点设在地热开发区域边界线与地表水系交汇处的下游点。即使是不在监测计划内的地表水排放区域,也可以进行地表水质监测,这是因为,一方面地热运行产生的空气致污组分会导致大气"散落物"污染,另一方面如果采用了地表封堵设施,则有可能发生泄漏。列入水质监测的组分和性质应该和废水监测中的一致。地表水环境监测的位置、频度及持续时间等,应该根据下列几项要素来确定:受纳水体的大小、流量及流量的变异性;河流混合过程的特点;排污水的量;排污水的化学性质和物理性质,以及这些性质的稳定程度;废水处理系统的特性;排空放散物的特性;下游水的用途;上游致污排放物;河流生态学情况。

地表水环境监测方案的选择过程很复杂,但其最终方案还是比较简单的。始终是低流量、低盐度的污水向大流量河流排放代表着一种极端情况,在这种情况下,在混合良好的河流上游和下游,每月定时各取一个样品,即可达到监测目的;另一种极端情况是高流量、高盐度而排量又不太均一的污水,排入低流量或变流量而又被上游用户污染过的河流,在这种情况下,需要上游和下游都设置若干个监测站,其监测频度也高得多,还需采集若干个剖面的定时样品,测量流量,并对数据进行合成等。除确定组分的浓度以外,还要确认废水的加载量。周围水质监测的频度,应当和排污特性以及河流流量的变异性相适应。

4. 地下水监测

在许多情况下,为缓和热储的耗损和沉降,地热尾水要回灌到热储之中或热储之下。回灌也是最能接受的高盐度流体排放方法。地热尾水通常要回灌到具有类似化学性质的较浅部位的含水层。由于地热系统可能出现计划外或事故性损坏,所以任何情况下的回灌水都有可能污染饮用水类含水层。这种污染会引起极其严重的后果,一旦发生,我们就很难使其恢复到原始状态。为了保证回灌不至于发生显著污染,细致的监测可能是唯一途径。地质、水文、结垢与腐蚀及热储动力学等许多其他研究,与回灌工艺及其监测方法等有着直接或间接的关系。在监测方法尚未得到充分发展之前,对热储层以上的所有含水层的水化学特性都应当监测。监测组分应当包含地表废水排放时应该测量的全部组分,此外,如果为了促进回灌而添加化学药剂时,还应当加测其他组分。监测方法主要是电化学法,它利用回灌井中的仪器监测注入流体的位置和流布范围。由于可能存在混合作用,所以不建议从单一井孔里采集多重含水层的水样。采样井应当环绕地热运行区布置,而且所有采样井与回灌井的距离都应当在几百米以内。地下含水层的采样频度主要取决于回灌速率(回灌量)及回灌流体相对于含水层的水质特性。与较洁净的较低注水量相比,较高盐度的较高注水量通常需要较高的采样频度。但是在绝大多数情况下,每 30 天的采样频度将接近最优值。特性多变的地热尾水或地下水可能需要较频繁的采样。简单的手选样品应能满足地下水监测的要求。

5. 场地废料的清整

场地废料的清整由其化学成分确定。地热电站工作人员在存储、处理和清除场地废料的监测过程中,应当根据国家法律法规的要求确定是否有任何化学成分会通过沥滤或渗透逸入地表或地下水之中。监测要求与上面介绍过的对周围地表水和地下水的要求相同,其区别在于,很可能只有最浅部的地下含水层才需要进行监测。

6. 噪声监测

噪声监测的监测点与噪声源十分贴近。噪声监测通常并不需要建立一套时间表,但在运行类型或方式出现变化时应当做出监测计划。目前已有针对多种特殊噪声源的测量方法,综合应用这些方法就能够测量边界地点的总噪声水平。噪声监测规划应当由运行人员制订,以便确保不至于发生违反国家有关规章条例的情况。由于噪声的特殊性,管理机构对噪声可能要进行频繁的监测。

8.2.4　污染控制

地热发电过程中的环境保护措施具体如下。

1. 科学勘查和评价地热资源

地热资源是在长期的地质构造过程中形成的,其热源依靠大地热流的补给,水源主要来自浅层地下水的补给,理论上热源和水源的补给量都是有限的,因此在开采利用过程中,与其他矿产资源一样,必须加以珍惜和保护,做到有序和可持续开发。

科学勘查和评价地热资源是合理规划和开发地热资源的基础。地热资源的勘查主要包括区域地质资料分析、遥感解译、地热地质调查、地球化学调查、地球物理勘查、地热钻探和动态监测。地热开发首先要加强地热资源的勘查评价,保证地热资源开发利用的科学性。要不断发现新的地热田,以增加资源储备。对已开发的地热田要查明地热资源潜力,同时要加强地热资源动态监测工作,及时掌握地热水位、水量、水质、水温在开采过程中的变化,保证地热资源开发利用是建立在合理的基础上的,防止资源不合理开发和引发环境问题。

2. 梯级开发

如果地热开发利用程度较低,没有形成温度梯级的综合利用,尾水的温度就会较高,例如利用地热供暖后的尾水,不采取回灌或者相应的处理措施,尾水的温度仍能达到 40 ℃。梯级开发是提高地热资源开发利用综合效益的主要途径。根据不同的用途,综合利用地热资源进行梯级开发,可以有效地降低地热排水温度,提高地热利用效率。

3. 地热废水回灌

地温随深度的增加会逐渐升高,但在浅层地表范围内,地表水和地下水构成的循环对地温起着控制作用。当地表水渗入地下并形成径流时,地下水对近地表或浅层地层起降温冷却作用,形成近地表地层低温区或低温带。当地下水超采时,地下水位大幅度下降,会使上覆的松散岩土层因失去水这个冷却介质而形成采空区,并打破原来的热平衡,使地温升高,引发农业问题。

回灌是处理地热废水行之有效而又比较经济的办法,地热回灌是"原汤"回灌,一般不会产生化学堵塞,热储层的水质也不会受到污染。既可以有效防止热污染,也能减少地热开采流体的浪费,还能有效地防止热储层水压过快下降,引起地面沉降,并能充分利用地壳传导热能,使地热开发持续运行。

4. 经济措施

开发和利用地热资源的一个可行方案,是按地热的开采量向地热开发单位收费。例如一口地热井,只开采不回灌,则向其收取高额费用,若采灌平衡,则不收取。另一个保护环境和鼓励持续发展的经济措施,是要求地热开发单位缴纳一大笔可退还的保证金,如果发生环境污染或破坏事件,则没收这笔保证金。这种潜在的巨额损失可能会让地热开发单位更加关注环境及其不当行为的后果。

5. 资源开发与可持续发展

资源与社会经济发展是息息相关的,一方面,资源对经济发展有重要的支撑作用;另一方面,资源对经济发展也有重要的约束作用。我国目前所存在的问题,一是资源消耗大、利用水平低;二是资源浪费惊人;三是再生资源的资源化水平低,大量可利用的资源作为废弃物被白白浪费,没有得到充分利用。因此,我们一方面要充分利用,另一方面还要考虑资源的可持续发展。我国面临着水资源严重短缺,地下水资源严重超量开采的问题。许多城市与地区都从能源结构调整与污染治理两个方面对大气污染进行了防治,并取得了一定的成绩。开发新能源的前提是资源的保证,与常规能源相比,新能源普遍存在保证程度低、负荷能力小和再生能力差的问题,因此必须遵循保护性开发的原则。所以,在加快新能源技术开发和利用的同时,首先要积极考虑资源再生技术和再生资源利用技术的研究与应用,使能源结构实现优化组合。其次,是如何重点改造地热利用工艺。造成资源浪费和热污染的主要原因之一是利用工艺粗放或者不合理。建立采灌平衡或人工建造地下通道,形成循环式开发模式,是地热资源开发利用的根本出路。地热资源的可持续开发利用具体表现在地热资源的可持续利用和生态环境的有效保护两个方面。而要达到两方面的有机统一,必须进行地热资源开发的综合研究。同时,要将研究成果应用于实践,在地热资源的开发过程中,努力做到投入少、产出多、污染少。

总之,和其他常规能源相比,利用地热资源,可以减少大气污染,利于城市环保,改善居民居住环境,提高人民生活水平。只要在地热利用过程中,加强动态监测工作,合理开发,科学利用,关注可能出现的环境问题,及时发现,及时解决,便可充分体现绿色能源的特点。

参考文献

[1] Kestin J. 地热和地热发电技术指南[M].西藏地热工程处,译.北京:水利电力出版社,1988.

[2] 王柏轩.技术经济学[M].上海:复旦大学出版社,2007.

[3] 邵仲岩,董志刚.技术经济学[M].哈尔滨:哈尔滨工程大学出版社,2008.

[4] 关锌.地热资源经济评价方法与应用研究[D].北京:中国地质大学,2013.

[5] Mosaffa A H, Mokarram N H, Farshi, L G. Thermo-economic analysis of combined different ORCs geothermal power plants and LNG cold energy[J]. Geothermics, 2017, 65: 113 – 125.

[6] Beckers K F, McCabe K. GEOPHIRES v2.0: Updated geothermal techno-economic simulation tool[J]. Geothermal Energy, 2019, 7(1): 1 – 28.

[7] Akbari Kordlar M, Mahmoudi S M S, Talati F. A new flexible geothermal based cogeneration system producing power and refrigeration, part two: The influence of ambient temperature[J]. Renewable Energy, 2019, 134: 875 – 887.

[8] Olasolo P, Juárez M C, Olasolo J, et al. Economic analysis of Enhanced Geothermal Systems (EGS). A review of software packages for estimating and simulating costs[J]. Applied Thermal Engineering, 2016, 104: 647 – 658.

[9] Beckers K F, Lukawski M Z, Anderson B J, et al. Levelized costs of electricity and direct-use heat from Enhanced Geothermal Systems [J]. Journal of Renewable and Sustainable Energy, 2014, 6(1): 013141.

[10] 赵宏,伍浩松.世界地热发电产业概况[J].国外核新闻,2017,12: 18 – 22.

[11] 徐东,王东旭,王素霞,等.地热投资项目经济评价方法探析[J].国际石油经济,2017,25(12): 90 – 94.

[12] Glassley W E.地热能[M].王社教,闫家泓,李峰,等译.2 版.北京:石油工业出版社,2017.

[13] 朱家玲,等.地热能开发与应用技术[M].北京:化学工业出版社,2006.

[14] 唐志伟,王景甫,张宏宇.地热能利用技术[M].北京:化学工业出版社,2018.

[15] 蔡义汉.地热发电[M].北京:中国电力出版社,2001.

[16] 刘芃岩,郭玉凤,宁国辉,等.环境保护概论[M].2 版.北京:化学工业出版社,2018.

[17] 黄素逸,龙妍,林一歆.新能源发电技术[M].北京:中国电力出版社,2017.

[18] 姚兴佳,刘国喜,朱家玲,等.可再生能源及其发电技术[M].北京:科学出版社,2010.

[19] DiPippo R.地热发电厂:原理、应用、案例研究和环境影响[M].马永生,刘鹏程,李瑞霞,等译.3 版.北京:中国石化出版社,2016.

索　引

Z